电网与清洁能源关键技术丛书

永磁悬浮轴承与轨道及其磁力解析模型

田录林　著

科学出版社

北　京

内 容 简 介

永磁轴承和轨道是利用永磁材料的磁场力将转轴或平移物体悬浮起来的磁力机械，分别应用于旋转和往复机器中。本书结合稀土永磁材料特性及永磁轴承和轨道的结构特点，采用线性叠加原理、保角变换法、等效磁荷法、磁路法、虚功原理法、镜像法及直接积分法，研究了永磁轴承和轨道的结构及其磁力解析模型。本书内容主要包括永磁技术概述、双环和多环永磁轴承及磁力解析模型、矩形截面永磁体磁力解析模型及镜像规律、矩形截面永磁体构成的永磁轴承磁力解析模型、特殊截面永磁体构成的永磁轴承磁力解析模型、锥形永磁轴承磁力解析模型。

本书可作为高等院校电机和机械专业研究生教材，也可供从事永磁磁力机械的工程技术人员参考。

图书在版编目（CIP）数据

永磁悬浮轴承与轨道及其磁力解析模型/田录林著. —北京：科学出版社，2018.2

（电网与清洁能源关键技术丛书）

ISBN 978-7-03-056268-5

Ⅰ.①永… Ⅱ.①田… Ⅲ.①磁悬浮轴承–研究 Ⅳ.①TH133.3

中国版本图书馆 CIP 数据核字（2018）第 006640 号

责任编辑：祝 洁 张瑞涛 刘耘彤 / 责任校对：郭瑞芝

责任印制：张 伟 / 封面设计：陈 敬

科学出版社 出版

北京东黄城根北街 16 号

邮政编码：100717

http://www.sciencep.com

北京凌奇印刷有限责任公司 印刷

科学出版社发行 各地新华书店经销

*

2018 年 2 月第 一 版 开本：720×1000 B5

2018 年 2 月第一次印刷 印张：15 3/4

字数：315 000

POD定价： 98.00元

（如有印装质量问题，我社负责调换）

前　言

要实现运动机械节能且高效高速可靠地运转，必须解决高速运行支承这一关键技术问题。滚动及滑动轴承等传统的机械轴承与其他部件接触，需进行润滑，因此难以满足高速、低摩擦损耗的要求，已成为高速驱动的瓶颈。

永磁轴承及轨道技术即永磁支承技术，是一种集机械学、力学、磁学等多学科于一体的高新科学技术，它是通过永磁体产生的磁场力实现无机械接触的。与超导磁浮支承相比，永磁支承省掉了价格不菲和连续耗能的制冷设备；与电磁支承相比，永磁支承省掉了昂贵的传感器、连续耗电的控制线圈、高品质的控制器和功率放大器，它结构简单、体积小、节能环保，具有明显的竞争优势。永磁轴承及轨道具有无摩擦、无磨损、无功耗、无污染等一系列优良品质，因此它具有传统机械支承无法比拟的优点：①允许转子高速旋转，转子速度只受转子材料强度的限制；②不需要润滑和密封装置，结构简单、可靠；③支承无功耗，正常使用不消耗能量；④环境适应性强，可在低温、真空、超净无菌、禁止润滑剂等环境下工作；⑤受力分布均衡，回转部件绕其自身的惯性轴回转，消除了附加动压力及附加振动。永磁支承可与电磁支承、超导磁浮支承、机械支承之一相结合，构成各种形式的无摩擦或微摩擦的稳定支承系统。永磁轴承及轨道主要应用于高速、高效及工作环境苛刻的机械上，在军工及空间技术、机械加工装备、轨道交通、飞轮储能装置等领域具有广阔的应用前景。

目前，对永磁轴承及轨道的研究主要采用数值计算方法，其优点是适应范围广、计算精度较高。其缺点是对于每一特定问题，它只能得出一个数值结果，对不同的问题要分别重新计算，计算工作量大；看不出各物理参量之间的关系与内涵，图像与物理联系不太紧密；不便于对永磁轴承设计和优化。磁力解析模型是借助数学和物理等理论方法来研究永磁轴承和轨道的磁场和磁力的。相对于数值计算方法，磁力解析模型能明确表达磁力与相关参量的关系，有比较清晰的物理概念，且计算量小，便于永磁轴承和轨道结构参数优化设计及其磁力快速计算。

本书总结了作者对永磁轴承和轨道的结构及其磁力解析模型的研究成果，旨在抛砖引玉。作者的研究生徐银凤、艾训鹏、李鹏、杨里、张庆为本书的研究内容作出了贡献，韩宇超、田琦、田亚琦对本书进行了整理编排等工作，在此一并表示感谢！

由于作者水平有限，书中难免存在不妥之处，敬请读者批评指正！

田录林

2017 年 8 月于西安理工大学

目　　录

第1章 绪　　论

传统机械支承（包含轴承与轨道）有接触摩擦，存在振动、噪声及发热等问题，摩擦力是造成问题的主要因素。磁悬浮技术的出现有望解决这些问题，它对改善设备的振动、噪声、高速性能及提高节能效率，增加使用寿命等有重要意义。磁悬浮技术是集机械、动力学、测试技术、控制理论、电磁学、计算机技术及数字信号处理技术等多学科于一体的高新技术。磁悬浮技术中的永磁支承技术既能达到节能目的，又能满足环保要求，是符合科学、可持续发展的绿色制造技术。永磁支承技术对于实现机床高速、高效精密加工及轨道的高效运输具有重要意义。对一些工作在低温、真空、超净以及腐蚀性介质等工作环境下的军工及航空航天领域的机械来说，除了要求能够承受严酷的环境考验之外，对于支承的安全性及可靠性也有严格要求。永磁支承技术符合机械对于安全性、可靠性及承受严酷环境的要求。总之，永磁支承技术能满足设备高速度、高精度、高效率、节能环保以及对复杂恶劣环境的适应性等方面的性能要求。

1.1　磁悬浮支承的特点

要实现机械的高速、超高速可靠运转，必须解决高速转子的支撑问题。机械轴承有接触、需润滑且需要维护，限制了它的最高转速和使用寿命，已成为传统驱动高速化的瓶颈。虽然气浮或油浮轴承可以解决无接触的问题，但需要专门的气、油压系统和复杂的密封技术，油浮轴承还会带来油雾的污染问题，这在某些场合（如高速气体分离中）不被接受。

磁悬浮利用磁场力将运动机械悬浮起来，能解决机械接触摩擦而产生的磨损、振动、噪声、发热及摩擦能耗问题，对改善设备的高速性能、使用寿命及节能有重要意义。永磁悬浮支承技术是通过永磁体产生的磁场力实现无机械接触的新型高性能轴承技术。国内外把它称为轴承技术的一场革命。永磁轴承具有无摩擦、无磨损、不需润滑和密封、无功耗、无污染、高速度、高精度、寿命长、工作可靠等一系列优良品质，故它具有传统机械轴承无法比拟的优点。

（1）允许转子高速旋转。因为无机械接触、无磨损、无噪声，且没有由摩擦而引起的温升，转子速度只受材料强度的限制，所以转子圆周线速度比其他各种类型支承轴承的转子都高。

（2）不需要润滑和密封装置，结构简单、可靠。由于省掉了润滑油泵、管道、过滤器、密封元件、冷却、循环等设施，在价格和占有空间位置上完全可以和滑动支承相竞争。

（3）支承无功耗，节能。

（4）环境适应性强，可以在低温、真空、超净无菌、禁止润滑剂等环境以及腐蚀性介质或非常纯净介质的传输下工作，不会因润滑剂而污染环境。

（5）受力分布均衡，具有自动平衡机能。回转部件是绕其自身的惯性轴回转，而不是绕几何中心回转，即使转子不在支承中心也能支承主轴，消除了附加动压力，因而消除了由此产生的附加振动。

1.2 磁悬浮支承的应用

磁悬浮支承主要应用于往复运动机械和旋转机械，在工程应用中形成磁悬浮轨道和磁悬浮轴承两大方向。磁悬浮轴承主要应用于以下场合：工作转速极高的机械；工作环境苛刻的机械，特别适合真空、超净等特殊应用场合；工作稳定性高、无振动、旋转精度高的机械。目前，磁悬浮轴承已经在空间技术、物理学研究、机器人、高速高精度机床和微机械、计算机、真空及超净室技术、透平机械、加工刀具的旋转头、粉碎机、振动控制、减振器、机床主轴、UPS、多维平台、热汽机（潜艇）、斯特林热泵、光学斩波器以及导弹、潜艇、战斗车辆等武器中的姿态控制和储能等领域得到广泛应用。磁悬浮支承作为滚动轴承、滑动轴承和空气轴承等传统机械轴承的更新换代产品，在基础工业部门、能源交通、航空航天、核工业、军事装备、医疗等领域中具有广阔的应用前景。

1. 在军工和空间技术领域的应用

磁悬浮支承在军事方面的应用既是最早的，也是最成熟的。20 世纪 60 年代，美国麻省理工学院德雷伯实验室就成功地进行了这方面的研究，主要研究对象是飞机、潜艇、导弹和航天飞行器制导系统中元件的磁悬浮。其应用包括坦克的控制，机动导弹发射装置运载工具的定位，火炮、坦克、导弹的发射控制系统，潜艇、飞机、火箭的制导，以及航空发动机转子的轴承和卫星子午线方位调整的陀螺经纬仪的支撑。在低轨道卫星应用中，美国马里兰大学与 NASA（美国国家航空航天局）系统合作，研制出磁悬浮飞轮能量储存系统[1]。美国 Calnetix 公司为 NASA 航天站的飞轮能量储存系统研制了磁力轴承，其运行速度为 20000～60000r/min，并能提供高于 3.5kW·h 的能量。图 1.1 为垂直布置的飞轮储能系统结构图，其最大储存能量 $E_{\max}$ 为

$$E_{\max}=\frac{1}{2}Jw_{\max}^{2}=\frac{1}{2}mr^{2}w_{\max}^{2}$$

式中，J 为转子的转动惯量，kg·m^2；w 为转子的角速度，rad/s；m 为转子的质量，kg；r 为转子的平均半径，m。

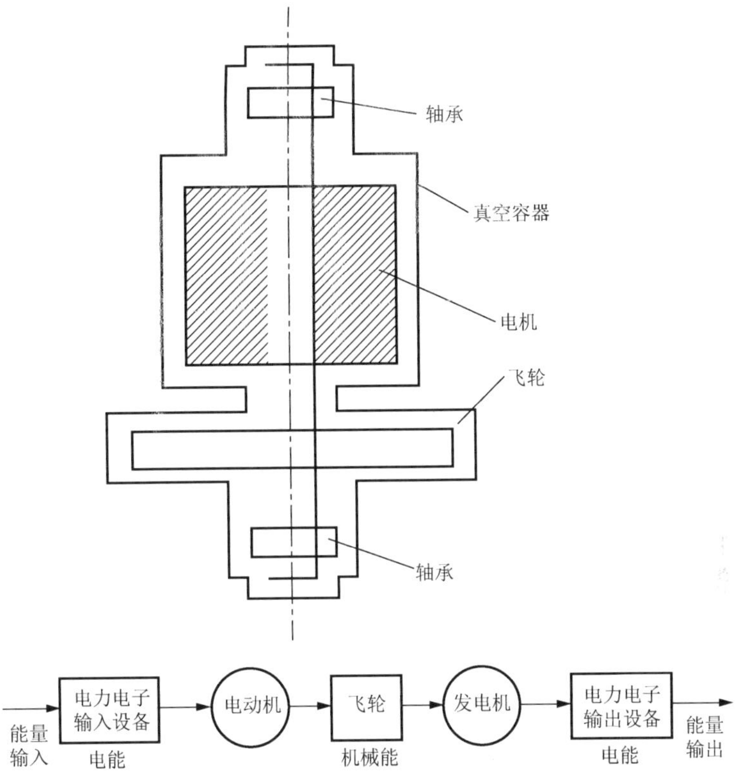

图 1.1 垂直布置的飞轮储能系统结构图

近年来，发达国家致力于磁力轴承在空间技术中应用的研究与开发，主要用于储能飞轮、动量飞轮、卫星姿态控制、陀螺仪、火箭引擎透平泵、制冷透平泵、环状悬浮定位系统、图像显示装置、人造卫星图片复印设备、天线和平台定向及飞机发动机、涡轮泵等。

2. 在真空和超净环境中的应用

因为磁力轴承不需润滑，不引起环境污染，具有很高的可靠性，必要时可以使磁力透过容器壁发生作用而将轴承安排在真空容器外面，所以它被应用于涡轮分子泵、分子真空泵、空气压缩机，磁力轴承真空泵成为目前磁悬浮技术最大的工业应用领域。目前，法国 S2M 公司生产的磁力轴承和高速电机已经用于半导体制造业的涡轮分子泵，它不仅可在空气或真空中使用，而且可在氦、氮、碳氢化合物等介质中使用。

3. 在机械加工方面的应用

随着机床向自动化、超高速、超精密方向发展，传统的滚动轴承、静压轴承及机械滑轨因噪声、振动、发热及使用寿命等问题，不能满足加工的需要。这些问题在采用了磁浮轴承和磁浮导轨后，均能获得圆满的解决，可以实现机床向超高速、超精密方向发展。目前，磁悬浮轴承广泛用于超高速铣、钻削机床、超高速磨床、超精密加工机床、加工中心等，应用范围非常广泛。

4. 在交通中的应用

从 20 世纪 60 年代开始，一些发达国家就开始了磁悬浮列车（magnetically levitated vehicle，即 maglev）的研究。目前，德国、日本、中国等国家都有正在运营的磁悬浮列车。

5. 在风力发电中的应用

因为传统机械轴承支承的风力发电机需要的启动风速和发电风速高，所以传统的发电机必须安装在大风速地区。然而，对于我国风能资源不丰富以及风速随季节或气候变化较大的地区，由于该地区的年平均风速不高、风力不大，所以传统风力发电机无法有效利用广大的低风速区域资源。目前，制约我国风力发电机推广应用的重要原因之一就是传统风力发电机启动阻力矩大，从而要求比较大的启动风速才能带动发电机转子转动发电。因此，减小风力发电机的启动阻力矩、降低其启动风速成为风力发电机提高发电效率的重要课题。而影响风力发电机启动阻力矩的主要因素就是发电机转轴的机械轴承间的摩擦力。若将磁悬浮技术应用于风力发电机中，采用磁悬浮轴承替代（或局部替代）机械轴承，则消除（或减小）发电机转轴的摩擦力是降低发电机启动风速的一种有效途径。

6. 在其他领域的应用

磁悬浮支承在物理学领域的应用主要在粒子束分选器、中子粉碎机、涡轮分子泵、高速离心机、X 射线管及高真空计等方面。

计算机 CPU 运算速度的提高以及内存和缓存容量的增大，要求系统能够从存储设备中快速大量地读写数据，而硬盘和光盘驱动器采用传统的机械轴承无法满足高速、高精度、无污染、低功耗的要求。采用磁力轴承能够大幅度地提高这些设备的工作转速，很好地解决 CPU 高速与外部设备低速的瓶颈问题。

1.3　磁悬浮支承的研究历史和现状

利用磁力使物体处于无接触悬浮状态的设想由来已久。然而，真正意义上的磁悬浮研究是从 20 世纪初利用电磁相吸原理对悬浮车辆研究开始的。1937 年，德国学者 Kemper 申请了一项有关主动磁悬浮支承的专利[2]，他认为要使铁磁体实现稳定的磁悬浮，必须根据物体的悬浮状态不断地调节磁场力的大小，即采用可控电磁铁才能实现。同年，美国弗吉尼亚大学的 Holmes 教授利用磁化磁体、电磁铁和位置传感器等元器件成功地实现了物体的稳定悬浮，从而标志着磁悬浮时代的到来。次年，Kemper 首先采用了一个可控电磁铁成功地实现了重达 210kg 物体的稳定悬浮控制，这成为磁悬浮列车的雏形。由于抗磁体悬浮的重量小、刚度低，超导体悬浮技术的实现要求有制冷系统，其设备结构和技术发展水平还达不到工程实用的要求，因此，对被悬浮转轴进行主动控制的电磁轴承渐渐成为磁力轴承理论研究和技术实现的主要方向。1950 年，弗吉尼亚大学的 Beams 最早研制出离心机用混合磁悬浮轴承。60 年代初，美国德恩伯实验室首先在空间制导和惯性轮上成功地使用了磁轴承。1969 年，法国欧洲动力装备（Société Européenne de Propulsion，SEP）公司开始研究主动和被动磁悬浮系统的特性。70 年代初，SEP 公司和德国 Teldix 公司受委托共同设计开发了一种装有磁悬浮轴承的导向飞轮。从 70 年代起，磁悬浮轴承就已经应用在卫星姿态控制的动量飞轮上。1972 年，法国军事科学研究实验室将磁力轴承用于卫星导航的惯性轮上。与此同时，美国 NASA 系统也开发出永磁和电磁混合型磁力轴承且已应用到卫星的储能飞轮上。从 70 年代末到 80 年代初，人们逐步开始将主动磁力轴承推广应用到工业设备中，成功地将磁悬浮技术应用于高精度的机床主轴、数控机床主轴、高压真空泵、涡轮分子泵、涡轮发电机、水轮发电机、压缩机、高速离心机、液氦泵、卫星导航等领域中。1981 年，S2M 公司在 Hanover 欧洲国际机床博览会上，首次向公众推出 B20/500 磁悬浮轴承主轴系统，并在 35000r/min 下进行了钻、铣、削的现场表演，其高速、高效、高精度、低功耗的优良性能引起了各国的关注。1983 年 11 月，美国在搭载于航天飞机上的欧洲空间试验仓里采用了磁轴承真空泵。1984 年，S2M 公司与日本精工电子工业公司联合成立了日本磁轴承公司，同年推出了高速铣削磁力轴承主轴头和超高速磨削主轴头，并有已标准化的 6000～180000r/min 的径向轴承和止推轴承。1986 年 2 月，法国在 SPOT 地球观测卫星中安装了姿态控制用的磁浮飞轮。1986 年 6 月，日本在 H-1 型火箭上进行了磁悬浮飞轮的空间试验。1989 年，欧洲已将电磁轴承技术应用在 900MW 和 1300MW 透平发电机的转子轴承上，用于抑制经过临界转速时和叶片损坏后引起的转子振动，电磁力达到 300kN。1993 年 10 月，英国北海海滨 4 台采用磁轴承的透平压缩机投入运行，主要用于天然气的露点控制。1994 年 11 月，美国普惠公司在计划研究的 XTC-65 航空发动机的核心机中使用了磁悬浮轴承，其验证机通过了 100h 的试验。1995 年，日本精工精机公司在意大利国际机床博览会上展出了采用磁悬浮轴承主轴部件的机械加工中心 MV-40B。1997 年报道了一系列有关航空发动机用的高温磁轴承的研究成果，其中包括成功研制了能够在 510℃高温下工作的磁悬浮轴承系统，转速为 22000r/min，研制的高温磁轴承在单轴发动机上的模型转子上成功地进行了试验。日本的 Ebara 公司研制的高温磁轴承在 410℃下连续、安全运行了 1500h。1998 年，Balon 等将磁轴承应用于人工心脏泵。

国内对磁悬浮轴承的研究始于 20 世纪 60 年代，西安交通大学轴承研究所于 1990 年在国内首次实现了 4 个自由度电磁轴承的稳定磁悬浮，最高转速为 3000r/min。1994 年，该校为开封空分机厂研制了 1 套 5 个自由度的电磁轴承，转速达到 35000r/min。清华大学电磁轴承研究室为无锡磨床厂研制了磨床主轴用电磁轴承。南京航空航天大学于 1992 年开始对航空发电机用电磁轴承系统进行跟踪研究，已建成 3 个电磁轴承实验台，转速达到 60000r/min。上海大学轴承研究室和苏州西达低温设备有限公司合作研制成功的 150m^3 透平制氧膨胀样机转速达到 98000r/min。沈阳发动机设计研究所和上海大学合作研制成功了转速为 20000r/min 的航空发动机原理试验样机。以自主开发等方式在磁轴承方面做过研究工作的单位有西安交通大学、上海交通大学、哈尔滨工业大学、清华大学、浙江大学、国防科技大学、天津大学、南京航空航天大学、上海大学、武汉理工大学、上海微电机研究所、西安理工大学等。

在磁悬浮导轨方面，早在 1922 年德国工程师赫尔曼·肯佩尔就提出了电磁悬浮原理。到了 20 世纪 60 年代，英国、日本和德国根据不同的设计方案，分别制造出了磁悬浮列车样机。德国对主动磁悬浮技术的研究主要集中在电磁型（electro magnetic system，EMS）磁悬浮列车上。1977 年，德国航空公司研制成功 KOMET 磁悬浮列车，在一段专门的实验轨道上进行了运行试验，时速高达 360km，这是磁悬浮列车发展的第一个里程碑。日本主要集中于电动型（electro dynamic system，EDS，也称斥力型、超导型）磁悬浮列车的研究与开发工作，1979 年研制成功 ML500 型，时速高达 517km。

国内在 20 世纪 80 年代末期才正式启动磁悬浮列车的研究项目，中国铁道科学研究院、西南交通大学、国防科技大学、中国科学院电工研究所等单位对磁悬浮列车的悬浮、导向、推进等关键技术进行了研究。1996 年，我国第一台 4t 载人 EMS 磁悬浮列车研制成功，这标志着我国掌握了磁悬浮列车的关键技术。中国上海已于 2003 年建成世界第一条磁悬浮列车商业运营线，最高时速达 430km。

1.4 永磁悬浮的研究历史和现状

磁悬浮研究起源于永磁材料的出现。很早以前就有人设想利用永磁体的磁力把转动或平动的机械部件悬浮起来，消除固体接触所产生的摩擦阻力。当时受磁性材料性能的影响，悬浮力比较小，从而限制了它的应用，人们转向对电磁悬浮的研究。然而电磁悬浮能耗高、体积大、控制复杂，所以人们一直都没有放弃对永磁悬浮的研究。1968 年 SmCo（钐钴）永磁研究成功，特别是 80 年代以来，

NdFeB（钕铁硼）等高性能的稀土永磁材料快速商用化，使得永磁悬浮的研究又重新活跃起来。1991 年，Yonnet 等[3]建立了轴向和径向旋转磁化环叠堆结构永磁轴承磁力和刚度的表达式。2000 年后，Ohji 等[4]设计了一个用于输送器的被动磁悬浮单元，并对转子三个方向的受力和轴心轨迹进行了试验研究。

国内对永磁轴承的研究起步较晚。2006 年，由中国科学院广州能源研究所、广州中科恒源能源科技有限公司和兰州环优磁机电科技有限责任公司共同研发的全球首台全永磁悬浮风力发电机，加装了不带任何控制系统的全永磁悬浮风力发电机，输出功率可提高 20%以上；2007 年，全永磁悬浮列车试验线在大连投入试运行。

1.5 永磁悬浮支承的优缺点及面临的技术难题

永磁悬浮支承按磁场力的来源分为电磁支承、永磁和超导悬浮支承及混合支承；按磁场力是否可以受控分为被动型和主动型；按磁场力类型分为吸力型和斥力型。

（1）主动磁悬浮支承（如主动磁轴承，active magnetic bearing，AMB，即电磁轴承），又称有源磁悬浮支承，它通过调节电流控制电磁力的大小来实现悬浮。电磁轴承由传感器、控制器、功率放大器、电磁铁和转子构成，如图 1.2 所示。电磁轴承的基本工作原理是：首先，传感器检测到转子偏离参考点的位移；其次，控制器的微处理器将此位移变换成控制信号，功率放大器再将这一控制信号转换成控制电流；最后，控制电流在电磁铁中产生磁力，从而使转子悬浮位置改变。电磁轴承的阻尼、稳定性以及刚度由控制规律来决定，其轴承承载能力由电磁设计来决定。

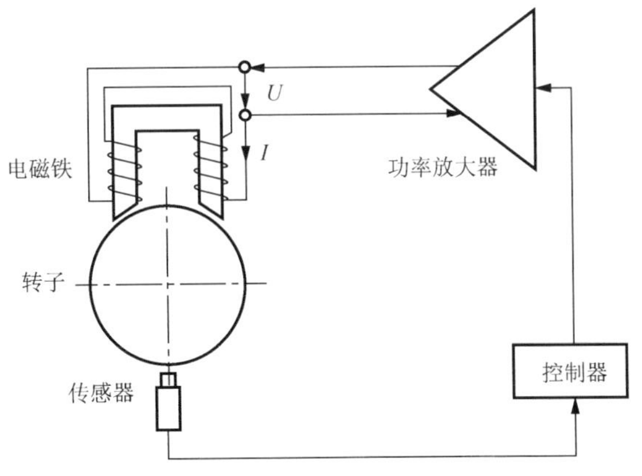

图 1.2 电磁轴承系统原理图

（2）被动磁悬浮支承是通过永磁铁或超导体的磁力实现部分或全部自由度的悬浮（图 1.3）。当转轴上作用了一定的载荷后，动静磁环间的工作间隙发生变化，最小气隙处的斥力比最大气隙处的斥力大，从而使转轴位置趋于平衡。

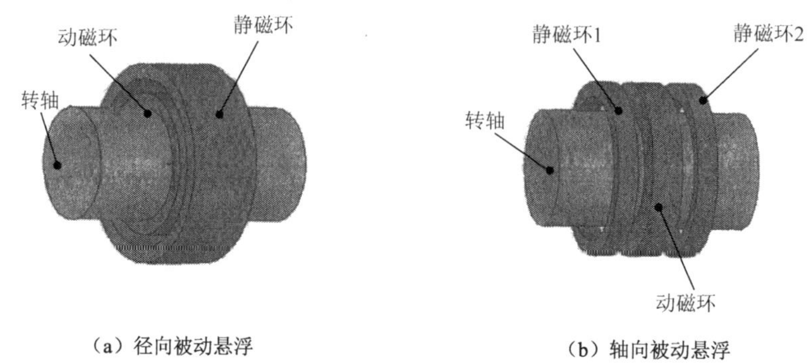

（a）径向被动悬浮　　（b）轴向被动悬浮

图 1.3　被动磁悬浮支承系统原理

（3）混合磁悬浮支承，其结构中既含有电磁铁，又含有永磁铁或超导体，它是由主动、被动和其他一些辅助结构组成的一种磁悬浮支承系统。混合磁轴承工作原理如图 1.4 所示，它利用永久磁铁产生的磁场取代电磁铁的静态偏置磁场。

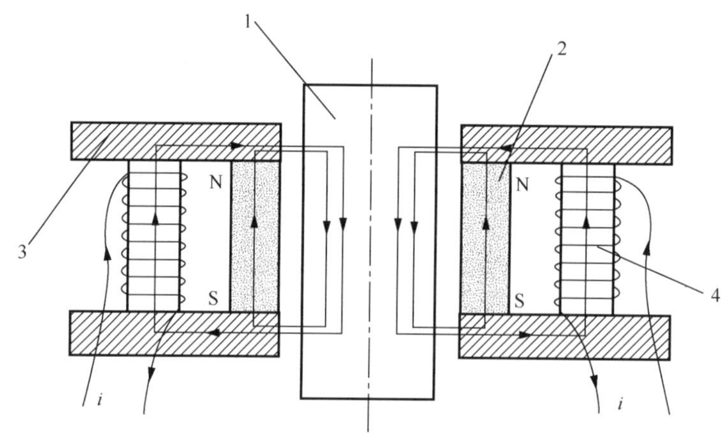

图 1.4　混合磁轴承工作原理

1-转子；2-永磁体；3-定子；4-导线

电磁悬浮支承最大优点是能够提供可变刚度和阻尼的悬浮支承，因此可以承受较大的动载荷，有较强的运动稳定性，但它本身为不稳定系统，必须由快速响应的反馈系统加以控制，才能实现稳定悬浮。电磁悬浮支承存在几个方面的不足：一是它必须安装多个造价不菲的位置传感器，一旦有一个传感器失效，就不能正常支承，从而降低了系统的可靠性；二是控制线圈激励功率大，连续消耗电能，降低了效率；三是需要高品质的控制器和高性能的功率放大器，增加了系统的复杂性及系统失效的可能性，导致支承系统体积变大、临界转速降低，妨碍了高速下的大容量化，动态响应也慢，数目众多的电子器件降低了系统可靠性。铁磁材料的非线性、功率放大器的输出电压饱和，以及高速时不平衡引起的同步扰动等因素，使得它的控制具有很大挑战性。所有这些都会使系统控制复杂、成本增加、可靠性降低。

超导磁悬浮支承是由永磁体和高温超导体构成的。利用超导体的完全抗磁性来提供静态悬浮力，利用磁通钉扎效应提供稳定力，从而实现稳定的磁悬浮。这类支承要附加一套液态氮或氦的制冷设备，才能确保超导体工作在临界温度以下，因而它对密封要求高，系统体积大、结构复杂、成本高，而且目前的超导磁力支承性能不太稳定，所以应用不太普遍。

永磁支承的主要特点是利用永磁体之间的吸力、斥力或永磁体与软磁体之间的吸力来承载。永磁支承不需要激磁电流、不消耗电力，也不需要供电系统，它价格低廉、结构简单紧凑、体积小、可靠性高、零响应时间、环保，但是仅由永磁材料构成的悬浮系统稳定性较差。早在 1842 年，英国物理学家 Earnshaw 就指出：单一靠永磁铁是不能将一个铁磁体在所有 6 个自由度上都保持自由稳定的悬浮状态，如果用其他力来约束其中一个自由度，则可实现稳定的悬浮状态[5, 6]。

经过人们大量的理论分析和试验验证，找出了实现永磁体稳定悬浮的方法，如利用抗磁性材料和陀螺力矩实现转轴的稳定悬浮。江苏大学的钱坤喜教授在进行人工心脏血泵的研究过程中就利用了陀螺效应和非磁力参与永磁力场中转子的稳定悬浮。这是因为一个旋转的磁体不仅有磁能还有动能，如果动能足够大，那么将可能存在一个能量最小点[7]。

大部分机械要么轴向载荷大，要么径向载荷大。例如，用永磁体来承载主载荷（或大载荷）、用机械或电磁力等承载不稳定方向的小载荷就可组成稳定的悬浮系统。

第2章　永磁技术概述

永磁轴承性能与磁性材料及其特性有关。本章首先介绍常用永磁材料及特性，然后阐述永磁体的等效磁荷理论和等效电流理论，最后论述永磁轴承计算方法，重点是磁路法及用于验证本书磁力解析模型的有限元法。

2.1　常用永磁材料及特性

为了合理地选择和使用永磁材料，本节介绍常用永磁材料及其特性。

工程中按矫顽力大小将磁介质分为软磁材料和硬磁材料两类：$H_c < 10^2$ A/m 的磁介质称为软磁材料；$H_c > 10^4$ A/m 的磁介质称为硬磁材料。软磁材料和硬磁材料均为磁系统的重要材料，其性能的优劣对永磁悬浮影响很大。

1. 软磁材料

软磁材料是指那些矫顽力小、容易磁化和退磁的磁性材料，其磁滞回线呈狭长形。因为软磁材料容易磁化和退磁，而且具有很高的磁导率，可以起到很好的聚集磁力线的作用，所以软磁材料被广泛用来作为导磁材料，以增加磁路的磁通量。由于软磁材料的磁滞回线所包围的面积小，在交变磁场中的磁滞损耗小，所以软磁材料适用于交变场中。常用的软磁材料有纯铁、低碳钢、硅钢片、铁镍合金、软磁铁氧体等。纯铁的软磁性能较好，常用来制造大型电磁铁的铁心，但若含有杂质则磁性能大大下降。在永磁回路中使用低碳钢与工业纯铁的效果一样，而低碳钢不仅便宜，而且也容易进行机械加工。铁中渗硅后的硅钢材料磁导率高、电阻率大、矫顽力低，因而磁性能提高并能减小涡流和磁滞损耗，但铁中含硅后机械性能变差且不易加工。对机械性能与磁性能均有要求时常使用碳钢材料，含碳量越小，磁性能越好，碳钢退火后磁性能明显提高。当同时作结构件使用时，铸铁也可作为软磁材料。

2. 硬磁材料

硬磁材料也称永磁材料，其磁滞回线宽，磁滞特性非常显著。与软磁材料相反，硬磁材料具有高剩磁、高矫顽力和高饱和磁感应强度，磁化后可长久保持很强磁性而不易消除。除高矫顽力外，磁滞回线包容的面积，即磁能积 BH 越大，则越难退磁。

3. 永磁材料的几种曲线和参数

永磁体磁滞回线如图 2.1 所示，当外加充磁磁场强度从零开始逐渐增大时，磁化曲线沿 Oa 曲线上升，然后减小外加磁场，磁化曲线又沿 B_r 曲线下降，这样最终可以得到闭合曲线 $aB_rH_ca'bca$，即磁滞回线。图中磁滞回线在第二象限的部分称为去磁曲线，它是永磁材料的基本特性曲线，所对应的磁感应强度 B 与磁场强度 H 方向相反，说明磁力线经过永磁体时，沿磁力线方向的磁位升高，表明了永磁体是一个磁源。去磁曲线上磁场强度为零时对应的磁感应强度 B_r 称为剩余磁感应强度，又称剩余磁通密度（剩磁）。磁感应强度为零时对应的磁场强度 H_c 称为矫顽力。国际单位制中，B 的单位为 T（特斯拉），H 的单位为 A/m（安/米），工厂则常用 Gs 或 G（高斯，$1T=10^4Gs$）和 Oe（奥斯特，$1Oe=1000/(4\pi)$ A/m）来代替。永磁体去磁曲线上每一点的 BH 称为磁能积，其中数值最大者称为最大磁能积$(BH)_{max}$，它代表永磁体向外界所能提供的最大磁能，是永磁材料一个重要的性能参数。磁能积的单位在国际单位制中为 J/m^3（焦/米^3），工厂常用 MG·Oe（兆高·奥，$1MG\cdot Oe=79.577kJ/m^3$）来代替。

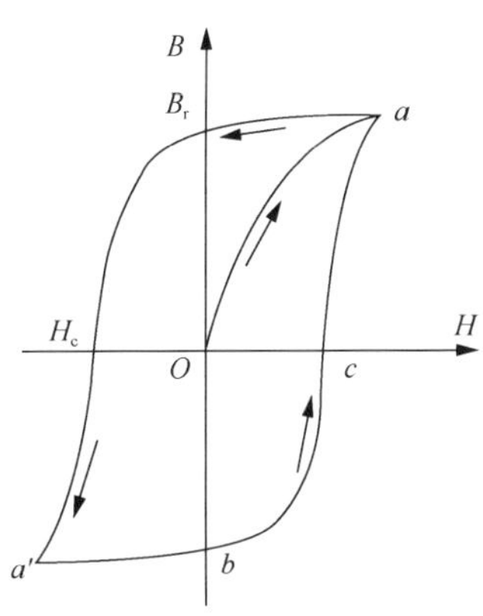

图 2.1　永磁体磁滞回线

图 2.2 中曲线 1 为永磁材料去磁曲线，曲线 2 为磁能积随 B 变化的关系曲线，其中 M 点所对应的 B_m 与 H_m 的乘积是最大值，即最大磁能积。磁能积大的永磁材料可在气隙中产生较强的磁场，因而一般要求永磁材料的磁能积越大越好。

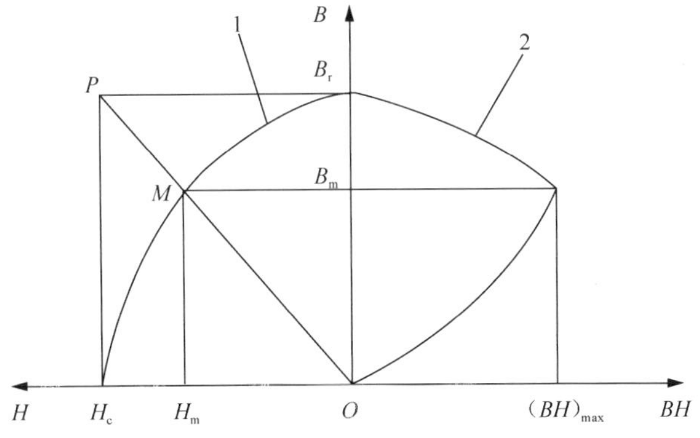

图 2.2　永磁体去磁曲线和磁能积曲线

已被磁化的永磁体在外界去磁磁场的作用下，磁感应强度 B 将沿去磁曲线 $B_r c$ 下降（图 2.3）；然后减小去磁磁场，它并不沿去磁曲线上升，而是沿另一曲线 cd

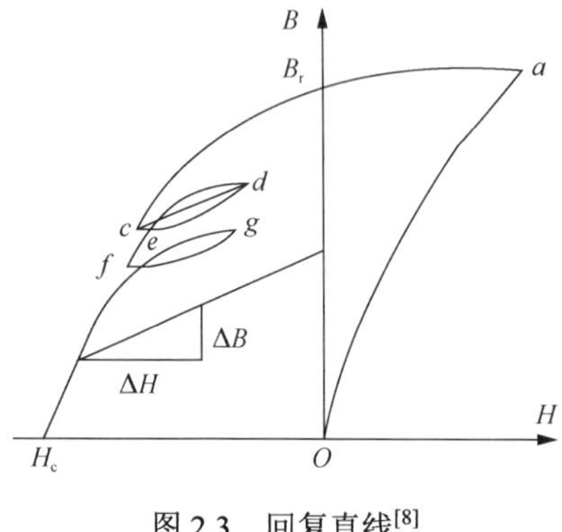

图 2.3　回复直线[8]

上升；上升到 d 点后，若增大去磁磁场，则它将沿另一曲线 de 下降。曲线 cde 称为局部磁滞回线，严格地说 c 点和 e 点往往是不重合的，但相差十分微小，所以通常把它近似地看成一条直线 cd，这种近似的直线称为回复直线。永磁体的工作点实际上就在回复直线上来回移动。回复直线的斜率称为可逆磁导率或回复磁导率，可以理解为曲线 cd 和曲线 de 的平均斜率。实践证明，不同永磁材料的回复磁导率不同；同一材料的去磁曲线上，不同点回复磁导率是相同的。回复磁导率越小，永磁材料抗外磁场干扰的能力就越强。回复直线的平均斜率与真空磁导率 μ_0 的比值称为相对可逆磁导率 μ_r，去磁曲线上任意一点的相对可逆磁导率可表示为

$$\mu_r = \frac{1}{\mu_0} \cdot \left| \frac{\Delta B}{\Delta H} \right|$$

当去磁曲线为曲线时，μ_r 的值与起始点的位置有关，是一个变量，但对于一些永磁材料来说（如铝镍和铝镍钴合金），这一变化通常很小，可以近似认为是一个常数，且等于曲线在点（$0,B_r$）处的斜率与 μ_0 的比值。

为保证永磁悬浮的性能不发生变化且能长期可靠地运行，要求永磁材料的磁性能保持稳定。永磁材料的稳定性主要有热稳定性、磁稳定性、化学稳定性和时间稳定性，稳定性用磁性能的变化率来表示。

热稳定性是指永磁体由所处环境温度的改变而引起的磁性能变化的程度，任何一种永磁体的磁化强度都随温度的升高而降低。如图 2.4 所示，当环境温度从 t_0 升至 t_1 时，永磁体的磁感应强度由 B_0 降为 B_1；当温度从 t_1 回到 t_0 时，永磁体的磁感应强度回升至 B_0^1；以后当温度在 t_0 和 t_1 之间变化时，永磁体的磁感应强度则在 B_0^1 和 B_1 之间变化。温度变化时永磁材料的磁性损失分为如下两个部分。

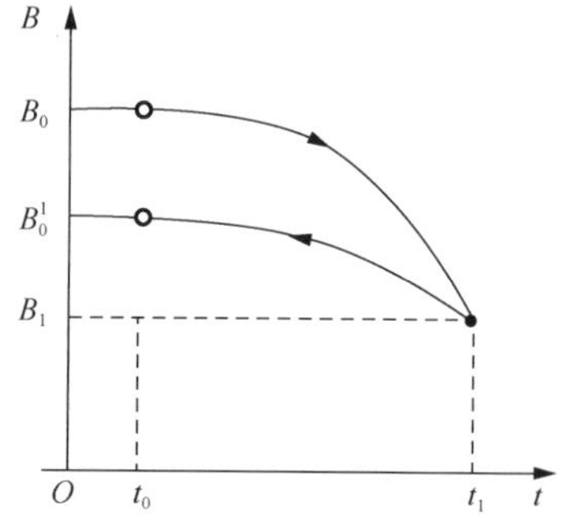

图 2.4　永磁材料的热稳定性[8]

（1）可逆损失。在一定温度范围内，永磁体的磁性会随温度的恢复而恢复，因而损失是可逆的。可逆变化的程度用温度系数 α_{Br} 来表示，单位为 K^{-1}。

$$\alpha_{\mathrm{Br}}=\frac{B_1-B_0}{B_0(t_1-t_0)}\times 100\%$$

（2）不可逆损失。温度恢复后磁性不能复原的部分称为不可逆损失，通常以损失率 IL 来表示。

$$\mathrm{IL}=\frac{B_0^1-B_0}{B_0}\times 100\%$$

不可逆损失又分为可恢复损失和不可恢复损失，前者是指用重新充磁的方法使永磁体能够恢复的损失，后者则是指重新充磁也不能恢复的损失。

永磁材料的温度特性还有居里温度和最高工作温度两个重要参数。居里温度是指当永磁体磁化强度完全消失的温度。最高工作温度是指将规定尺寸的永磁材料的样品加热到某一恒定温度，长时间放置（一般取 1000h）后将其冷却至室温时，它的开路磁通不可逆损失小于 5%的最高保温温度。这两个参数对一定使用状况下永磁材料的选用有重要的指导意义。手册或资料中通常提供的是室温 t_0 时的剩余磁感应强度，换算到工作温度 t_1 时的剩余磁感应强度为

$$B_{\mathrm{r}t1}=B_{\mathrm{r}t0}\left(1-\frac{\mathrm{IL}}{100}\right)\left[1-\frac{\alpha_{\mathrm{Br}}}{100}(t_1-t_0)\right]$$

式中，IL 和 α_{Br} 取绝对值。

磁稳定性表示在外磁场干扰下永磁材料磁性能变化的大小。NdFeB 等稀土永磁材料的去磁曲线为直线，与回复直线重合，其工作点在回复直线上移动，不会造成不可逆去磁。

化学稳定性表示受酸、碱、氧气和氢气等化学因素作用，永磁材料内部或表面化学结构发生变化，从而影响到材料的磁性能。例如，氧化对 NdFeB 永磁材料产生较大影响。对此，可以通过在材料表面涂敷保护层和提高永磁体密度以减少残留气隙等措施来加强其抗腐蚀能力。

时间稳定性表示永磁材料充磁后，即使不受周围环境或其他外界因素影响，其磁性能也会随时间而变化的特性。时间稳定性与材料的成分、组织结构、制造工艺以及材料形状尺寸有关系。永磁材料随时间发生的磁通损失与所经历时间的对数基本上呈线性关系。

4. 常用永磁材料

常用永磁材料主要包括铝镍钴永磁、铁氧体永磁、钐钴永磁和钕铁硼永磁等材料，下面分别进行介绍。

铝镍钴永磁材料剩余磁通密度 B_{r} 较大，但矫顽力 H_{c} 较小。

铁氧体永磁是一种金属氧化物的陶瓷材料，以 Fe_2O_3 为主体，加入 Ba、Sr 或

少量的 Pb 等元素烧结而成的永磁体。铁氧体永磁矫顽力高、剩磁低，去磁曲线的很大一部分接近直线，性能稳定。铁氧体永磁的最大磁能积虽不大，但最大回复磁能积却较大，因此适用于做动态条件下工作的永磁体。

钐钴永磁包括化学式为 $SmCo_5$ 和化学式为 Sm_2Co_{17} 的钐钴永磁。化学式为 $SmCo_5$ 的钐钴永磁简称 1∶5 型稀土永磁，为第一代稀土永磁，产品的最大磁能积超过 199kJ/m^3（25MG • Oe）；化学式为 Sm_2Co_{17} 的钐钴永磁简称 2∶17 型稀土永磁，为第二代稀土永磁，产品的最大磁能积达到 258.6 kJ/m^3（32.5MG • Oe），去磁曲线基本上是一条直线，与回复直线基本重合。它的温度系数通常为$-0.03\%\mathrm{K}^{-1}$左右，并且居里温度高达 710～880℃。兼有高剩磁和高矫顽力的特点，其磁能积是铝镍钴永磁的 3～5 倍，是铁氧体永磁的 8～10 倍。它不仅适用于静态条件，由于有很高的矫顽力，所以更适用于动态条件。钐钴永磁因含有资源缺乏的钴，故价格较高。

钕铁硼永磁被称为现代磁王，为第三代稀土永磁，其潜在的磁能极高，理论值达到 527kJ/m^3（66MG • Oe）。现代烧结的 NdFeB 系永磁合金磁能积的试验值已达到理论值的 80%～93%，$(BH)_{max}$实验值已高达 460kJ/m^3，室温下剩余磁感应强度可达 1.47T。目前，批量生产的 NdFeB 系合金烧结永磁体的最高性能已经达到：$(BH)_{max}$=416kJ/m^3，B_r=1.4T，高于目前使用的任何永磁材料，使用温度可达 200℃。一次成型无须后加工的近净尺寸（near net shape）烧结磁体$(BH)_{max}$可达到 296kJ/m^3（37MG • Oe）。钕铁硼永磁材料的最大磁能积$(BH)_{max}$、剩余磁通密度 B_r 和矫顽力 H_c 都很大，去磁曲线基本上是一直线，其斜率接近于回复磁导率，即回复直线近似地与去磁曲线重合。因此，干扰磁场去掉后并不改变工作点的磁能积。钕铁硼永磁材料的优点是：①磁能积高，它的（BH）$_{max}$为铁氧体永磁材料的 5～12 倍，为铝镍钴永磁材料的 3～10 倍；它的矫顽力相当于铁氧体永磁材料的 5～10 倍，相当于铝镍钴永磁材料的 5～15 倍。能吸引自身重量 640 倍的重物，承载能力非常大。用它制造永磁轴承，使机械和仪表设计的小型化与轻型化成为可能。②资源丰富，价格较便宜。它的主要原料铁占 2/3，所用稀土钕占 1/3，钕资源比较丰富，储量相当于钐储量的 10～16 倍。由于用 Nd 取代资源短缺的稀土元素 Sm，用 Fe 取代战略物资 Co，因此资源丰富，成本降低。③它的机械力学性能比钐钴永磁材料和铝镍钴永磁材料都好，可进行切削加工和钻孔。钕铁硼永磁材料的缺点是：居里温度较低，一般为 310～410℃；它的温度系数较高，热稳定性较差；化学稳定性欠佳；由于含有大量铁和钕，易氧化，耐蚀性差，所以磁体需经镀层或涂层加以保护。但这些缺点可以通过调整化学成分和采取其他措施加以克服。一般的钕铁硼材料在高温下使用时，其去磁曲线的下半部分要产生弯曲，如图 2.5 所示，A 为弯曲开始的拐点。假设永磁体的工作温度为 150℃，正常工作时其工作点位于回复直线 AB_r 上。如果有很大的去磁磁场，永磁体的工作点将大幅度下移，甚至移过 A 到达 C 点。这样永磁体的工作点就将在新的回复直线 CB_r' 上移动，同样磁场强度下对应的磁感应强度将减小，从而造成了不可逆的磁性能损失。所以永磁体最低工作点不能低于去磁曲线的拐点。

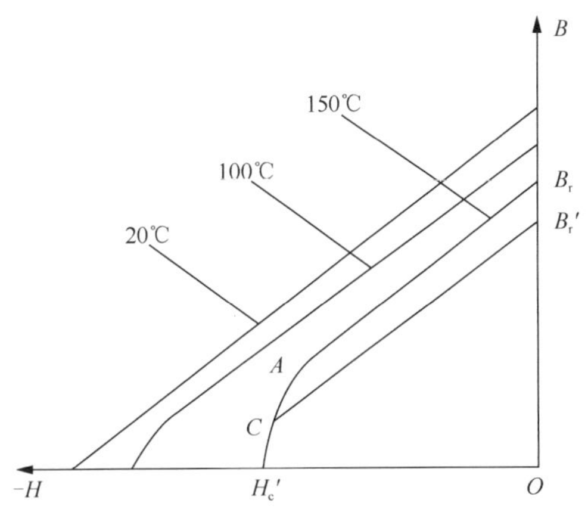

图 2.5　不同温度下钕铁硼材料的去磁曲线

钕铁硼系永磁按其制造工艺可分为烧结磁体和黏结磁体两类。烧结钕铁硼是一种类似于粉末冶金的永磁材料，能承受较大的压应力（600MPa），但不能承受大的拉应力，其抗拉强度一般低于抗压强度的 1/10（<80MPa）。抗弯强度值为 200～350 MPa，断裂韧性值波动范围为 2.5～5.5 MPa • $m^{1/2}$，其断裂韧性值比普通金属材料低 1～2 个数量级，与陶瓷材料相当。烧结 NdFeB 的机械力学性能比 SmCo 永磁稍好（SmCo 永磁硬而脆，仅能进行电火花线切割和小进刀量的磨削加工），可进行钻孔加工，但仍然很脆，在生产和使用过程中经常出现剥落、掉边掉角、开裂等问题。如果没有保护措施，永磁体无法承受转子高速旋转所产生的巨大离心力。根据加工工艺要求，永磁体材料厚度一般不小于 1.5mm。烧结 NdFeB 和 SmCo 永磁的机械力学性能指标见表 2.1。

表 2.1　烧结 NdFeB 和 SmCo 永磁的机械力学性能指标[9]

材料	抗弯强度 /MPa	断裂韧性 /（MPa · $m^{1/2}$）	抗拉强度 /MPa	抗压强度 /MPa	硬度 /HV	弹性模量 /MPa
NdFeB	200～350	2.5～5.5	70～140	800～1000	400～600	150000
$SmCo_5$	100 左右	1～2	29.60	900 左右	700～800	139000
Sm_2Co_{17}	80～140	1.5～2.5	—	600 左右	700～800	108000

黏结磁体是将永磁粉末用黏结剂结合成型的复合材料。黏结 NdFeB 永磁体与烧结永磁体相比，具有以下优点：①成型性好，可制成烧结磁体不可能实现的轻质、薄壁环状、嵌件整体成型的制品，可一次成型，也可以与其他部件一体成型，

产品一致性好；②可加工性好，不易产生裂纹和缺口，易得尺寸精度高的产品；③制作工艺方便，利于实现磁体制作工艺的自动化和大批量生产等。黏结 NdFeB 永磁体又具有成本低、密度小、原料可以循环利用及优良的力学性能等优点。现在主要应用的永磁材料见表 2.2 和表 2.3，图 2.6 为四种永磁材料去磁曲线。

表 2.2　常用永磁材料性能比较[8]

磁体名称	剩余磁通密度/T	磁感应矫顽力/（kA/m）	内禀矫顽力/（kA/m）	最大磁能积/（kJ/m^3）	密度/（$10^3kg/m^3$）	居里温度/℃	磁温度系数/（%/℃）	矫顽力温度系数/（%/℃）	使用温度/℃
铁氧体	0.44	222.8	230.8	36.6	5	450	−0.19	0.4	200
AlNiCo	1.15	127.4	127.4	87.6	7.3	800	−0.02	0.03	300
$SmCo_5$	0.85～0.95	637～716	>1432	127～175	8.3	727	−0.04	−0.27	250
Sm_2Co_{17}	1.0～1.14	557～716	477～1671	183～239	8.4	900	−0.03	−0.21	350
NdFeB	1.05～1.25	796～915	955～1989	199～286	7.4	313	−0.126	−0.6	130

表 2.3　常用永磁材料性能特点[8]

永磁材料	性能特点
钕铁硼	优点：磁能积高，机械稳定性较高；缺点：使用温度低，80～150℃，脆，易腐蚀
钐钴	优点：磁能积高，使用温度高，150～300℃；缺点：脆，价格高的钴占比很高
铁氧体	优点：价格便宜，磁性能很稳定；缺点：使用温度低，剩磁低
铝镍钴	优点：使用温度高，可达 400℃；缺点：矫顽力低

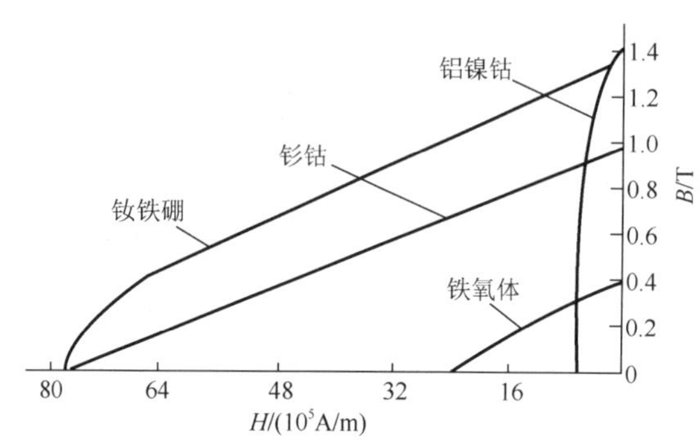

图 2.6　四种永磁材料去磁曲线[8]

5. 永磁材料的选用

判断永磁材料性能的好坏，通常用三个特性参量：剩余磁通密度、矫顽力和最大磁能积。剩余磁通密度越大，矫顽力越大，磁能积越大，材料的性能越好。回复磁导率 μ_{rec} 越大，回复线越接近去磁曲线。永磁材料的稳定性也很重要，如果材料的磁性能随着温度、时间、振动等有较大的变化，即使材料具有较高的磁性能，也不能得到很好的应用，一般是在磁性材料制造过程中给以稳定化处理，以提高其稳定性。外磁场对永磁材料稳定性的影响是通过矫顽力的大小起作用的，在使用过程中，矫顽力小的永磁体受到较大外磁场时就会退磁，而矫顽力大的永磁材料则有较强的抵御外磁场干扰的能力。从应用的观点来看，要求材料的温度系数越小越好。在一般情况下，温度系数除了与材料的种类有关外，还与材料的尺寸、形状及加热和冷却的温度范围有关。在选择永磁材料时，还要注意最高工作温度，超过最高工作温度，磁性能将大大降低。

2.2　永磁轴承结构及技术基础

2.2.1　永磁轴承结构

1. 双环结构

永磁轴承通常采用若干个环形永磁体按一定的极性成对布置而成，按磁体充磁方向可分为径向和轴向永磁轴承两类，而每一类按磁力提供形式又分为斥力型和吸力型两种。由两个永磁环构成的径向永磁轴承和轴向永磁轴承的结构分别如图 2.7 和图 2.8 所示。

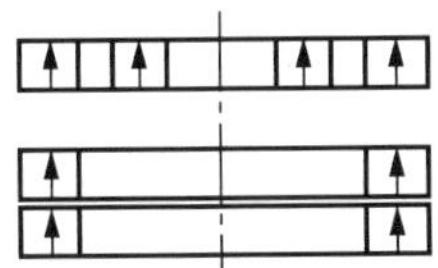

图 2.7　径向永磁轴承结构图

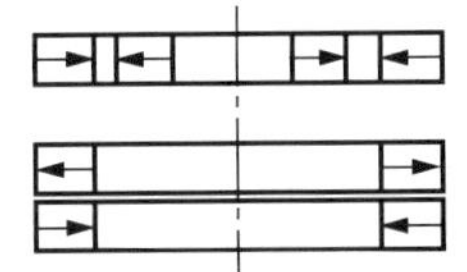

图 2.8　轴向永磁轴承结构

2. 磁环叠堆结构

一对磁环的承载能力和刚度有限，Yonnet 研究了轴承磁环叠堆的承载能力和刚度。其总刚度可用 K_n=（$2n-1$）K_{r} 近似表示[3]。其中，径向刚度 K_{r} 表达式为

$$K_{\mathrm{r}} = \frac{-M^2}{2\mu_0} R_{\mathrm{m}} \ln \frac{(2l+e)^2 e^2 [(l+e)^2 + h^2]^2}{(l+e)^4 [(2l+e)^2 + h^2](e^2 + h^2)}$$

式中，R_{m} 为平均半径；M 为磁化强度；其他参数见图 2.9。

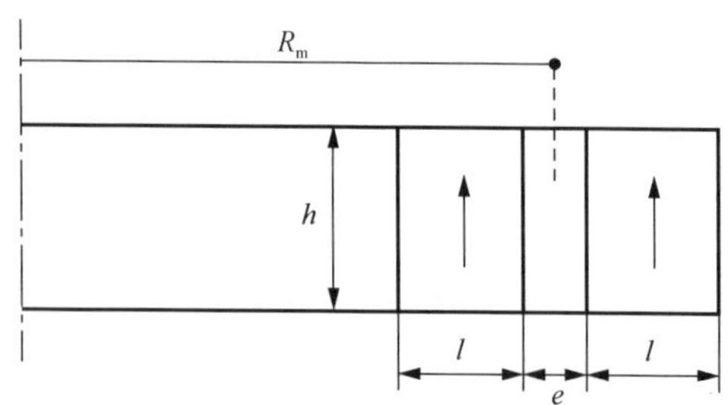

图 2.9　双环永磁轴承截面参数

如图 2.10 所示的向心叠堆永磁轴承，当 4 对轴承被堆叠起来后，它的磁体积增加到 4 倍，而径向刚度增加到 7 倍左右。体积相同的旋转磁化永磁轴承（图 2.11）径向刚度为向心叠堆永磁轴承（图 2.10）刚度的 1.8 倍左右。

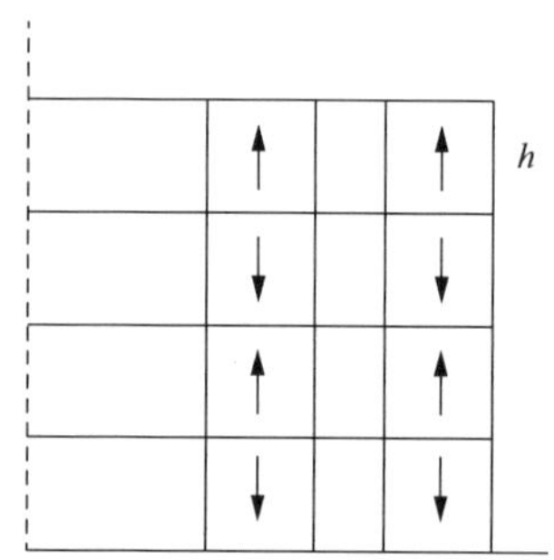

图 2.10　向心叠堆永磁轴承

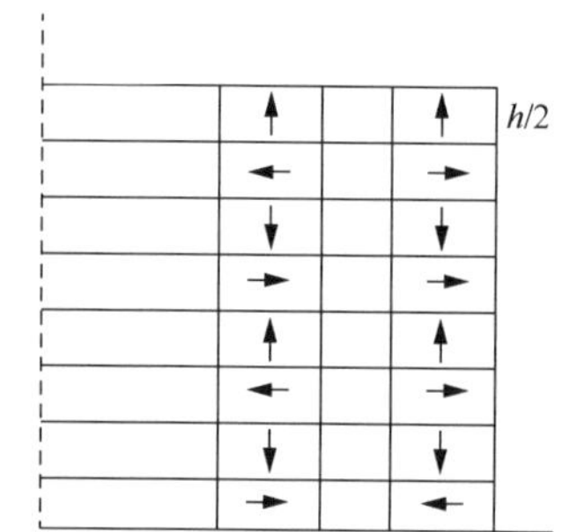

图 2.11　旋转磁化永磁轴承

3. 锥形永磁轴承结构

一种能同时承受径向和轴向载荷的锥形永磁轴承结构如图 2.12 所示。

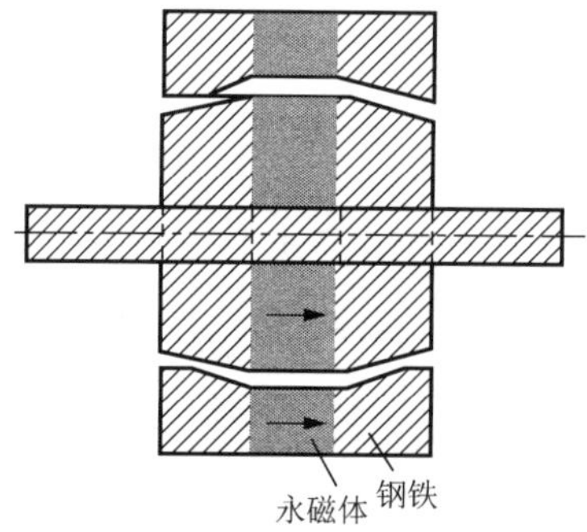

图 2.12　锥形永磁轴承结构

2.2.2　永磁轴承的工作原理

永磁轴承是利用动、静永磁体之间产生的磁力悬浮转轴的。如径向斥力型磁浮轴承，当动磁环和静磁环间的工作气隙发生变化时，最小工作气隙的斥力要比最大气隙处的斥力大，从而使转轴径向位置发生变化，趋于平衡状态，在其轴向要引入外力（如电磁力、机械力、气动力等）才能实现系统的稳定。永磁轴承主要是用来承载主载荷的，它可以与电磁轴承、电动磁轴承或超导磁轴承构成稳定的悬浮系统。

2.2.3　永磁轴承的技术基础

为了描述磁介质的磁化状态（磁化的方向和磁化的程度），通常用磁化强度矢量 $\boldsymbol{M}$ 来表征，定义为单位体积内分子磁矩的矢量和。从磁介质内取一个宏观体积元 ΔV，其中包含了大量的磁分子，每个磁分子相当于一个环形电流，用 $\boldsymbol{m}$ 代表单个分子磁矩，则 $\boldsymbol{M}=\sum \boldsymbol{m}/\Delta V$。当磁介质未磁化时，各个分子磁矩的取向杂乱无章，它们的矢量和为零，从而磁介质的磁化强度 $\boldsymbol{M}$=0；当磁介质处于磁化状态时，分子磁矩沿磁化场方向排列，磁化场越强，参与排列的磁分子数越多，直至磁化强度达到上限 $\boldsymbol{M}_{\mathrm{s}}$（饱和磁化强度）。

根据静磁学理论，介质的极化可以用下面的方程来描述：

$$\boldsymbol{B}=\mu_0\boldsymbol{H}+\boldsymbol{P}$$

式中，$\boldsymbol{B}$ 是介质中的磁感应强度，又称磁通密度；$\boldsymbol{H}$ 是介质中的磁场强度；$\boldsymbol{P}$ 是介质的极化强度，$\boldsymbol{P}=\mu_0\boldsymbol{M}$。通常 $\boldsymbol{P}$ 可以写为两项之和，即 $\boldsymbol{P}=\boldsymbol{P}_0+\boldsymbol{P}_{\mathrm{m}}$，其中，$\boldsymbol{P}_0$ 与磁场强度无关，它代表介质在外磁场作用之后产生的永久磁化。$\boldsymbol{P}_{\mathrm{m}}$ 是由磁场产生的极化强度，在各向同性介质中，$\boldsymbol{P}_{\mathrm{m}}$ 正比于磁场强度，即 $\boldsymbol{P}_{\mathrm{m}}=\mu_0\chi\boldsymbol{H}$，$\chi$ 是一个量纲为 1 的参数，称为磁化率，所以 $\boldsymbol{B}=\mu\boldsymbol{H}+\boldsymbol{P}_0$，$\mu=\mu_0(1+\chi)$，$\mu$ 是介质的磁导率；$\mu_0=4\pi\times10^{-7}$ 为真空的磁导率；磁介质的相对磁导率 $\mu_{\mathrm{r}}=\mu/\mu_0=(1+\chi)$。在自由空间和非磁性材料中，$\boldsymbol{P}$=0。当 $\boldsymbol{H}$=0 时，$\boldsymbol{B}_{\mathrm{r}}$=$\boldsymbol{P}_0$，表示介质的剩磁，即剩余磁感应强度。

在各向异性的介质中，$\boldsymbol{P}_{\mathrm{m}}$ 和 $\boldsymbol{H}$ 的关系取决于 $\boldsymbol{H}$ 的方向。

关于磁介质的磁化理论有两种观点：磁荷观点和分子电流观点。两种观点假设的微观模型不同，从而赋予磁感应强度 $\boldsymbol{B}$ 和磁场强度 $\boldsymbol{H}$ 的物理意义也不同，但是最后得到宏观规律的表达式完全一样，因此计算结果也完全相同，在这种意义下两种观点是等效的。两者都是基于电磁场基本理论，与麦克斯韦（Maxwell）基本方程组等效，可以使磁场求解问题得到简化。

1. *磁介质磁化理论——磁荷观点*

人类发现磁现象要早于发现电现象。最早发现磁现象就是从磁铁开始的，磁铁有 N、S 两极，于是人们假定，在一根磁棒的两极上有一种称为“磁荷”的东西，N 极上的称正磁荷，S 极上的称负磁荷，同号磁荷相斥，异号磁荷相吸。从磁荷观点看来，磁介质的最小单元是磁偶极子。在介质未磁化时，各个磁偶极子的取向是杂乱无章的，如图 2.13（a）所示，它们的磁偶极矩作用相互抵消，宏观看起来磁棒不显示磁性，即它处于未磁化的状态。当将磁介质置于外磁场 $\boldsymbol{H}_0$ 中，外磁场对每个磁偶极子产生力矩，使它们的磁偶极矩转向磁场的方向，各磁偶极子在一定程度上沿着磁场的方向排列起来，如图 2.13（b）所示。由图可以看出，由于磁偶极子在介质内部整齐排列，N、S 极首尾衔接，相互抵消，其宏观效果是在整个磁棒的两个端面上分别出现 N、S 极，即出现正负磁荷，如图 2.13（c）所示，这样磁介质就被磁化了。这些磁荷在介质内、外产生一个附加退磁场 $\boldsymbol{H}_m$，从而空间各处的总磁场强度 $\boldsymbol{H}$ 是外磁场 $\boldsymbol{H}_0$ 与磁介质两端面的磁荷产生附加退磁场 $\boldsymbol{H}_m$ 的矢量叠加，如图 2.14 所示。磁介质的磁化能使其外部的总磁场强度增大。

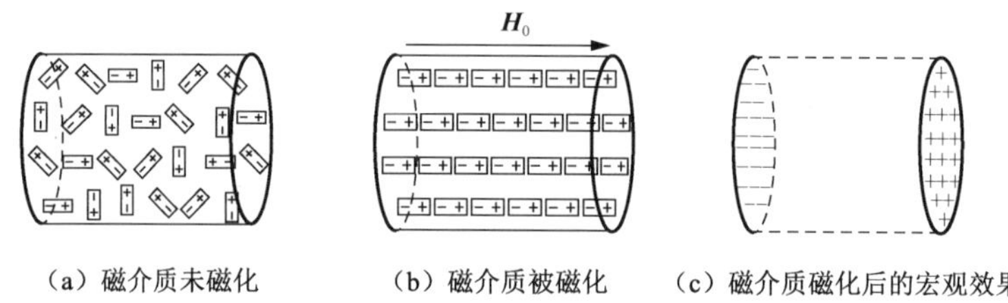

图 2.13　磁化的微观机制与宏观效果

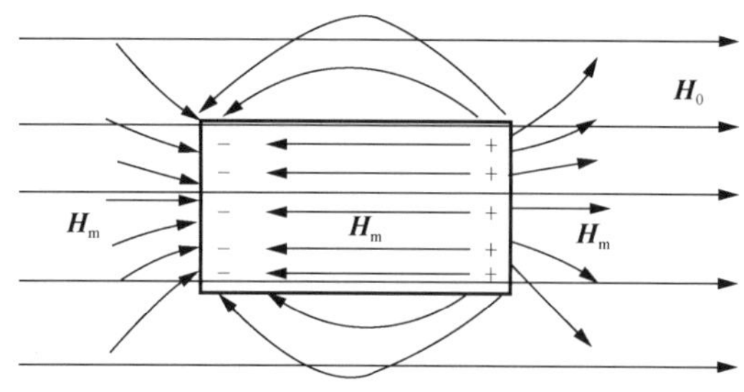

图 2.14　磁荷产生的附加磁场

用磁荷观点建立的一套理论，与电学理论具有明显的对称性。电学中有电偶极子模型，如电介质极化的分子就是正负电荷组成的电偶极子；磁学中同样有磁偶极子模型，如磁介质磁化的分子就可以看成由正负磁荷组成的磁偶极子，并在此基础上建立起了一整套的磁化理论。虽然至今没有发现磁单极，但磁偶极子确实存在，只不过它太难以分解成单个的磁极。磁偶极子实际就是一个小圆电流的等效模型，“电流说”和“磁荷说”两种观点的理论正是通过“小电流环—磁偶极子”这个两重性的模型联系起来的。由于磁荷与电荷具有相似性，所以在磁偶极子基础上建立的“介质磁化理论”（简称“磁荷说”）就应该与在电偶极子基础上建立的“介质极化理论”相对称。

1）点磁荷

电学中有点电荷模型，按磁荷观点应有点磁荷模型。点磁荷是自身的几何线度远小于它与场点之间距离的磁体。一根细长磁针两端的磁荷就可以看作点磁荷。

2）磁库仑定律

早在得到电荷的库仑定律之前，库仑就通过实验方法得到了两个点磁荷 q_{mt} 和 q_m 之间相互作用的规律，即磁库仑定律。在 MKSA 单位制中，真空点磁荷磁库仑定律可以表述为

$$\boldsymbol{F} = \frac{q_{\mathrm{mt}} q_{\mathrm{m}}}{4\pi\mu_0 r^3}\boldsymbol{r} \tag{2.1}$$

式中，r 为两点磁荷之间的距离；$\boldsymbol{r}$ 为点磁荷 q_{mt} 到点磁荷 q_m 的矢量。

3）磁场强度 $\boldsymbol{H}$

在磁荷说中，磁场用磁场强度 $\boldsymbol{H}$ 来描述：

$$\boldsymbol{H} = \frac{\boldsymbol{F}}{q_{\mathrm{mt}}} = \frac{q_{\mathrm{m}}}{4\pi\mu_0 r^3}\boldsymbol{r} \tag{2.2}$$

磁荷量为 q_m 的磁荷在磁场中任意一点处受到的磁场作用力为

$$\boldsymbol{F} = q_{\mathrm{m}}\boldsymbol{H} \tag{2.3}$$

磁荷观点计算简便，特别是它与静电场的规律相对应，有关静电场的概念、定理和计算方法基本上都可以直接借用过来。因此在计算介质中的磁场时，仍较多地采用磁荷观点。

4）点磁荷磁场强度的三维场计算

磁化磁体中存在体密度为 $\rho_{\mathrm{m}} = -\mu_0\nabla\cdot M(\mathrm{Wb/m^3})$ 的磁荷分布，由于磁体内部磁荷密度的存在，存在退磁磁场强度 $\boldsymbol{H}_{\mathrm{m}}$，磁体内磁场强度 $\boldsymbol{H}_{\mathrm{i}} = \boldsymbol{H}_0 + \boldsymbol{H}_{\mathrm{m}}$，$\boldsymbol{B} = \mu_0\left(\boldsymbol{H}_0 + \boldsymbol{H}_{\mathrm{m}} + \boldsymbol{M}\right)$。由 $\nabla\cdot\boldsymbol{B} = 0$ 可知，当 $\boldsymbol{H}_0 = 0$ 时，$\mu_0\nabla\cdot\boldsymbol{H}_{\mathrm{m}} = -\mu_0\nabla\cdot\boldsymbol{M}$。对于均匀磁化磁体，在其内部 $\boldsymbol{M}$ 为常数，则 $\rho_{\mathrm{m}} = -\mu_0\nabla\cdot\boldsymbol{M} = 0$。

由静磁学理论可知，面磁荷密度为

$$\sigma_{\mathrm{m}} = \boldsymbol{P}\cdot\boldsymbol{n} = \mu_0\boldsymbol{M}\cdot\boldsymbol{n} \tag{2.4}$$

式中，$\boldsymbol{n}$ 为磁环表面法线方向的单位矢量。

$$\boldsymbol{B} = \mu_0\left(\boldsymbol{H} + \boldsymbol{M}\right)$$

由钕铁硼永磁材料的去磁曲线可知，当 $\boldsymbol{H} = 0$ 时，$\boldsymbol{B} = \boldsymbol{B}_{\mathrm{r}}$，所以有 $\boldsymbol{B}_{\mathrm{r}} = \mu_0\boldsymbol{M}$，当磁化方向与磁环表面法线重合时，可得

$$\sigma_{\mathrm{m}} = \mu_0\boldsymbol{M} = \boldsymbol{B}_{\mathrm{r}} = \boldsymbol{P} \tag{2.5}$$

根据 $\boldsymbol{H} = -\nabla\varphi_{\mathrm{m}}$ 和 $\rho_{\mathrm{m}} = \mu_0\nabla\cdot\boldsymbol{H}$ 得标量磁位 φ_{m} 的泊松方程：

$$\nabla\cdot\nabla\varphi_{\mathrm{m}} = \Delta\varphi_{\mathrm{m}} = -\mu_0^{-1}\rho_{\mathrm{m}}$$

不失一般性，令原点的 φ_{m}（0，0，0）=0，由格林公式和拉普拉斯方程解得任一点 $P\left(x_0, y_0, z_0\right)$ 的标量磁位为

$$\varphi_P(x_0,\ y_0,\ z_0)=\varphi_P(x_0,\ y_0,\ z_0)-\varphi_{\mathrm{m}}(0,\ 0,\ 0)=\frac{1}{4\pi\mu_0}\iiint_V\frac{\rho_{\mathrm{m}}(x,\ y,\ z)}{r}\mathrm{d}V$$

在非铁磁介质或均匀永久磁化的铁磁介质中，φ_{m} 满足拉普拉斯方程 $\Delta\varphi_{\mathrm{m}}=0$。因此，静态磁场问题可归结为在已知磁荷分布的条件下求解泊松方程或拉普拉斯方程的边值问题，故有

$$\varphi_{\mathrm{m}}=\frac{1}{4\pi\mu_0}\iiint_V\frac{\rho_{\mathrm{m}}\mathrm{d}V}{R}+\frac{1}{4\pi\mu_0}\oiint_S\frac{\sigma_{\mathrm{m}}\mathrm{d}S}{R} \tag{2.6}$$

式中，R 为 P 点到 M 点的距离，m。

根据矢量运算公式 $\nabla\cdot\left(\frac{\boldsymbol{M}}{R}\right)=\frac{\nabla\cdot\boldsymbol{M}}{R}+\boldsymbol{M}\cdot\nabla\left(\frac{1}{R}\right)$ 和斯托克斯公式 $\oiint_S\frac{M}{R}\cdot\mathrm{d}S=\iiint\nabla\cdot\left(\frac{M}{R}\right)\mathrm{d}V$ 得

$$\varphi_{\mathrm{m}}\left(x_0,\ y_0,\ z_0\right)=\frac{1}{4\pi}\iiint_V M\cdot\nabla\left(\frac{1}{R}\right)\mathrm{d}V \tag{2.7}$$

在直角坐标系中：

$$\varphi_{\mathrm{m}}\left(x_0,\ y_0,\ z_0\right)=\frac{1}{4\pi}\iiint_V\left[M_x\frac{\partial}{\partial_x}\left(\frac{1}{R}\right)+M_y\frac{\partial}{\partial_y}\left(\frac{1}{R}\right)+M_z\frac{\partial}{\partial_z}\left(\frac{1}{R}\right)\right]\mathrm{d}x\mathrm{d}y\mathrm{d}z \tag{2.8}$$

式中，$R=\sqrt{\left(x_0-x\right)^2+\left(y_0-y\right)^2+\left(z_0-z\right)^2}$。

在圆柱坐标系中：

$$\varphi_{\mathrm{m}}\left(r_0,\ \theta_0,\ z_0\right)=\frac{1}{4\pi}\iiint_V\left[M_r\frac{\partial}{\partial r}\left(\frac{1}{R}\right)+M_\theta\frac{1}{r}\frac{\partial}{\partial\theta}\left(\frac{1}{R}\right)+M_z\frac{\partial}{\partial z}\left(\frac{1}{R}\right)\right]r\mathrm{d}r\mathrm{d}\theta\mathrm{d}z \tag{2.9}$$

式中，$R=\sqrt{r_0^2+r^2+\left(z_0-z\right)^2-2r_0r\cos\left(\theta_0-\theta\right)}$。

求得标量磁位 φ_{m} 后，再根据式 $\boldsymbol{H}=-\nabla\varphi_{\mathrm{m}}$ 求磁场及磁力。

5）点磁荷磁场强度的二维场计算

在很多情况下三维模型可以简化为二维模型。同样根据磁荷模型，认为在平面 S 内存在有面密度为 $\sigma_{\mathrm{m}}\left(\mathrm{Wb/m^2}\right)$ 的磁荷分布。

定义面密度 $\sigma_{\mathrm{m}}=\mu_0\nabla\cdot\boldsymbol{H}=-\mu_0\nabla\cdot\boldsymbol{M}$，得关于标量磁位的二维泊松方程：

$$\Delta\varphi_{\mathrm{m}}=-\mu_0^{-1}\sigma_{\mathrm{m}}$$

解可以写成 $\varphi_{\mathrm{m}}=\frac{1}{2\pi\mu_0}\iint_\Omega\sigma_{\mathrm{m}}\left(\ln\frac{1}{r_{PM}}\right)\mathrm{d}\Omega+\frac{1}{2\pi\mu_0}\oint_L\sigma_{\mathrm{m}l}\left(\ln\frac{1}{r_{PM}}\right)\mathrm{d}l$, $\sigma_{\mathrm{m}l}=\mu_0\boldsymbol{n}\cdot\boldsymbol{M}$，相应的二维泊松方程的解可以表达为

$$\varphi_{\mathrm{m}}=-\frac{1}{2\pi}\iint_\Omega\nabla\cdot\boldsymbol{M}\left(\ln\frac{1}{r_{PM}}\right)\mathrm{d}\Omega+\frac{1}{2\pi}\oint_L\boldsymbol{n}\cdot\boldsymbol{M}\left(\ln\frac{1}{r_{PM}}\right)\mathrm{d}l$$

上式右端的第一项由于 $\boldsymbol{M}$ 为常矢量而恒为 0。$\boldsymbol{n}$ 为边界 $\mathrm{d}l$ 上的法向单位矢量，记为 $\boldsymbol{n}=\cos\alpha\boldsymbol{i}+\sin\alpha\boldsymbol{j}$，记矢量微元 $\mathrm{d}l$ 的单位矢量 $\boldsymbol{l}_0=-\sin\alpha\boldsymbol{i}+\cos\alpha\boldsymbol{j}$，则

$$\boldsymbol{n}\cdot\boldsymbol{M}=M_x\cos\alpha+M_y\sin\alpha=\left(-M_y\boldsymbol{i}+M_x\boldsymbol{j}\right)\left(-\sin\alpha\boldsymbol{i}+\cos\alpha\boldsymbol{j}\right)=\boldsymbol{M}'\cdot\mathrm{d}\boldsymbol{l}$$

式中，$\boldsymbol{M}'=\left(-M_y\boldsymbol{i}+M_x\boldsymbol{j}\right)$，$\boldsymbol{M}'$ 相当于原矢量沿着 θ 方向逆时针再转 π/2。

由斯托克斯公式 $\oint_L \boldsymbol{M}'\cdot\mathrm{d}\boldsymbol{l}=\iint_\Omega(\nabla\times\boldsymbol{M}')\cdot\mathrm{d}\boldsymbol{s}$ 和恒等式 $\nabla\times\left(\ln\frac{1}{r_{PM}}\boldsymbol{M}'\right)=\ln\frac{1}{r_{PM}}(\nabla\times\boldsymbol{M}')+\nabla\ln\frac{1}{r_{PM}}\times\boldsymbol{M}'$ 得

$$\begin{aligned}\varphi_{\mathrm{m}}&=\frac{1}{2\pi}\oint_L\left(\ln\frac{1}{r_{PM}}\boldsymbol{M}'\right)\cdot\mathrm{d}\boldsymbol{l}=\frac{1}{2\pi}\iint_\Omega\left(\nabla\times\ln\frac{1}{r_{PM}}\boldsymbol{M}'\right)\cdot\mathrm{d}\boldsymbol{s}\\&=\frac{1}{2\pi}\iint_\Omega\left[\ln\frac{1}{r_{PM}}(\nabla\times\boldsymbol{M}')+\nabla\ln\frac{1}{r_{PM}}\times\boldsymbol{M}'\right]\cdot\mathrm{d}\boldsymbol{s}\end{aligned}$$

式中，$r_{PM}=\sqrt{r_0^2+r^2-2r_0r\cos(\theta_0-\theta)}$。由于在 Ω 域内 $\boldsymbol{M}'$同样为常矢量，所以 $\nabla\times\boldsymbol{M}'$ 恒为 0，则

$$\varphi_{\mathrm{m}}=\frac{1}{2\pi}\iint_\Omega\left(\nabla\ln\frac{1}{r_{PM}}\times\boldsymbol{M}'\right)\cdot\mathrm{d}\boldsymbol{s}$$

在圆柱坐标系中，记

$$\boldsymbol{M}'=M_r'\boldsymbol{r}_0+M_\theta'\boldsymbol{\theta}_0$$

式中，

$$M_r'=M\cos\left(\frac{\pi}{2}+\beta_1-\theta\right)=-M\sin(\beta_1-\theta)$$

$$M_\theta'=M\sin\left(\frac{\pi}{2}+\beta_1-\theta\right)=M\cos(\beta_1-\theta)$$

$$\nabla\ln\frac{1}{r_{PM}}\times\boldsymbol{M}'=\left(\frac{\partial}{\partial_r}\ln\frac{1}{r_{PM}}M_\theta'-\frac{1}{r}\frac{\partial}{\partial_\theta}\ln\frac{1}{r_{PM}}M_r'\right)\boldsymbol{k}，\quad \mathrm{d}\boldsymbol{s}=\mathrm{d}s\boldsymbol{k}$$

于是可以得到

$$\varphi_{\mathrm{m}}=\frac{1}{2\pi}\iint_\Omega\left\{-\frac{r-r_0\cos(\theta_0-\theta)}{r_{PM}^2}M\cos(\beta_1-\theta)+\frac{[r_0\sin(\theta_0-\theta)]}{r_{PM}^2}M\sin(\beta_1-\theta)\right\}\mathrm{d}s$$

$$\varphi_{\mathrm{m}}=-\frac{1}{2\pi}\iint\varphi_{\mathrm{d}s}\mathrm{d}s \tag{2.10}$$

式中，$\varphi_{\mathrm{d}s}=\dfrac{rM\cos(\beta_1-\theta)-r_0M\cos(\theta_0-\beta_1)}{r_{PM}^2}$，在场点 $M(r_0,\ \theta_0)$ 对 φ_{m} 求梯度，即可得到场点的磁场强度。

$$\nabla\varphi_{ds}=\frac{\partial\varphi_{ds}}{\partial r_0}\boldsymbol{r}_0+\frac{1}{r_0}\frac{\partial\varphi_{ds}}{\partial\theta_0}\boldsymbol{\theta}_0$$

$$\frac{\partial\varphi_{ds}}{\partial r_0}=A_1+B_1$$

式中，A_1、B_1分别表示为

$$A_1=\frac{\partial}{\partial r_0}\left[\frac{rM\cos(\beta_1-\theta)}{r_{PM}^2}\right]=M\cos(\beta_1-\theta)\left[-2r\frac{1}{r_{PM}^3}\frac{r_0-r\cos(\theta_0-\theta)}{r_{PM}}\right]$$

$$B_1=\frac{\partial}{\partial r_0}\left[-\frac{rM\cos(\theta_0-\beta_1)}{r_{PM}^2}\right]=-M\cos(\theta_0-\beta_1)\left[\frac{1}{r_{PM}^2}-2r_0\frac{r_0-r\cos(\theta_0-\theta)}{r_{PM}^4}\right]$$

当$r\to0,\theta\to\theta_0,r_0\to r_{PM}$时，得

$$\frac{\partial\varphi_{ds}}{\partial r_0}=0-\frac{M\cos(\theta_0-\beta_1)}{r_{PM}^2}+\frac{2M\cos(\theta_0-\beta_1)}{r_{PM}^2}=\frac{M\cos(\theta_0-\beta_1)}{r_{PM}^2}$$

类似地，

$$\frac{1}{r_0}\frac{\partial\varphi_{ds}}{\partial\theta_0}=C_1+D_1$$

式中，

$$C_1=\frac{1}{r_0}\frac{\partial}{\partial\theta_0}\left[\frac{rM\cos(\beta_1-\theta)}{r_{PM}^2}\right]=\frac{r}{r_0}M\cos(\beta_1-\theta)\frac{2rr_0\sin(\theta_0-\theta)}{r_{PM}^4}$$

$$\frac{\partial\varphi_{ds}}{\partial r_0}=0-\frac{M\cos(\beta_1-\theta_0)}{r_{PM}^2}+\frac{2M\cos(\theta_0-\beta_1)}{r_{PM}^2}=\frac{M\cos(\theta_0-\beta_1)}{r_{PM}^2}$$

$$D_1=\frac{1}{r_0}\frac{\partial}{\partial\theta_0}\left[-\frac{r_0M\cos(\theta_0-\beta)}{r_{PM}^2}\right]=\frac{M\sin(\theta_0-\beta_1)}{r_{PM}^4}-\frac{2rr_0M\cos(\theta_0-\beta_1)\sin(\theta_0-\theta)}{r_{PM}^4}$$

当$r\to0,\theta\to\theta_0$时，$\frac{1}{r_0}\frac{\partial\varphi_{ds}}{\partial\theta_0}=0+\frac{M\sin(\theta_0-\beta_1)}{r_{PM}^2}=\frac{M\sin(\theta_0-\beta_1)}{r_{PM}^2}$，由此得

$$\nabla\varphi_{m}=-\frac{1}{2\pi}\iint_{\Omega}\nabla\varphi_{ds}\mathrm{d}s=-\frac{1}{2\pi}\iint_{\Omega}\left[\frac{M\cos(\theta_0-\beta_1)}{r_{PM}^2}r_0+\frac{M\sin(\theta_0-\beta)}{r_{PM}^2}\theta_0\right]\mathrm{d}s$$

根据$\boldsymbol{H}=-\nabla\varphi_{m}=H_r\boldsymbol{r}_0+H_\theta\boldsymbol{\theta}_0$得到在 d$s$ 微元上场点 M 的场强为

$$\begin{cases}\mathrm{d}H_r=\dfrac{B_r\cos(\theta_0-\beta_1)\cdot\mathrm{d}s}{2\pi\mu_0r_{PM}^2}\\[2ex]\mathrm{d}H_\theta=\dfrac{B_r\sin(\theta_0-\beta_1)\cdot\mathrm{d}s}{2\pi\mu_0r_{PM}^2}\end{cases}\tag{2.11}$$

2. 分子电流观点

关于磁起源的电流观点因其能够完满地解释各种实验现象，而得到了公认。19世纪法国科学家安培提出了分子环流假说：组成磁铁的最小单元（磁分子）是环形电流，这些分子环流定向地排列起来，在宏观上显示出 N、S 极，如图 2.15（a）所示。从现代关于原子结构的认识来看，分子电流的磁矩主要由两部分构成，一是电子绕原子核运动形成的轨道磁矩，一是电子自旋形成的自旋磁矩，它们是物质磁性的微观起源。

当磁介质均匀时，由于分子环流的回绕方向一致，在介质内部任何两个分子环流中相邻的那一对电流元方向总是彼此相反，它们的效果相互抵消，只有在横截面边缘上各段电流元未被抵消。宏观来看，横截面内所有分子环流的总体与沿截面边的一个大环形电流等效，如图 2.15（b）所示。

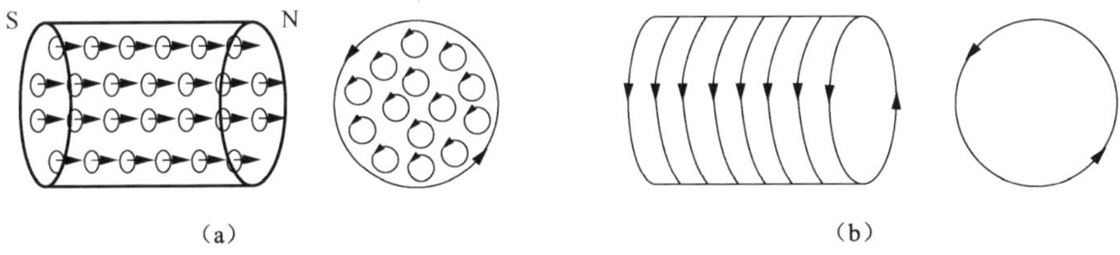

图 2.15　安培分子环流假设

磁化的介质表面就相当于一个柱面形电流面，这种面电流称为磁化面电流。磁化面电流不是传导电流，它只是描述分子磁矩产生的宏观磁效应的等效电流，所以又称束缚电流。

等效电流模型认为，在磁化磁体内部存在密度为 $\boldsymbol{J}_{\mathrm{m}}$（$\mathrm{A/m^2}$）的圆电流分布，从而建立矢量磁位 $\boldsymbol{A}$ 与磁通密度 $\boldsymbol{B}=\nabla\times\boldsymbol{A}$ 的关系。由安培定律得 $\nabla\times\boldsymbol{B}=\mu_0\boldsymbol{J}_{\mathrm{m}}$。对于磁化磁体（永磁体或软磁体），其电流密度与磁化强度的关系为：$\boldsymbol{J}_{\mathrm{m}}=\nabla\times\boldsymbol{M}$。在均匀磁化磁体内部，圆电流相互抵消，从而 $\boldsymbol{J}_{\mathrm{m}}=0$。但在磁体边界上不能抵消，仍然存在着面电流密度 $\boldsymbol{J}_{\mathrm{ms}}$（A/m）：

$$\boldsymbol{J}_{\mathrm{ms}}=-\boldsymbol{n}\times\boldsymbol{M} \tag{2.12}$$

根据毕奥-萨伐尔（Biot-Savart）定律，考虑到体电流密度 $\boldsymbol{J}_{\mathrm{m}}$ 和面电流密度 $\boldsymbol{J}_{\mathrm{ms}}$ 后，可以推导永磁体周围介质的磁感应强度与电流密度的关系式为

$$\boldsymbol{B}=\frac{\mu_0}{4\pi}\left(\iiint_v\frac{\boldsymbol{J}_{\mathrm{m}}\times R}{R^3}\mathrm{d}v+\oiint_s\frac{\boldsymbol{J}_{\mathrm{ms}}\times R}{R^3}\mathrm{d}s\right) \tag{2.13}$$

式中，括号内第一项是体电流密度贡献的，第二项是面电流密度贡献的。然而，应用式（2.13）求解积分的计算比较困难，一般难以得到显式表达式。

2.3 永磁轴承计算方法

一般情况下，永磁轴承中磁环的平均半径要远远大于磁环的截面尺寸和气隙。因此，在忽略磁环曲率效应情况下计算磁环间作用力时，可以将两磁环等效为条形磁体，从而计算两个长磁体之间的相互作用力，如图 2.16 所示。

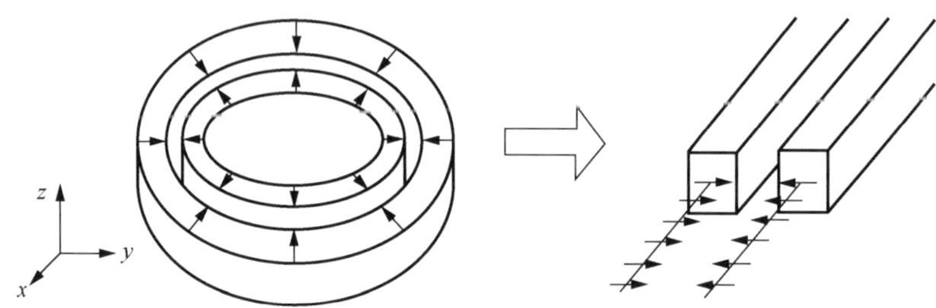

图 2.16 两磁环相互作用等效图

对于图 2.16 所示的两平行柱状永磁体，采用等效磁荷原理和虚功原理，两磁体之间的相互作用力和刚度分别为

$$\begin{cases} F_z = \dfrac{2B}{r^3}\sin(\beta_1+\beta_2-3\theta) \\ F_x = -\dfrac{2B}{r^3}\cos(\beta_1+\beta_2-3\theta) \\ K_z = -\dfrac{\mathrm{d}F_z}{\mathrm{d}z} = \dfrac{6B}{r^4}\cos(\beta_1+\beta_2-4\theta) \\ K_x = -\dfrac{K_z}{2} \end{cases} \tag{2.14}$$

式中，$B=\dfrac{S_1S_2LJ_1J_2}{2\pi\mu_0}$。

一般地，磁场边值问题就是求解麦克斯韦方程的问题，即求解一个齐次或非齐次的二阶线性偏微分方程的问题。归纳起来可分为四大类：解析法、图解法、模拟法和数值法。

2.3.1 磁场边值问题的求解方法

1. 解析法

解析法就是设法找到一个连续函数，将它和它的各阶偏导数代入求解的偏微分方程，并在初始状态以及区域的边界条件下得到定解。解析法又分为严格解析法和近似解析法。严格解析法可以将解表示为已知函数的显式，从而能计算出精确解，并可以作为近似解和数值解的检验标准，具有计算量小且便于永磁体结构参数优化的优点。近似解析法一般将解表示为级数形式，它可以求解一些严格解析法不能解决的问题，使用比较简便，但计算量较大。

1）直接法和镜像法

直接法是直接用积分的方法来求解磁场问题。镜像法是在研究某种媒质中的磁场时，将这种媒质与其他媒质间的边界条件用一组镜像电流来等效，从而取消原有的边界，使其成为同一媒质的无限区域的磁场，这样就能用直接法进行求解。

2）保角变换法

保角变换法是将一个需要求解的二维场问题通过某一解析函数变换到另一个足够简单的已知二维场问题。这种方法的关键是如何找到所需要的解析函数。

3）分离变量法

分离变量法主要是将具有多个自变量的偏微分方程通过减少其自变量的个数转化为较简单的形式。这种方法假定多变量的未知函数是由若干个单变量函数的乘积组成，然后代入原来的偏微分方程中，使其分离成若干个常微分方程，其中的待定常数和函数由给定的边值决定。这种方法对边界的限制比较苛刻，对复杂的边界难以收敛，只有当场域的边界线和场源位置与坐标系的某一坐标轴线有一定的关系时，分离变量法才是一种有效而简便的方法。如矩形、柱面、球面等区域中的磁场问题。

4）微扰法

微扰法是给具有相同区域和相同边界条件并且已知其严格解的偏微分方程增加一个含有微扰参数ε的微扰项，作为待求解的偏微分方程，然后将待求解方程的特征值和特征函数展开为ε的幂级数，代入方程中，从而计算出待求方程的各级近似解。这种方法特别适用于求解一个接近有严格解的问题，并且微扰量要小。

5）变分法

变分法就是先找到一个与待求函数满足同样边界条件和初始条件、同时含有若干个待定参数的泛函，然后将泛函转化为每个待定参数的变分形式，求其极值，可以得到待定参数的解。

2. 图解法

图解法是根据稳定磁场的特性画出磁场的等位线和磁力线，从这些曲线分布的密集或稀疏程度得到磁场的强弱。图解法是一种近似的分析计算方法，它比较形象直观，但是精度较差，具有很大的局限性。

3. 模拟法

场的实验研究方法包括了实测法和模拟法。模拟法是通过实验装置复制出真实装置中电磁场分布的方法，通过测试来获得未知解。模拟法的应用范围较广，既能解决稳定磁场问题，又能解交变电磁场问题，解的精度也较高。

4. 数值法

对于形状复杂的永磁体或永磁机构，很难得到其磁场的解析解，所以数值计算方法在永磁磁场计算中必不可少。

数值法包括有限元法、有限差分法、边界元法等数值方法。数值法是将待求电磁场的区域剖分成有限多的单元，然后通过数学处理建立以单元上各节点的求解函数值为未知量的代数方程组，求解这个代数方程组，可以得到各节点的函数值。其中最有效、目前应用最广泛的是有限元法，下面重点进行介绍。

2.3.2 有限元法

有限元法是根据变分原理和离散化而求取近似解的一种数值分析方法。虽然电磁场问题一般都可以归结为求解偏微分方程的边值问题，但有限元法不是直接对电磁场的偏微分方程去求解，而是先从偏微分方程边值问题出发，找出一个能量泛函的积分式，并令其在满足第一类边界条件的前提下取极值，即构成条件变分问题。这个条件变分问题是和偏微分方程边值问题等价的，有限元法便是以条件变分问题为对象来求解电磁场问题的。具体是，首先，将磁场的求解区域分为有限多个小单元，在每一个小单元内部，近似地认为任一点的求解函数在单元节点的函数值之间按某种规律变化，这样在单元中构造出合适的插值函数。然后，把插值函数代入能量泛函的积分式，变分问题就转化为泛函的求极值问题，而泛函也将离散为与 N 个节点磁位相关的多元函数，泛函的极值问题将转化为以形状函数所形成的有限元子空间中的多元函数的极值问题。根据多元函数理论，当多元函数达到极值时，多元函数对各自变量的偏导等于零，由此即可得到一个线性代数方程或非线性代数方程组。最后，再用第一类边界条件作修正并借助于计算机求解方程组。有限元法的核心是通过剖分插值来获得近似的试探函数，使得变分解法顺利地进行下去。对于难以寻找到能量泛函的偏微分方程的边值问题，有限元法可以通过加权余量法，如最小二乘法等，推导出相应的代数方程组，因而适用范围较宽。

有限元分析步骤如下。

（1）从所研究的电磁场边值问题出发，利用变分原理，把问题转化为等价的变分问题，即能量积分的极值问题。

（2）将求解区域剖分为一系列子区域，即区域离散。

（3）选取分片光滑的插值函数去逼近整个求解区域内光滑的磁位函数。

（4）把磁位的插值函数带入能量积分，对变分问题进行离散化处理，得到以

n 个节点磁位为未知数的 n 阶线性代数方程组。

（5）结合边界条件，求解线性代数方程组，得到节点磁位的数值近似解，由此计算出各个节点和单元的磁感应强度值。

（6）通过处理后得到所需要的各电磁参量（如磁通、储能、力、力矩等）。

有限元法具有以下突出优点。

（1）系数矩阵对称、正定且具有稀疏性，可节约大量的计算机内存和 CPU 时间。

（2）由于边界条件并不进入每个有限单元的方程中，所以对于区域内部和边界上的单元能够采用同样的函数，最后将第一类边界条件引入总体方程中。对于第二类齐次边界条件和无面电流密度的媒质交界条件可不作任何处理。

（3）几何剖分灵活，适于解决几何形状复杂的问题。

（4）可较好地处理非线性问题。

（5）方法的各个环节统一，程序易于实现标准化。随着前、后处理技术的发展，已逐步形成了一些功能齐全、便于操作的通用或专用软件。

目前，有限元方法被认为是最有效、应用最普遍的一种数值方法。数值计算的优点是适应范围宽，但数值算法计算复杂、计算工作量大，不便于永磁体结构参数优化，不便于一般工程人员掌握。

2.3.3　电磁场有限元方法的理论基础

电磁场问题实际上是求解给定边界条件的麦克斯韦方程组的问题。

1. 麦克斯韦方程组及边界条件

微分形式的麦克斯韦方程组表示形式如下：

$$\nabla\times\boldsymbol{H}=\boldsymbol{J}+\frac{\partial\boldsymbol{D}}{\partial t},\quad \nabla\times\boldsymbol{E}=-\frac{\partial\boldsymbol{B}}{\partial t},\quad \nabla\cdot\boldsymbol{B}=0,\quad \nabla\cdot\boldsymbol{D}=\rho$$

式中，$\boldsymbol{E}$ 为电场强度；$\boldsymbol{D}$ 为电位移矢量；$\boldsymbol{H}$ 为磁场强度；$\boldsymbol{B}$ 为磁感应强度；$\boldsymbol{J}$ 为电流密度；ρ 为电荷密度。在静磁场分析中，相应的麦克斯韦方程为

$$\nabla\times\boldsymbol{H}=\boldsymbol{J},\quad \nabla\cdot\boldsymbol{B}=0$$

在各向同性的介质中，$\boldsymbol{B}=\mu_{\mathrm{r}}\mu_0\cdot\boldsymbol{H}$，其中，相对磁导率 $\mu_{\mathrm{r}}=\dfrac{\mu}{\mu_0}$。显然，直接将这些方程组应用于电磁场分析是比较复杂和困难的。为了求解麦克斯韦方程组，必须将上述方程组进行适当的变换，针对不同的问题施加相应的边界条件，由此就产生了各种类型的电磁场分析方法。

2. 位函数

对于稳态磁场问题，引入位函数将使问题简化。位函数有两种：标量磁位和矢量磁位。这两种方法都是从麦克斯韦方程组出发，通过引入标量磁位或矢量磁

位，导出有关标量磁位或矢量磁位的微分方程组，然后采用有限元法进行数值求解。

1）标量磁位

在无旋场（无载流区）中，引入标量磁位 φ_{m}。在载流区外 $\boldsymbol{J}=0$，有 $\nabla\times\boldsymbol{H}=0$，并根据 $\boldsymbol{H}=-\nabla\varphi_{\mathrm{m}}$，可以推出：$\nabla\mu\nabla\varphi_{\mathrm{m}}=0$。

（1）$\mu\neq$常数。

在非线性介质中，直角坐标系下标量磁位满足的微分方程为

$$\frac{\partial}{\partial x}\left(\mu\frac{\partial\varphi_{\mathrm{m}}}{\partial x}\right)+\frac{\partial}{\partial y}\left(\mu\frac{\partial\varphi_{\mathrm{m}}}{\partial y}\right)+\frac{\partial}{\partial z}\left(\mu\frac{\partial\varphi_{\mathrm{m}}}{\partial z}\right)=0$$

（2）μ–常数。

在线性介质中，标量磁位需满足的方程为 $\nabla^2\varphi_{\mathrm{m}}=0$。这是一个典型的拉普拉斯方程。直角坐标系中其展开式为

$$\frac{\partial^2\varphi_{\mathrm{m}}}{\partial x^2}+\frac{\partial^2\varphi_{\mathrm{m}}}{\partial y^2}+\frac{\partial^2\varphi_{\mathrm{m}}}{\partial z^2}=0$$

2）矢量磁位

由于标量磁位只能在 $\boldsymbol{J}$=0 区域内使用。而在实际磁场问题中，往往存在 $\boldsymbol{J}\neq0$ 的区域。此时引入 $\boldsymbol{B}=\nabla\times\boldsymbol{A}$。式中，矢量 $\boldsymbol{A}$ 为矢量磁位，单位是 Wb/m。对于任何的连续矢量函数 $\boldsymbol{A}$ 恒有 $\nabla\times\boldsymbol{A}=0$，矢量 $\boldsymbol{A}$ 满足微分方程：$\nabla\times\left(\mu^{-1}\nabla\boldsymbol{A}\right)=\boldsymbol{J}$。

（1）μ=常数。

为简化计算，库仑规范为 $\nabla\cdot\boldsymbol{A}=0$，根据矢量分析有

$$\nabla\times\left(\nabla\times\boldsymbol{A}\right)=\nabla\left(\nabla\cdot\boldsymbol{A}\right)-\nabla^2\boldsymbol{A}，\quad\nabla\times\left(\nabla\times\boldsymbol{A}\right)=-\nabla^2\boldsymbol{A}=-\mu\boldsymbol{J}$$

在直角坐标系中又可以得到

$$\nabla^2\boldsymbol{A}=\boldsymbol{e}_x\left(\nabla^2\boldsymbol{A}\right)_x+\boldsymbol{e}_y\left(\nabla^2\boldsymbol{A}\right)_y+\boldsymbol{e}_z\left(\nabla^2\boldsymbol{A}\right)_z$$

式中，$\boldsymbol{e}_x$、$\boldsymbol{e}_y$、$\boldsymbol{e}_z$ 分别为 x，y，z 方向单位矢量。即

$$\nabla^2A_x=\frac{\partial^2A_x}{\partial x^2}+\frac{\partial^2A_x}{\partial y^2}+\frac{\partial^2A_x}{\partial z^2}=-\mu J_x$$

$$\nabla^2A_y=\frac{\partial^2A_y}{\partial x^2}+\frac{\partial^2A_y}{\partial y^2}+\frac{\partial^2A_y}{\partial z^2}=-\mu J_y$$

$$\nabla^2A_z=\frac{\partial^2A_z}{\partial x^2}+\frac{\partial^2A_z}{\partial y^2}+\frac{\partial^2A_z}{\partial z^2}=-\mu J_z$$

对于二维场，$\boldsymbol{J}=J_z\boldsymbol{e}_z$，$\boldsymbol{A}=A_z\boldsymbol{e}_z$，则可简化为一个方程：

$$\nabla^2A_z=\frac{\partial^2A_z}{\partial x^2}+\frac{\partial^2A_z}{\partial y^2}=-\mu J_z$$

（2）$\mu\neq$常数。

根据矢量分析有

$$\nabla\times\left(\frac{1}{\mu}\nabla\times\boldsymbol{A}\right)=\nabla\left(\frac{1}{\mu}\right)\times\left(\nabla\times\boldsymbol{A}\right)+\frac{1}{\mu}\left[\nabla\left(\nabla\cdot\boldsymbol{A}-\nabla^2\boldsymbol{A}\right)\right]$$

对其取库仑规范，有

$$\nabla\times\left(\frac{1}{\mu}\right)\times\nabla\times\boldsymbol{A}-\frac{1}{\mu}\nabla^2\boldsymbol{A}=\boldsymbol{J}$$

3. 边界条件

在电磁场计算中，求解电磁场位函数或场量所满足的偏微分方程，有三类边界条件。

（1）第一类边界条件：狄利克雷（Dirichlet）问题。根据边界条件的要求，确定了物理量 u（对于电磁场问题，u 代表标量磁位中 φ_{m} 或矢量位 $\boldsymbol{A}$）在边界 Γ_1 上的值为常数，即 $u_{\Gamma 1}=u_0$。

（2）第二类边界条件：诺伊曼（Neumann）问题。物理量 u 的法向导数在边界 Γ_2 上的值是常数，即 $\left.\frac{\partial u}{\partial n}\right|_{\Gamma 2}=\text{const}$。

（3）第三类边界条件：罗宾（Robin）问题。物理量 u 及其法向导数的某一线性组合在边界上的值为常数。

对于恒定磁场，用磁位描述的不同媒质交界面条件为

$$\begin{cases}\varphi_{m1}=\varphi_{m2}\\ \mu_1\dfrac{\partial m_1}{\partial n}=\mu_2\dfrac{\partial m_2}{\partial n}\end{cases}\quad\text{或}\quad\begin{cases}A_1=A_2\\ \dfrac{1}{\mu_1}\dfrac{\partial A_1}{\partial n}-\dfrac{1}{\mu_2}\dfrac{\partial A_2}{\partial n}=J_S\end{cases}$$

式中，μ_1，μ_2 为不同媒质的磁导率；J_S 为电流密度。

4. 稳恒电磁场问题的统一表示形式和对应的变分方程

稳恒电磁场问题的统一表示形式为：$\nabla\left(\beta\nabla\mu\right)=-f\left(x,y,z\right)$，再加上第一类和第二类边界条件

$$\begin{cases}\Gamma_1\text{：}\ \mu=\mu_0\\ \Gamma_2\text{：}\ \beta\dfrac{\partial u}{\partial n}=g\end{cases}$$

其对应的变分问题形式为

$$\begin{cases}T\left(u\right)=\displaystyle\iiint_{\Omega}\left\{\frac{1}{2}\left[\beta_x\left(\frac{\partial u}{\partial x}\right)^2+\beta_y\left(\frac{\partial u}{\partial y}\right)^2+\beta_z\left(\frac{\partial u}{\partial z}\right)^2-fu\right]\right\}\mathrm{d}\Omega+\iint_{\Gamma_2}\left(-gu\right)\mathrm{d}s\\ \Gamma_1\text{：}\ u=u_0\end{cases}$$

式中，$T(u)$为稳恒电磁场问题对应的泛函；Ω 为需要求解的场域；Γ_2 为第二类边

界。使用磁荷模型，磁化磁体产生的磁场满足方程：$\nabla(\mu\nabla\varphi)=-\rho_{\mathrm{m}}$，在场域中引入标量磁位，由于在磁化磁体表面存在面磁荷密度σ_{m}（均匀充磁时体磁荷密度为零），则在磁体边界满足边界条件（第二类边界条件）：

$$B_{1n}-B_{2n}=\left(-u_1\frac{\partial\varphi_{\mathrm{m1}}}{\partial n}\right)-\left(-u_2\frac{\partial\varphi_{\mathrm{m2}}}{\partial n}\right)=\sigma_{\mathrm{m}}$$

则对应的变分形式为

$$\begin{cases}T(\varphi_{\mathrm{m}})=\iiint\limits_{\Omega}\left\{\dfrac{1}{2}\left[\mu_x\left(\dfrac{\partial\varphi_{\mathrm{m}}}{\partial x}\right)^2+\mu_y\left(\dfrac{\partial\varphi_{\mathrm{m}}}{\partial y}\right)^2+\mu_z\left(\dfrac{\partial\varphi_{\mathrm{m}}}{\partial z}\right)^2\right]-\rho_{\mathrm{m}}\varphi_{\mathrm{m}}\right\}\mathrm{d}\Omega-\iint\limits_{\Gamma_2}\sigma_{\mathrm{m}}\varphi_{\mathrm{m}}\mathrm{d}s=\min\\ \Gamma_1\text{：}\ \varphi_{\mathrm{m}}=0\end{cases} \tag{2.15}$$

2.4 有限元分析软件 ANSYS 简介

ANSYS 是美国 ANSYS 软件公司开发的大型通用有限元分析（finite element analysis，FEA）软件，能够进行结构、热、声、流体、电磁场等学科的研究。它提供了完整的电磁场分析模块，可以用来分析电磁领域多方面的问题，如磁通密度、涡流、能量损耗等。后处理功能允许用户显示磁力线、磁通密度并进行力、力矩和其他参数的计算。

ANSYS 一般分析步骤如下。

1）创建物理环境

设置菜单过滤。从 ANSYS 中选择 Multiphysics 分析模块，创建磁场的物理环境。选择菜单路径：Main>Menu>Preferences，在过滤图形用户界面中的“Electromagnetic”栏里选取“Magnetic-Nodal”，以得到简化的图形用户界面。

定义单元类型及其选项（KEYOPT 选项）。例如，二维永磁场分析采用的单元是实体 PLANE13 单元和磁实体矢量 PLANE53 单元。如果要模拟一个平面无边界问题，可采用 2 节点远场边界单元 INFIN9 和 4 或 8 节点远场边界单元 INFIN10。三维永磁场分析常采用的磁实体标量 SOILD96、磁实体矢量 SOLID97 专用单元和 SOLID98 耦合实体单元。三维远场单元选用 INFIN47（只适用于标量磁位）和 INFIN111 单元。

设置实常数和单位制。

2）建模、指定特性、分网格

有限元模型的建立应采用参数化建模方式便于以后的修改和优化设计。建模采用积木式法，首先输入关键点，由关键点连成线，由线构成面，对于三维的再由面构成体，不管是点、线、面还是体，都需按一定的标号顺序给予标注。对于轴对称、形状和结构相似的面或体，可以通过旋转与其对称的面或体复制生成。

然后建好模型各区域指定特性，点击要选定的区域，在对话框中说明材料号及材料性质、实常数、单元类型号和单元坐标系号。

最后进行剖分。有限元的剖分单元主要有三角形、四边形、四面体、六面体，但使用较多的是四边形和四面体，因为这两种单元的计算精度较高。网格划分是有限元计算过程中重要的一步，它直接影响计算的精度。网格划分得越密，求解精度就越高，但耗费机时也相对越多。ANSYS 提供了智能网格划分工具 MeshTool，可以自动地对网格划分进行控制，在气隙处自动加密并且能得到比较满意的需求精度。

3）施加边界条件和加载荷

既可以给实体模型（关键点、线、面）也可以给有限元模型（节点和单元）施加边界条件和加载荷。在 ANSYS 中可以通过各种方法对模型加载。在 GUI 方式中，可以通过一系列级联菜单，实现操作。

通过指定磁矢量位（Az），可以定义磁力线平行、周期性边界、外部强加磁场，使用远场单元 INFIN9（用于平面分析）和 INFIN110 指定无限边界条件。

在磁场计算中，负载指电流密度 J_S、虚位移力标志 MDVI 和电压降 VLTG。加载与定义边界条件一样，可以通过选择模型中要加载区的点、线或面，然后选取与这些点、线或面相关联的节点或单元，用 BFE 或 BF 指令对单元或节点加载。

4）用 ANSYS 求解器对模型进行求解

定义分析类型和选项。对 2D 模型，推荐用 Sparse solver（稀疏矩阵求解器）和 Frontal solver（波前求解器，默认）。对于非常大的模型，JCG（雅可比共轭梯度）求解器或 PCG（预置条件共轭梯度）求解器可能会更有效。载压模型可能包括了速度效应的模型，会产生不对称矩阵，只能用 Sparse、Frontal 或 ICCG（不完全乔勒斯基共轭梯度）求解器。载流模型只能用 Sparse 或 Frontal 求解器。要计算微分自感矩阵和连接所有线圈的总通量（LMATRIX），只能用 Frontal 求解器完成求解。

5）后处理

从求解计算结果中读取数据；对计算结果进行各种图形化显示；对计算结果进行列表显示；进行各种后续分析。ANSYS 有限元软件的后处理功能十分强大，不但允许用户显示磁力线、磁场强度、磁力、节点或单元上的磁位值等，而且可以让用户进行力矩、能量和其他参数的计算。

2.5　磁路计算的基本理论

对于磁系统的求解可分为“场”的方法与“路”的方法。“场”的方法计算准确，但耗时较长，且给出的只是数值结果，不利于分析各参量之间的相互关系。当用磁场的方法分析各种参数对系统动态特性的影响时，特别是按动态参数要求优化系统的结构参数时，就会遇到很大困难。“路”的方法可以给出完整的解析表达式，能够分析出各参量之间的相互关系，有比较清晰的物理概念，便于对永磁轴承的设计和优化。所以目前在许多工程问题中仍采用以场化路的方法，这样可简化分析计算，其计算精度可以满足工程需要。早期，由于永磁材料的去磁曲线大多是曲线，磁路的解析求解比较困难，形成了以永磁体工作图图解法为主的磁路计算方法。现在，稀土永磁材料的去磁曲线为直线，回复直线与去磁曲线的直线部分基本重合，其磁路的解析求解变简单了。

磁路问题实际上是局限在一定路径内的磁场问题，磁通所占的空间区域称为磁路。根据磁通连续性原理，磁路是一个连续区域。磁路一般由铁磁材料部分（如软磁铁、永磁铁）与非铁磁材料部分（如工作间隙、漏磁空间的空气部分）组成。具有较高磁导率的铁磁材料构成了磁通的主要路径，相当于电路中具有一定电导的导电线路，永磁体或励磁线圈提供一定磁动势，是其中的磁势源，相当于电路中的电势源。然而，磁路与电路并不完全相似，其最大的区别就在于铁磁材料与非铁磁材料的磁导率之比要比导电材料与绝缘材料的电导率之比低得多，后者可达 10^{18}，而前者至多能达到 10^6，一般均在 10^4 以下。因此，对磁路而言，非铁磁材料所占的部分空间（包括工作间隙、装配间隙及周围空间等）都不能认为是磁绝缘的，它们也属于磁通路径的一部分。因此，磁路分析与计算应当包括铁磁材料及非铁磁材料的整个空间区域的场分析。纯铁的相对磁导率在 $10^4 \sim 2\times10^6$，导磁能力较好，造价较低，易于加工，是较为理想的导磁材料。

当磁场中存在磁导率极高的材料时，将显著影响并改变磁场的分布。求解这类磁场问题颇为复杂，但在工程应用上，通常把磁场简化为磁路来处理。

磁路的欧姆定律：

$$F = \Phi R = \Phi / \Lambda \tag{2.16}$$

$$F = Ni = Hl \tag{2.17}$$

$$\Lambda = 1 / R = \mu S / l \tag{2.18}$$

式中，R 为磁路的磁阻；Λ 为磁路的磁导；F 为磁路的磁势；Φ 为磁通量；S 为磁路截面积；l 为磁路长度；N 为线圈匝数；i 为线圈电流。若不计漏磁通，并认为各截面上的磁通密度均匀，则

$$\Phi = \int_S \boldsymbol{B} \cdot \mathrm{d}\boldsymbol{S} = \int_S B \cos\alpha \mathrm{d}S \tag{2.19}$$

式中，α 为磁感应强度方向与面积微元垂线之间的夹角。

在磁路计算中，经常要计算磁导。常用计算磁导的方法有如下三种。

（1）根据定义：

$$\Lambda = \Phi / F \tag{2.20}$$

（2）将式（2.20）化简得

$$\Lambda = \sum \Lambda_i = \sum \frac{\boldsymbol{B}_i S_i}{\boldsymbol{H}_i L_i} = \sum \mu \frac{S_i L_i}{L_i^2} = \sum \mu \frac{V_i}{L_i^2} \tag{2.21}$$

（3）根据等效磁荷原理估算孤立永磁体的磁导为

$$\Lambda = \mu_0 \sqrt{\pi S} \tag{2.22}$$

式中，S为孤立永磁体外表面积的1/2。

磁导法中求永磁体工作点的公式为

$$\frac{\boldsymbol{B}_{\mathrm{m}}}{\boldsymbol{H}_{\mathrm{m}}} = \frac{L_{\mathrm{m}}}{S_{\mathrm{m}}} \sum \Lambda_i \tag{2.23}$$

式中，$\boldsymbol{B}_{\mathrm{m}}$为永磁体工作点磁通密度；$\boldsymbol{H}_{\mathrm{m}}$为永磁体工作点的磁场强度；$L_{\mathrm{m}}$为永磁体在充磁方向的长度；$S_{\mathrm{m}}$为垂直于磁化方向的永磁体横截面面积。

随着永磁材料矫顽力的提高，回复磁导率相应下降，以至于与空气的磁导率相差不多，这样永磁体本身的磁阻就不可忽略，所以永磁体在磁化方向的长度就不能太长。

永磁磁路的计算与分析主要是以磁通量连续原理和安培环路定理两个基本原理为依据的。

（1）磁路基尔霍夫第一定律：磁路节点磁通ϕ_k的代数和恒等于零，即在磁回路中任意节点流入的磁通量与流出的磁通量之和总为零，用公式表示为$\sum \phi_k = 0$。磁路基尔霍夫第一定律说明磁通连续，在磁路中计算永磁体内或永磁体之间气隙磁感应强度时，常用下式：

$$\boldsymbol{B}_{\mathrm{m}} S_{\mathrm{m}} = K_{\mathrm{f}} \boldsymbol{B}_{\mathrm{g}} S_{\mathrm{g}} \tag{2.24}$$

式中，$\boldsymbol{B}_{\mathrm{g}}$为气隙磁通密度；$S_{\mathrm{g}}$为气隙磁通面积；$K_{\mathrm{f}}$为漏磁系数。

（2）磁路基尔霍夫第二定律：任意闭合磁路中，各部分磁路磁压降的代数和等于该闭合磁路磁势F_k的代数和，即$\sum \Phi_i R_i = \sum F_k$。它与安培环路定律等价，安培环路定律为：沿着任何一条闭合回线L，磁场强度$\boldsymbol{H}$的线积分恰好等于该闭合回线所包围的总电流值，用公式表示为

$$\oint_L \boldsymbol{H} \cdot \mathrm{d}\boldsymbol{l} = \sum i$$

式中，若电流的正方向与闭合回线L的环行方向符合右手螺旋关系时，i取正号，否则取负号。由于在永磁场中无激励源，即电流为零，因此积分公式可以表示为

$$\oint_L \boldsymbol{H} \cdot \mathrm{d}\boldsymbol{l} = \oiint_{\Omega} \left(\boldsymbol{J} + \frac{\partial \boldsymbol{D}}{\partial t} \right) \cdot \mathrm{d}\boldsymbol{A} = 0$$

（3）对于永磁磁路有

$$\boldsymbol{H}_{\mathrm{m}}L_{\mathrm{m}}=K_{\mathrm{r}}\boldsymbol{H}_{\mathrm{g}}L_{\mathrm{g}} \tag{2.25}$$

式中，$\boldsymbol{H}_{\mathrm{g}}$为气隙磁场强度；$L_{\mathrm{g}}$为气隙长度；$K_{\mathrm{r}}$为磁阻系数。根据麦克斯韦方程组中的高斯定律，可以得到永磁体在空间任意一点上的标量磁位为

$$\varphi_{\mathrm{m}}=\frac{1}{4\pi\mu_0}\left(\iiint_{\Omega_1}\frac{\rho_{\mathrm{m}}}{R}\mathrm{d}v+\oiint_{\Gamma_2}\frac{\rho_{\mathrm{m}}}{R}\mathrm{d}s\right) \tag{2.26}$$

永磁体在周围空间的磁场强度为

$$\boldsymbol{H}_{\mathrm{m}}=\frac{1}{4\pi\mu_0}\left(\iiint_{\Omega_1}\frac{\rho_{\mathrm{m}}\boldsymbol{R}}{R^3}\mathrm{d}v+\oiint_{\Gamma_2}\frac{\rho_{\mathrm{m}}\boldsymbol{R}}{R^2}\mathrm{d}s\right) \tag{2.27}$$

（4）永磁体的串并联：把永磁体串联，磁阻相加，磁势相加，而磁通不变（相当于串联电路）；把永磁体并联，磁导相加，磁通相加，而永磁体的磁势不变（相当于并联电路）。

（5）叠加原则。两个或多个永磁体组成一个系统时，其空间磁场分布是永磁体各自单独存在的空间磁场的线性叠加。实验证明，永磁体之间的相互影响使工作点变化确实存在，但对于相吸排列的永磁系统，这种影响是可以忽略的，对于相斥排列的永磁系统，这种影响也较小。

（6）聚磁技术。所谓聚磁技术就是巧妙运用永磁体和导磁体的各种排列，尽量使更多的磁通量汇聚到工作气隙中。高矫顽力的永磁体受得住较强的退磁场，它发出的磁力线不仅可以进入工作气隙，而且还能对其他永磁体的磁力线起到一定的约束作用，使其更多地进入工作气隙。采用聚磁技术不仅可以加大磁体间的磁力，而且能充分利用较贵重的永磁资源，降低了制造成本。

第 3 章　双环永磁轴承及磁力解析模型

3.1　径向磁化的双环嵌套永磁轴承径向磁力解析模型

针对径向磁化双环嵌套永磁轴承设计与计算缺乏简明的、具有工程价值的解析模型问题，本节基于保角变换法，把一个有径向偏移的径向磁化双环嵌套永磁轴承的气隙磁场转化为容易求解的径向对称气隙磁场，通过求解该磁场的标量磁位拉普拉斯方程，得出径向磁化双环嵌套永磁轴承径向磁力解析模型。该解析模型有比较清晰的物理概念，便于直接应用于设计中，并推广到对径向磁化多环嵌套永磁轴承径向磁力的研究中。

3.1.1　解析模型

1. *磁环间隙磁场*

径向磁化的双环嵌套永磁轴承横截面示意图如图 3.1 所示，假设：①外磁环内径 R_2 处是磁位为 μ_m 的等磁位面，内磁环外径 R_1 处是磁位为零的等磁位面；②磁场沿轴向分布变化不大，可把内外磁环间隙中的磁场问题简化为轴横断面内的二维磁场分布问题。

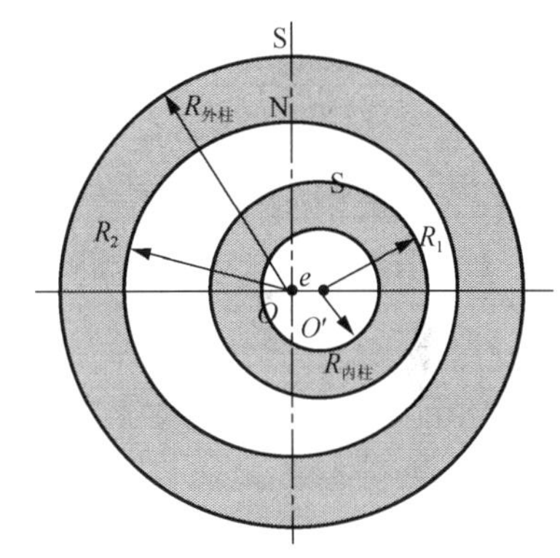

图 3.1　双环嵌套永磁轴承横截面示意图

为了便于分析求解，对图 3.2（a）的 Z 平面的偏心磁环间隙磁场进行保角变换，映射为图 3.2（b）的 W 平面的同心磁环间隙磁场。变换如下：

$$W = (Z - a) / (aZ - 1) \tag{3.1}$$

式中，$a = \dfrac{1}{x_1 + x_2}\left[1 + x_1 x_2 + \sqrt{\left(1 - x_1^2\right)\left(1 - x_2^2\right)}\right]$。

图 3.2 中，$R_0 = \dfrac{1}{x_1 - x_2}\left[1 - x_1 x_2 + \sqrt{\left(1 - x_1^2\right)\left(1 - x_2^2\right)}\right]$。$x_1$、$x_2$ 见图 3.2（a）（$a>1$，$R_0>1$，当 $-1<x_2<x_1<1$ 时），图 3.2（b）中，间隙标量磁位 φ 符合如下拉普拉斯边值问题方程：

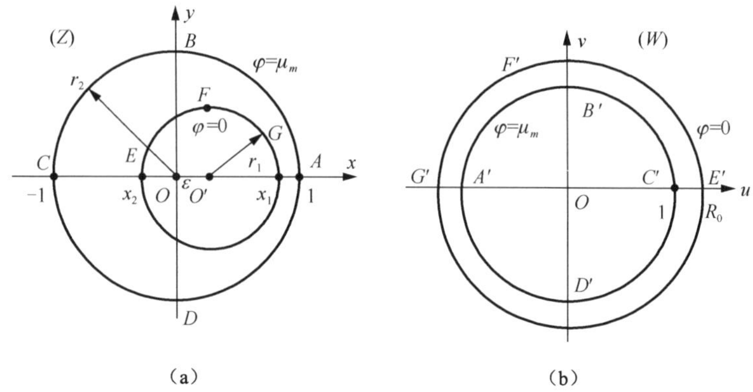

图 3.2　磁环间隙保角变换映射关系示意图

$$\begin{cases}\nabla^2\varphi = \mathrm{d}^2\varphi/\mathrm{d}r^2 + (1/r)(\mathrm{d}\varphi/\mathrm{d}r) = 0,\ 1 \leqslant r \leqslant R_0 \\ \varphi = 0,\ \ r = R_0 \\ \varphi = \mu_{\mathrm{m}},\ \ r = 1\end{cases} \tag{3.2}$$

解得

$$\varphi = \mu_{\mathrm{m}}\left(1 - \frac{\ln r}{\ln R_0}\right) = \mu_{\mathrm{m}}\left[1 - \frac{1}{2}\frac{\ln\left(u^2+v^2\right)}{\ln R_0}\right] \tag{3.3}$$

在 Z 平面中间隙的磁位仍是式（3.3）的形式，式中，

$$u = \frac{(x-a)(ax-1)+ay^2}{(ax-1)^2+a^2y^2},\quad v = \frac{\left(a^2-1\right)y}{(ax-1)^2+a^2y^2}$$

在图 3.2（a）中，间隙磁场分布关于 x 轴对称，合磁力在 y 轴方向为零，故只分析 x 轴方向的磁力（即径向磁力）F_x。为此先求磁场强度的 x 轴分量 H_x:

$$\begin{aligned} H_x &= -\frac{\partial\varphi}{\partial x} \\ &= \mu_{\mathrm{m}}\left(a^2-1\right)\left(\left[a\left(x^2+y^2\right)-\left(a^2+1\right)x+a\right]+\left[2a^2x^2-a^2\left(x^2+y^2\right)-2ax+1\right]\right. \\ &\quad \left. + \frac{2a\left(1-a^2\right)y^2(ax-1)}{\ln R_0\left\{\left[a\left(x^2+y^2\right)-\left(a^2+1\right)x+a\right]^2+\left(a^2-1\right)^2y^2\right\}\left[a^2\left(x^2+y^2\right)-2ax+1\right]}\right) \end{aligned}$$

要求 F_x，先求图 3.2（a）中外圆处的磁场。将 H_x 在外圆处转化为极坐标的形式：$x=\cos\theta$，$y=\sin\theta$，其中 θ 为外圆某点到坐标原点 O 的连线与 x 轴正方向的夹角，则

$$H_x = \mu_m (a^2 - 1)\left(\left[2a - (a^2+1)\cos\theta\right]\left[2a^2\cos^2\theta - a^2 + 1 - 2a\cos\theta\right] + \frac{2a(1-a^2)\sin^2\theta(a\cos\theta - 1)}{\ln R_0 \left\{\left[2a-(a^2+1)\cos\theta\right]^2 + (a^2-1)^2\sin^2\theta\right\}\left[a^2 - 2a\cos\theta + 1\right]} \right)$$

2. 内外磁环间隙 x 方向的磁力分析

设磁环轴向有效长度为 h，磁荷面密度为$\sigma_m=B_r$，根据磁荷法有

$$\mathrm{d}f_x = H_{x外圆}\mathrm{d}q_m = H_{x外圆}\sigma_m h\mathrm{d}\theta = H_{x外圆}B_r h\mathrm{d}\theta$$

所以磁环间隙 x 方向磁力为

$$F_x = 2\int_0^{\pi} H_{x外圆}B_r h\mathrm{d}\theta = 2\mu_m B_r h a\pi/\ln R_0 \tag{3.4}$$

化简 a 和 R_0，由图 3.2 得：$r_1 = R_1/R_2$，$r_2 = R_2/R_2 = 1$，$\varepsilon = e/R_2$，则有

$$\begin{cases} x_1 = r_1 + \varepsilon \\ x_2 = r_1 - \varepsilon \end{cases} \tag{3.5}$$

将式（3.5）代入 a 和 R_0 表达式并化简得

$$\begin{cases} a = \dfrac{1}{2r_1}\left[1 + r_1^2 - \varepsilon^2 + \sqrt{(1-r_1^2)^2 - 2\varepsilon^2(r_1^2+1) + \varepsilon^4}\right] \\ R_0 = \dfrac{1}{2\varepsilon}\left[1 - r_1^2 + \varepsilon^2 + \sqrt{(1-r_1^2)^2 - 2\varepsilon^2(r_1^2+1) + \varepsilon^4}\right] \end{cases}$$

一般情况下 ε 很小，得

$$\begin{cases} a \approx 1/r_1 \\ R_0 \approx (1 - r_1^2)/\varepsilon \end{cases} \tag{3.6}$$

将式（3.6）代入式（3.4），得

$$F_x = 2\pi\mu_m B_r h R_2 \Big/ \left[R_1 \ln\frac{(R_1+R_2)L_g}{R_2 e}\right] \tag{3.7}$$

式中，L_g 为气隙平均长度；e 为磁环径向偏心，与坐标轴 x 方向相同。通常 μ_m 为未知参量，不考虑漏磁，则有

$$\mu_m = \Phi_g/\Lambda_\delta \approx B_m S_\delta \big/ \left[2\pi\mu_0 h/\ln(R_2/R_1)\right] = B_m R_1 \ln(R_2/R_1)/\mu_0$$

式中，Φ_g 为磁环间隙磁通；Λ_δ 为磁环间隙磁导；B_m 为永磁圆环平均半径处磁通密度（即间隙平均半径处磁通密度）；S_δ 为间隙平均半径处磁通面积；$\mu_0=4\pi\times 10^{-7}$H/m 为真空磁导率，将 μ_m 代入式（3.7）得

$$F_x \approx \left\{B_m B_r h R_2 \ln\frac{R_2}{R_1} \Big/ \left[2\ln\frac{(R_1+R_2)L_g}{R_2 e}\right]\right\} \times 10^7 \tag{3.8}$$

径向刚度为

$$K_x = \partial F_x / \partial e \tag{3.9}$$

式（3.8）所表示的径向磁力解析模型说明：径向磁化的双环嵌套永磁轴承径向磁力大小分别与磁环轴向有效长度、剩余磁感应强度和永磁环平均半径处磁通密度成正比，磁力随平均间隙 L_g 的增大而减小，随间隙半径和径向偏心 e 的增大而增大。式（3.8）是由吸力型永磁轴承推导出来的，它同样适合于 NdFeB 等高矫顽力的同结构斥力型永磁轴承磁力计算。根据磁库仑定律 $F = q_{m1}q_{m2}r^0 / \left(4\pi\mu_0 r^2\right)$，当磁环剩磁、永磁轴承材料和结构不变时，具有高矫顽力的斥力型永磁轴承与吸力型永磁轴承的磁力大小相同，所以可把斥力型永磁轴承磁力计算转化为吸力型永磁轴承磁力计算。式（3.8）显式解析模型为简单的代数表达式，便于永磁轴承工程的设计和优化。

3. 永磁圆环平均半径处磁通密度 B_m

对于永磁磁路，有下列关系：

$$\begin{cases} B_m S_m = K_f B_g S_g \\ H_m L_m = K_r H_g L_g \end{cases} \tag{3.10}$$

式中，B_m 为永磁体工作点磁通密度；S_m 为垂直于磁化方向的永磁体中截面积；H_m 为永磁体中截面磁场强度；L_m 为永磁体磁化方向有效长度；L_g 为气隙长度；B_g 为气隙磁通密度；H_g 为气隙磁场强度；S_g 为气隙磁通截面积；K_f 为漏磁系数；$K_r=\Lambda_g/\Lambda_t$ 为磁阻系数；Λ_g 为气隙总磁导；Λ_t 为磁路总磁导。忽略漏磁（$K_f=1$），由式（3.10）得气隙负载线方程（图 3.3）为

$$\frac{B_m}{H_m} = \tan\alpha = \frac{K_f L_m}{K_r S_m}\Lambda_g = \frac{L_m}{S_m}\Lambda_t \tag{3.11}$$

对于运行温度在永磁材料规定工作温度以下的 NdFeB，其退磁曲线为直线方程，可表示为

$$\frac{B_m}{B_r} = 1 - \frac{H_m}{H_c} \tag{3.12}$$

联立式（3.11）和式（3.12），得

$$B_m = \frac{B_r H_c \tan\alpha}{B_r + H_c \tan\alpha} \tag{3.13}$$

式中，B_r 为永磁体的剩余磁感应强度；H_c 为永磁体矫顽力；α为气隙负载线在第二象限与$-H$ 轴的夹角。

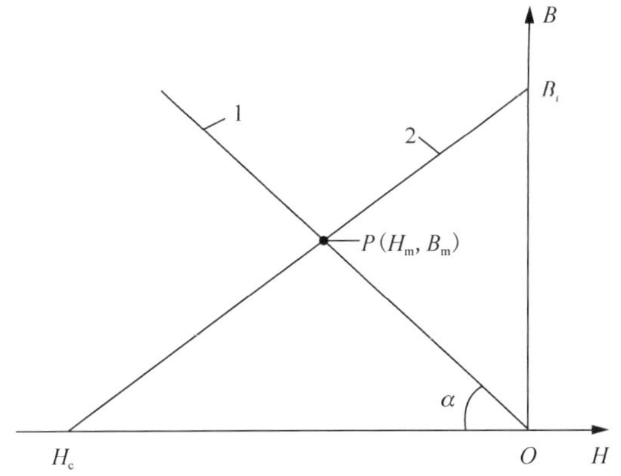

图 3.3　NdFeB 退磁曲线和气隙负载线

1-气隙负载线；2-NdFeB 退磁曲线；P-永磁体工作点

4. 空气总磁导 Λ_g 和磁路总磁导 Λ_t

由于径向磁化的双环嵌套永磁轴承磁路走向较为复杂，所以很难精准计算 Λ_g。根据线性叠加原理，可认为径向磁化的双环嵌套永磁轴承的磁场是由径向磁化的半径为外磁环外径（$R_{外柱}$）圆柱永磁体的磁场和反径向磁化的半径为内磁环内径（$R_{内柱}$）圆柱永磁体磁场的叠加。用磁路近似表示为两个逆向并联磁路的叠加（图 3.4）。在理想情况下（即忽略永磁体中的磁阻），有

$$\Lambda_g = \Lambda_{g1} - \Lambda_{g2} = \Lambda_{外柱}\Lambda_\delta/\left(\Lambda_{外柱}+\Lambda_\delta\right) - \Lambda_{内柱} \tag{3.14}$$

式中，Λ_{g1} 为 Φ_1 支路空气磁导；Λ_{g2} 为 Φ_2 支路空气磁导。

根据等效磁荷球原理，估算孤立永磁体磁导为

$$\Lambda = \mu_0\sqrt{\pi S} \tag{3.15}$$

式中，S 为孤立永磁体表面积的 1/2。对于永磁圆柱体，有

$$S = \pi R\left(R+h\right) \tag{3.16}$$

将式（3.16）代入式（3.15），得

$$\Lambda_{柱} = \mu_0\pi\sqrt{R\left(R+h\right)} \tag{3.17}$$

磁环间隙磁导为

$$\Lambda_\delta = 2\pi\mu_0 h/\ln\left(R_2/R_1\right) \tag{3.18}$$

外磁环磁导为

$$\Lambda_{外环} = 2\pi\mu h/\ln\left(R_{外环}/R_2\right) \tag{3.19}$$

内磁环磁导为

$$\Lambda_{内环} = 2\pi\mu h/\ln\left(R_1/R_{内环}\right) \tag{3.20}$$

$$1/\Lambda_t = 1/\Lambda_g + 1/\Lambda_{内环} + 1/\Lambda_{外环} \tag{3.21}$$

式中，μ 为永磁体磁导率。

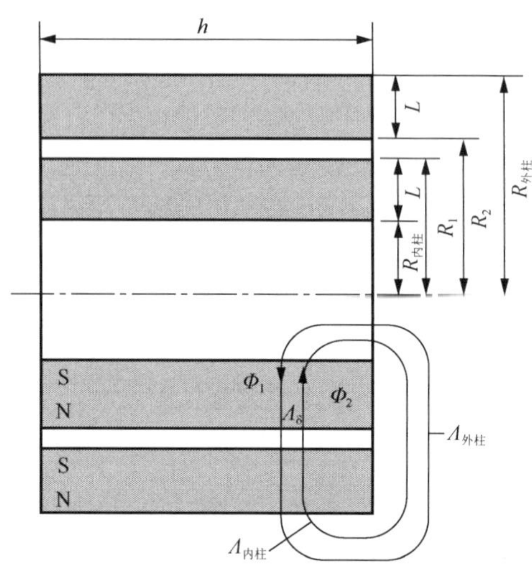

图 3.4　双环嵌套永磁轴承剖面及磁路示意图

3.1.2　试验验证

试验用径向磁化的双环嵌套永磁轴承结构如图 3.4 所示，$R_{内柱}=d/2$，$R_1=d/2+L$，$R_2=d/2+L+L_g$，$R_{外柱}=d/2+2L+L_g$。其中，d 为内磁环内径；L 为磁环径向厚度。永磁环材料为 NdFeB，其性能为：B_r=1.13T，H_c=800kA/m，$(BH)_m$=242kJ/m^3，使用场所温度<100℃，磁导率$\mu=B_r/H_c$= 1.124μ_0。试样：d=26.0mm，L=6.0mm，h=12.0mm，L_g=1.0mm，故有：$R_{内柱}$=13.0mm，R_1=19.0mm，R_2=20mm，$R_{外柱}$=26.0mm。

将相关数据依次代入式（3.17）～式（3.20）、式（3.14）、式（3.21）、式（3.11）、式（3.13）和式（3.8），化简得：$F_x \approx 13.354/\ln(1.95/e)$（式中，$F_x$ 单位为 N；e 单位为 mm）。磁力计算值 F_{xj} 和试验值 F_{xs} 见表 3.1。

表 3.1　磁力计算值和试验值对比表

e/mm	0.05	0.10	0.15	0.20	0.22	0.25	0.30	0.35	0.385	0.40	0.435	0.45
F_{xj}/N	3.65	4.5	5.21	5.86	6.12	6.50	7.13	7.77	8.23	8.43	8.90	9.11
F_{xs}/N	1.32	2.63	3.91	—	5.12	6.13	7.10	7.62	8.12	8.24	8.80	—

试验过程如下。

（1）把计算实例的内磁环装在一根一端为ϕ38×80、中间段为ϕ26×10、另一端为 M 26×30 的聚氯乙烯棒上，用外径为 38mm 的聚氯乙烯螺帽夹紧，然后将此棒的粗端插入车床的卡盘约 40mm 后再夹紧。

（2）把计算实例的外磁环夹在 $R26\times R45\times 12$ 的两个带柄聚氯乙烯半圆筒里，再把它套在内磁环上，内外磁环端面对齐，将两个并排的截面为 12mm×15mm、长为 40mm 聚氯乙烯柄夹装在刀架上，然后用车床尾座顶紧聚氯乙烯棒。刀架后面装固定挡板，挡板上装 BHR-8 电阻应变式力传感器。为保证内外磁环轴心处于同一水平位置，必要时，在车床的大拖板上放置适当厚度的垫块。

（3）试验过程中，小拖板拖动外磁环可产生精确的径向位移，力传感器和其他测试仪器测出永磁轴承径向力。

测试工作流程框图如图 3.5 所示。

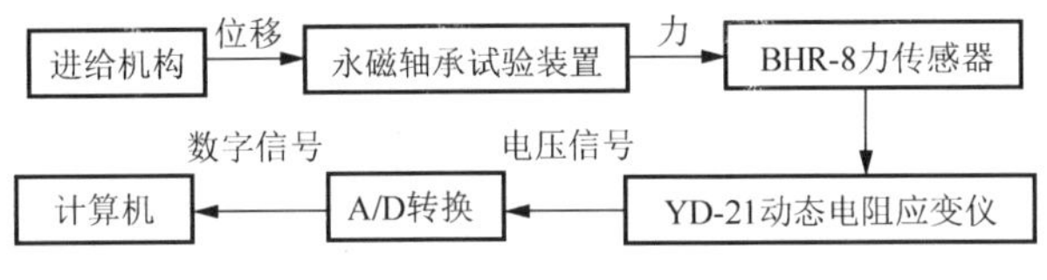

图 3.5　测试工作流程框图

磁力测试结果平均值 F_{xs} 见表 3.1。图 3.6 是径向磁力计算值、实测值与偏心 e 的关系曲线图。从图可知，小径向偏移时，式（3.8）计算结果与实测结果误差较大，导致测量误差偏大的主要原因是：①磁力越小，试验装置摩擦阻力（滞行）的影响越大，磁力测量读数误差越大；②偏心 e 越小，偏心测量值对小拖板丝杠间隙误差越敏感，测量误差越大。但从工程角度来看，式（3.8）仍具有重要的应用价值。

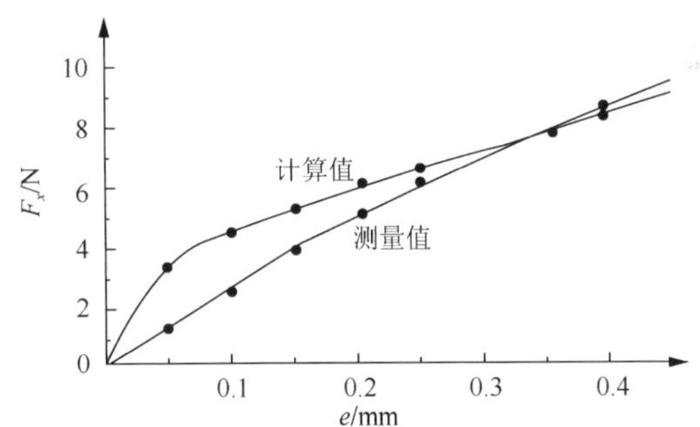

图 3.6　双环嵌套永磁轴承径向磁力与径向偏心的关系曲线

3.2　径向磁化的双环嵌套永磁轴承轴向磁力解析模型

为了解决径向磁化的双环嵌套永磁轴承轴向磁力数值计算复杂及缺乏计算轴向磁力的显式解析模型问题，本节在分析磁环气隙磁导的基础上，结合磁通连续性原理和稀土永磁材料特性，通过电磁场理论中的虚位移法得到了该型轴承轴向磁力解析模型[10]。

3.2.1 解析模型

1. 双环嵌套永磁轴承间隙磁导 Λ_g 及其对磁环轴向相对位移的导数 $\partial\Lambda_g/\partial z$

径向磁化的双环嵌套永磁轴承的纵向剖面结构及磁路示意图如图 3.7 所示。设磁环轴向长为 L；径向厚为 h；径向平均间隙为 L_g；内外磁环轴向相对位移为 z；外磁环外半径为 $R_外$；外磁环内半径为 R_2；内磁环外半径为 R_1；内磁环内半径为 $R_内$。则内外磁环间隙的磁力线长（小轴向相对位移时）为

$$l=\sqrt{L_g^2+z^2}$$

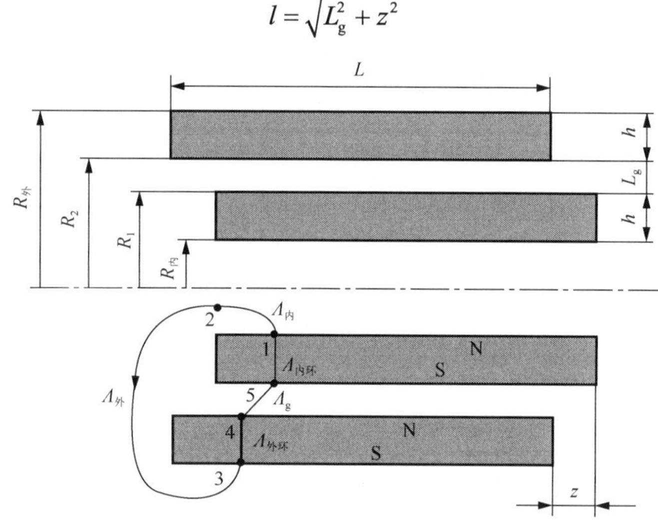

图 3.7 径向磁化的双环嵌套永磁轴承纵向剖面结构及磁路示意图

与磁力线垂直的磁通等效截面为磁环间隙圆柱形面积在垂直于磁力线方向的投影，即

$$S=\frac{2\pi\left(R_1+L_g/2\right)LL_g}{\sqrt{L_g^2+z^2}}$$

由磁导公式：$\Lambda=\mu s/l$，式中，s 为与磁力线垂直的磁通等效截面；l 为磁力线长度；μ 为磁导率，可得气隙磁导为

$$\Lambda_g=\frac{2\mu_0\pi\left(R_1+L_g/2\right)LL_g}{L_g^2+z^2} \tag{3.22}$$

$$\frac{\partial\Lambda_g}{\partial z}=-\frac{4\mu_0\pi\left(R_1+L_g/2\right)LL_gz}{\left(L_g^2+z^2\right)^2} \tag{3.23}$$

2. 磁环间隙磁通 $\varPhi_g$

假定磁环间隙无漏磁，则有

$$B_m = \frac{B_r H_c \tan\alpha}{B_r + H_c \tan\alpha} = \frac{B_r H_c L_m \varLambda_t}{B_r S_m + H_c L_m \varLambda_t} = \frac{B_r L_m}{S_m \mu(1/\varLambda_t) + L_m} \tag{3.24}$$

由磁通连续原理有

$$\varPhi_g = B_m S_m = 2\pi R_{pj} L B_m = \frac{2\pi R_{pj} L B_r H_c L_m \varLambda_t}{2\pi R_{pj} L B_r + H_c L_m \varLambda_t} \tag{3.25}$$

式中，$L_m=2h$；$R_{pj}=(R_1+R_2)/2$；$B_r=\mu_r\mu_0 H$；μ_r 为永磁体相对磁导率。

3. 径向磁化的双环嵌套永磁轴承磁路各段磁导及总磁导

图 3.7 中吸力型永磁环间隙磁导 $\varLambda_g$ 对应磁路中 4～5 段，磁路中其余段磁导如下。

1）$\varLambda_{外}$（对应磁路中 2～3 段）

$\varLambda_{外}$可视为半径为 $R_{外}$的径向磁化理想永磁圆柱体对应的磁导。根据等效磁荷球原理，估算孤立永磁体的磁导为 $\varLambda = \mu_0\sqrt{\pi S}$ [11]。

对永磁圆柱体，则有

$$\varLambda_{外} = \mu_0\pi\left[R_{外}\left(R_{外}+L\right)\right]^{1/2} \tag{3.26}$$

2）$\varLambda_{内}$（对应磁路中 1～2 段）

由磁导公式：$\varLambda=\mu_0 V/L_{pj}^2$，式中，$V$ 为磁通体积；L_{pj} 为磁通路径平均长度。取 $V=\pi R^2_{内}L$，$L_{pj}^2 \approx (L/4)^2+(R_{内}/2)^2$，得内磁筒内部气隙磁导为

$$\varLambda_{内} = \mu_0\pi R^2_{内} L \Big/ \left[\left(L/4\right)^2 + (R_{内}/2)^2\right] \tag{3.27}$$

3）$\varLambda_{内环}$（磁路中 5～1 段）、$\varLambda_{外环}$（磁路中 3～4 段）

由于永磁环内部的磁路走向与两个等齐同心圆环间隙磁路走向相同，根据两个等齐同心圆环间隙磁导公式 $\varLambda = \mu_0\pi 2L/\ln\left(R_2/R_1\right)$ 得

$$\varLambda_{内环} = \mu_0\mu_r\pi 2L/\ln\left(R_1/R_{内}\right) \tag{3.28}$$

$$\varLambda_{外环} = \mu_0\mu_r\pi 2L/\ln\left(R_{外}/R_2\right) \tag{3.29}$$

4）总磁阻 $1/\varLambda_t$

由图 3.7 磁路走向可看出磁路总磁阻 $1/\varLambda_t$ 为

$$1/\varLambda_t \approx 1/\varLambda_{外} + 1/\varLambda_{内} + 1/\varLambda_{内环} + 1/\varLambda_{外环} + 1/\varLambda_g \tag{3.30}$$

4. 径向磁化的双环嵌套永磁轴承轴向磁力 F_z

根据电磁场理论，磁环间隙磁能为

$$W_g = \Phi_g^2 / 2\Lambda_g \tag{3.31}$$

由于磁环间隙磁通Φ_g变化较小，为简化计算，认为Φ_g为常数。由虚功原理可得磁环轴向磁力为

$$F_z = \frac{\partial W_g}{\partial z} = -\frac{\Phi_g^2}{2\Lambda_g^2} \times \frac{\partial \Lambda_g}{\partial z} \tag{3.32}$$

将式（3.22）、式（3.23）、式（3.25）代入式（3.32），化简得

$$\begin{aligned} F_z &= \left(\frac{2\pi R_{pj} L_m \Lambda_t}{2\pi R_{pj} L\mu + L_m \Lambda_t} \right)^2 \times \frac{B_r^2 L z}{2\mu_0 \pi (R_1 + L_g/2) L_g} \\ &= \frac{[\pi(R_1 + R_2) \times 2h\Lambda_t]^2 z B_r^2 L}{[\pi \mu_r \mu_0 (R_1 + R_2) L + 2h\Lambda_t]^2 2\mu_0 \pi (R_1 + L_g/2) L_g} \\ &= \left\{ \frac{2h}{L\mu / \Lambda_t + 2h / [\pi(R_1 + R_2)]} \right\} \frac{B_r^2 L z}{2\mu_0 \pi (R_1 + L_g/2) L_g} \end{aligned} \tag{3.33}$$

式中，R_{pj}为永磁环平均半径；L_m为永磁环磁化方向等效长度；Λ_t为磁路总磁导；B_r为永磁环剩余磁感应强度。

式（3.33）就是径向磁化的双环嵌套永磁轴承轴向磁力解析模型。模型表明：该型轴承轴向磁力与磁环剩磁的平方成正比；轴向磁力随磁环间隙半径及磁路总磁导的增大而增大，随磁环间隙的增大而减小。在轴承正常轴向工作范围内（试验实例为 2mm 以下），模型计算值与试验值相当吻合。

3.2.2　试验验证

试验用的径向磁化双环嵌套永磁轴承尺寸及特性如下：$R_{内}$=10.7mm，h=2.5mm，L=8.1mm，L_g=0.8mm，B_r=0.82T，μ_r=1.05。由图 3.7 得，R_1=$R_{内}$+h=13.2mm，R_2= R_1+L_g=14mm，$R_{外}$= R_2+h=16.5mm。将以上数据代入式（3.22）和式（3.26）～式（3.29）得：$\Lambda_g = -\dfrac{176.256}{0.64 + z^2} \pi\mu_0 \times 10^{-3}$，$\Lambda_{外}$=20.147$\pi\mu_0\times10^{-3}$，$\Lambda_{内}$=28.34$\pi\mu_0\times10^{-3}$，$\Lambda_{内环}$=81.01$\pi\mu_0\times10^{-3}$，$\Lambda_{外环}$=103.53$\pi\mu_0\times10^{-3}$。再将以上磁导值代入式（3.30）和式（3.33），化简得

$$F_{zj} = \frac{6718.6z}{(23.2956 + z^2)^2}$$

式中，F_{zj}单位为 N；z 单位为 mm。

磁力计算值 F_{zj} 见表 3.2，其对应曲线见图 3.8 中的曲线 1。

表 3.2　磁力计算值、试验值和 ANSYS 有限元计算值

z/mm	0.25	0.5	0.75	1	1.25	1.5	1.75	2	3	4	5	6	7	8	9
F_{zj}/N	3.08	6.06	8.85	11.4	13.6	15.4	16.9	18.0	19.3	17.4	14.4	11.5	9.0	7.05	5.56
F_{zs}/N	3.1	6.1	8.9	11.4	13.6	15.5	17.0	18.0	19.5	19.0	18.2	17.7	16.2	12.2	0.3
F_{FEM}/N	4.1	7.6	10	11.2	11.8	13.6	15.0	17.2	15.9	14.7	14.8	15.8	12.1	7.1	0.1

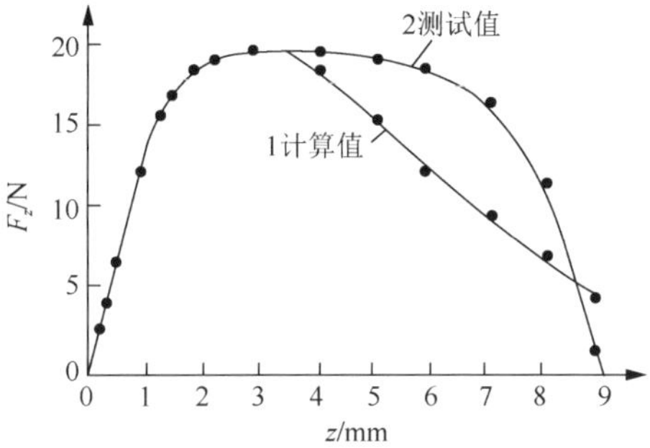

图 3.8　径向磁化的双环永磁轴承轴向磁力与轴向相对位移曲线

试验中，调好内外磁环同轴度，大拖板拖动外永磁环可产生精确的轴向位移，BHR-8 电阻应变式力传感器和 YD-21 动态电阻应变仪等测试仪器测出永磁轴承轴向磁力。磁力测试结果平均值 F_{zs} 见表 3.2，其对应曲线见图 3.8 中的曲线 2。由图 3.8 可以看出：在轴承正常轴向移动范围内（2mm 以下），模型计算值与试验值相当吻合，平均误差仅为 0.4%；在轴承轴向移动范围越大于正常范围（如 4mm 以上）时，误差越大。

用 ANSYS 计算结果验证。ANSYS 有限元计算结果见表 3.2 中的 F_{FEM}，从表 3.2 可以看出 ANSYS 计算结果与测试结果 F_{zs} 整体走势较为接近，在轴承正常轴向移动范围内（2mm 以下），其平均误差为 14.1%，最小误差为 1.8%，最大误差为 32.3%；全部范围平均误差为 21.2%，最小误差为 1.8%，最大误差为 66.7%。

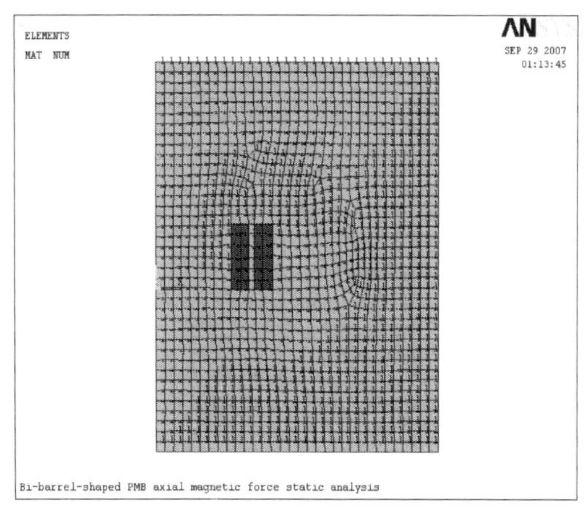

图 3.9　ANSYS 有限元计算网格

图 3.9 为 ANSYS 有限元计算网格，图 3.10 为 ANSYS 有限元计算磁力线。

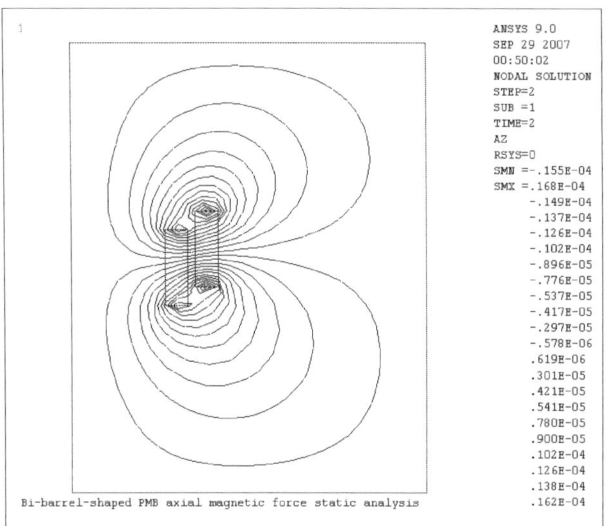

图 3.10 ANSYS 有限元计算磁力线

Yonnet 试验用的径向磁化双环嵌套永磁轴承尺寸及特性为：$R_{内}$=10.7mm，R_1=13.3mm，R_2=13.8mm，$R_{外}$=16.3mm，L=8.1mm，L_g=0.5mm，B_r=0.82T，μ_r=1.1。

将以上数据代入式（3.22）、式（3.26）～式（3.30）和式（3.33），化简得

$$\mu/\Lambda_t = (10.022322\times10^{-3}z^2 + 0.120182324)/\pi$$

$$F_z \approx 3965.93z/(z^2 + 14.3096)^2$$

式中，z 单位为 mm。

磁力计算值 F_{zj} 及 Yonnet 测试结果 F_{zs} 见表 3.3[12]。表 3.3 中，轴承轴向移动在 4mm 以下时，模型计算结果与测试结果平均误差为 18%，最小误差为 10.4%，最大误差为 22.5%；全部范围平均误差为 30.2%，最小误差为 10.4%，最大误差为 53.1%。

表 3.3 磁力计算值和 Yonnet 试验值（e=0,F_e=0）

z/mm	1.0	2.0	3.0	4.0	5.0	6.0	7.0	8.0
F_{zj}/N	16.9	23.6	21.9	17.3	12.8	9.4	6.9	5.2
F_{zs}/N	13.8	18.7	19.4	19.3	18.7	17.5	14.7	8.5

分析以上验证，在轴承的正常轴向位移范围（如在 Yonnet 的试验中，正常轴向位移范围为 3mm 以下）内，模型式（3.33）计算结果和试验结果基本相符；在轴承轴向位移超过正常范围外，误差较大。这部分误差除了测量误差外，主要误差来自于模型式（3.33）未考虑磁环轴向相对位移时的部分端部磁导以及在轴向相对位移超过正常范围时磁环间隙计算磁导偏离实际等因素。

3.3 轴向放置的双环永磁轴承轴向和径向磁力解析模型

针对轴向磁化轴向放置的双环永磁轴承磁力计算复杂、不便对轴承进行设计和优化、缺乏具有明确参量关系的解析模型问题，基于分析一对永磁环间隙磁能及磁导，结合具有线性退磁曲线的稀土永磁材料特性和磁通连续原理，通过虚功原理法，得出了轴向磁化轴向放置的双环永磁轴承轴向和径向磁力解析模型[13,14]。

3.3.1 解析模型

轴向磁化轴向放置的双环永磁轴承结构如图 3.11 所示。图中一个磁环为安装在运转设备静止部分的静磁环，另一个磁环为安装在转轴一端的动磁环。

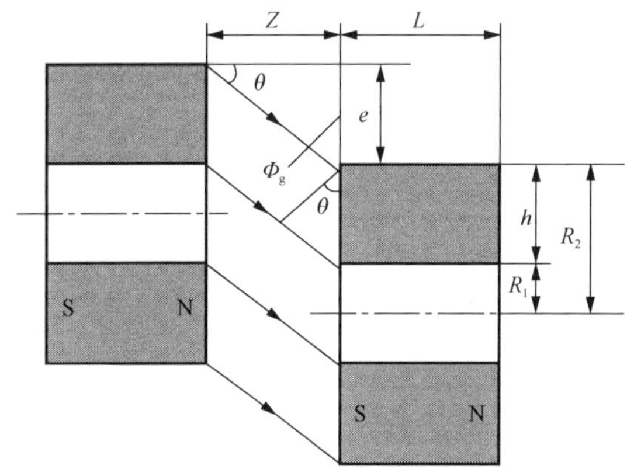

图 3.11 轴向磁化轴向放置的双环永磁轴承参数

根据电磁场理论，磁环间隙磁能 $W_g = \Phi_g^2/2\Lambda_g$ 。通常，磁环间隙磁通 Φ_g 变化较小，为简化计算，视 Φ_g 为常数。对间隙磁能求偏导得出以下结果。

轴向磁力为

$$F_z = \partial W_g/\partial z = -\Phi_g^2/(2\Lambda_g^2)\times\partial\Lambda_g/\partial z \tag{3.34}$$

径向磁力为

$$F_e = \partial W_g/\partial e = -\Phi_g^2/(2\Lambda_g^2)\times\partial\Lambda_g/\partial e \tag{3.35}$$

1. 磁环间隙磁导 Λ_g 及其偏导 $\partial\Lambda_g/\partial z$ 、 $\partial\Lambda_g/\partial e$

借鉴文献[11]中的直径为 d、相距为 δ 的异性圆柱磁极之间的磁导公式

$$\Lambda_g = \mu_0[\pi d^2/(4\delta) + 0.816d]$$

可得相距为 δ 、外径为 d_2、内径为 d_1 的两异性平行磁环之间的磁导为

$$\Lambda_g \approx \mu_0[\pi(d_2^2 - d_1^2)\big/(4\sqrt{z^2+e^2}) + 0.816(d_2+d_1)] \tag{3.36}$$

$$\partial\Lambda_g\big/\partial z = -\mu_0\pi(d_2^2-d_1^2)z\big/[4\sqrt{(z^2+e^2)^3}] \tag{3.37}$$

$$\partial\Lambda_g\big/\partial e = -\mu_0\pi(d_2^2-d_1^2)e\big/[4\sqrt{(z^2+e^2)^3}] \tag{3.38}$$

式中，z 为磁环轴向间距；e 为磁环径向相对偏移。

2. *磁环间隙磁通 Φ_g*

忽略漏磁通，由磁通连续原理有

$$\Phi_g = B_m S_m = B_m \pi(R_2^2 - R_1^2) \tag{3.39}$$

由式（3.24）和式（3.39）得

$$\Phi_g = \frac{B_r nL\pi(R_2^2-R_1^2)}{\mu_r\mu_0\pi(R_2^2-R_1^2)\dfrac{1}{\Lambda_t} + nL} \tag{3.40}$$

3. *轴向、径向磁力*

将式（3.36）、式（3.37）和式（3.40）代入式（3.34）得

$$\begin{aligned} F_z = & 1/(8\mu_0)\{B_r nL/[\mu/\Lambda_t + 4nL/\pi(d_2^2-d_1^2)]\}^2 \\ & \times\pi(d_2^2-d_1^2)z\big/\{[\pi(d_2^2-d_1^2)/4\sqrt{z^2+e^2}] \\ & +0.816(d_2+d_1)^2\times\sqrt{(z^2+e^2)^3}\} \end{aligned} \tag{3.41}$$

将式（3.36）、式（3.38）和式（3.40）代入式（3.35）得

$$\begin{aligned} F_e = & 1/(8\mu_0)\{B_r nL/[\mu/\Lambda_t + 4nL/\pi(d_2^2-d_1^2)]\}^2 \\ & \times\pi(d_2^2-d_1^2)e\big/\{[\pi(d_2^2-d_1^2)/4\sqrt{z^2+e^2}] \\ & +0.816(d_2+d_1)^2\times\sqrt{(z^2+e^2)^3}\} \end{aligned} \tag{3.42}$$

式（3.41）和式（3.42）表明：轴向磁化轴向放置的双环永磁轴承的轴向和径向磁力与磁环剩余磁感应强度的平方成正比，近似与磁环的平均半径和磁环径向宽度成正比。磁力随磁路总磁导的增大而增大，随磁环间隙及磁环相对磁导率增大而减小。

3.3.2　试验验证

试验台照片如图 3.12 所示。试验过程为：将 2 夹装在 1 上，将 3 固定在 4 上，再将 4 固定在 6 上。从三坐标立式铣床手摇刻度盘可读出磁环轴向和径向相对位移量，从 5070 型多通道电荷放大仪可读出轴向和径向磁力。试验装置磁路如图 3.13 所示。

图 3.12　试验台照片图

1-X52K 型三坐标立式铣床立轴夹头；2、3-固定在聚氯乙烯套内的磁环，磁环紧贴铁磁体；4-9257B 型 KISTLER 三轴测力仪；5-三轴测力仪 4 与 5070 型多通道电荷放大仪（multi-channel charge amplifier）的连接电缆；6-立式铣床工作平台

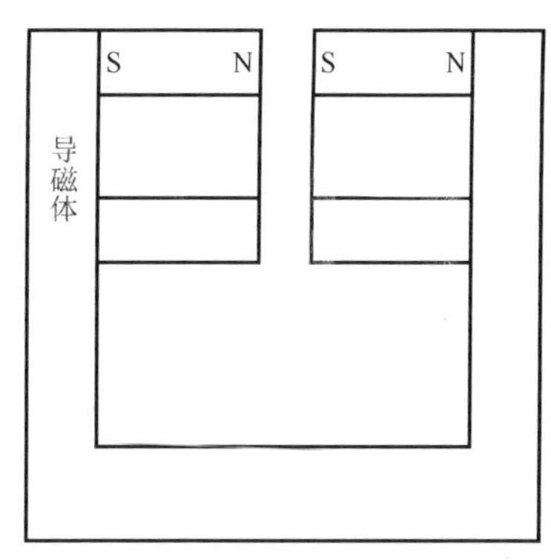

图 3.13　试验装置磁路

永磁环磁导为

$$\Lambda_h = \mu\pi(R_2^2 - R_1^2)/L \tag{3.43}$$

圆柱磁体折算到磁极两端的漏磁导为

$$\Lambda_{ml} = \mu S_m / L$$

式中，μ 为永磁环磁导率。

因此，永磁环的漏磁导可视为半径为 R_2 和半径为 R_1 的两个圆柱磁体的漏磁导的和，所以永磁环折算到磁极两端的漏磁导为

$$\Lambda_L \approx \mu\pi R_2^2/L + \mu\pi R_1^2/L \tag{3.44}$$

直径为 d、相距为 z 的两圆柱磁体侧面磁导公式为

$$\Lambda_{mc} = \mu_0 2dL'/(1+z)$$

式中 $L' \leqslant L/2$，则两磁环内外两个侧表面间磁导为

$$\Lambda_c \approx \mu_0 2(d_2 + d_1)L'/(1+\sqrt{z^2+e^2}) \tag{3.45}$$

忽略良导磁体的磁阻，有

$$1/\Lambda_t \approx 2/(\Lambda_h + \Lambda_L + \Lambda_c) + 1/\Lambda_g \tag{3.46}$$

式中，Λ_h 为永磁环磁导；Λ_L 为永磁环折算到磁极两端的漏磁导；Λ_c 为两个永磁环侧面磁导。将式（3.36）、式（3.43）、式（3.44）代入式（3.45）乘以 μ 得

$$\mu/\Lambda_t = 1/\{\pi R_2^2/L + (d_2+d_1)L'/[\mu_r(1+\sqrt{z^2+e^2})]\} + \mu_r/[\pi(d_2^2 - d_1^2)/(4\sqrt{z^2+e^2}) + 0.816(d_2+d_1)] \tag{3.47}$$

试验用具有线性退磁曲线的稀土 NdFeB、牌号为 NNF35M 的一对永磁环，其主要参数为：B_r=1.231T，H_c=917.53kA/m，$(BH)_{max}$=283kJ/m^3，μ_r=1.06765，工作

温度不超过 100°C。磁环尺寸为ϕ44×ϕ25×10，即：d_2=44mm，d_1=25mm，R_2=22mm，L=10mm，L'=L/2=5mm，n=2。

1. 轴向磁力验证

将相关数据代入式（3.47）和式（3.41）得

$$\mu/\Lambda_t \approx 1/[152.0531+323.1396/(1+\sqrt{z^2+e^2})] \\ +1.06765/[1029.657/\sqrt{z^2+e^2}+56.304]$$

$$F_z = 248329.78z/\{[(\mu/\Lambda_t+0.0194239)(1029.657/\sqrt{z^2+e^2}+56.304)]^2\sqrt{(z^2+e^2)^3}\}$$

式中，长度单位为 mm；F_z 单位为 N。当轴承无径向偏心时，模型计算值 F_{zj} 和试验值 F_{zs} 见表 3.4，其关系曲线如图 3.14 所示。

表 3.4　轴向磁力计算值和试验值（e=0，F_e=0）

z/mm	0.2	0.6	1	1.5	2	3	4	5	6	7	8	10
F_{zj}/N	473	421	378	336	301	248	209	180	156	137	122	98
F_{zs}/N	507	432	330	295	261	217	181	154	133	120	108	91

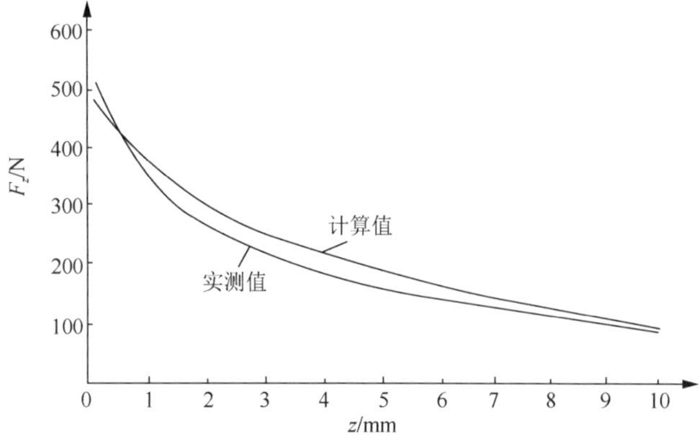

图 3.14　双环永磁轴承轴向磁力与轴向位移曲线（e=0）

由表 3.4 算出模型计算值和实测值平均误差为 12.6%，最小误差为 2.5%，最大误差为 17.3%，模型计算值和实测值基本吻合。

当轴承轴向间隙 z=5mm 时，模型磁力计算值 F_{zj} 和实测值 F_{zs} 与径向偏心 e 的关系见表 3.5，对应曲线见图 3.15。由表 3.5 算出模型计算值和实测值平均误差为 17%，最小误差为 0.7%，最大误差为 33.3%，计算值和实测值相对偏大。

表 3.5　轴向磁力计算值和试验值（z=5mm）

e/mm	0.2	0.6	1	1.5	2	3	4	5	6	7	8	9
F_{zj}/N	179	178	174	167	158	137	116	96	80	66	55	46
F_{zs}/N	154	154	151	149	142	136	125	113	101	89	79	69

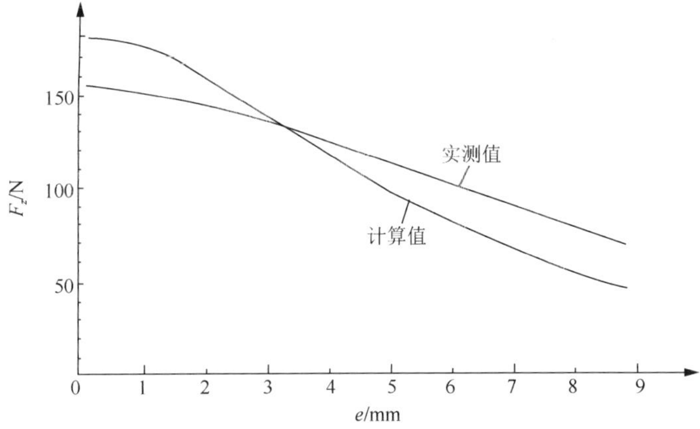

图 3.15　双环永磁轴承轴向磁力与径向位移曲线（z=5mm）

2. 径向磁力验证

将相关数据代入式（3.47）和式（3.42），计算结果 F_{ej} 和试验结果 F_{es} 见表 3.6，其关系曲线见图 3.16。当轴承轴向间隙 z=5mm、径向偏心小于 5mm 时，由表 3.6 算出模型计算值和实测值平均误差为 6.9%，最小误差为 1.5%，最大误差为 17.6%，图 3.16 在曲线上升部分对应的区间（轴承正常运行区间），计算值和实测值误差较小；全部范围平均误差为 10.6%，最小误差为 1.5%，最大误差为 28.3%。

表 3.6　径向磁力计算值和试验值（z=5mm）

e/mm	0.2	0.6	1	1.5	2	3	4	5	6	7	8	10
F_{ej}/N	14	43	70	101	129	171	193	199	194	181	164	129
F_{es}/N	17	45	72	98	115	158	183	202	217	212	202	180

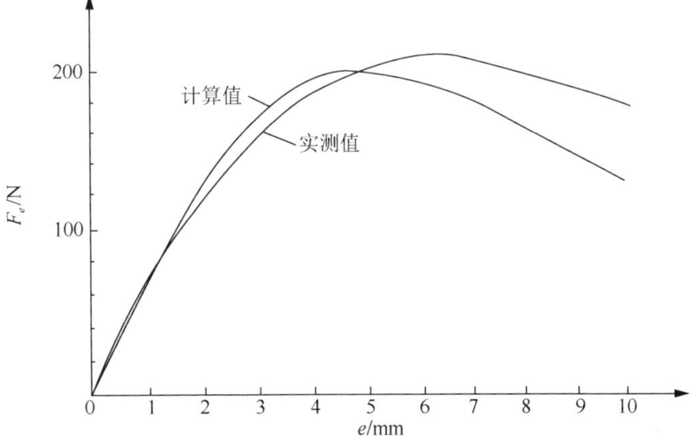

图 3.16　双环永磁轴承径向磁力与径向位移曲线（z=5mm）

3. 用杨安全的试验数据验证

杨安全试验[15]用的是一对尺寸规格为$\phi 80\times\phi 50\times 20$的永磁环，材料牌号为烧结钕铁硼N35，其剩余磁感应强度B_r=1.229T，即：d_2=80mm，d_1=50mm，R_2=40mm，R_1=25mm，L=20mm，n=2。试验原始数据见表3.7和表3.8。

表3.7　轴向磁力测定原始数据

轴向间隙/mm	刚拉动时弹簧长度/mm	弹簧伸长/mm	计算的弹簧拉力/N
25	286	86	94.17
20	324	124	135.78
18	347	147	160.97
16	376	176	192.72
14	410	210	229.95

表3.8　径向磁力测定原始数据　（z=10mm）

e/mm	向左刚拉动时弹簧长度/mm	伸长/mm	T_1/N	向右刚拉动时弹簧长度/mm	伸长/mm	T_2/N	$F_x=(T_2-T_1)/2$/N
2	285	85	93.1	348	148	162.1	34.5
4	260	60	65.7	370	170	186.2	60.3
6	224	24	26.3	383	183	200.4	87.1
8	392	192	210.2	210	10	11.0	110.6
10	396	194	212.4	253	53	58.0	135.2
12	394	194	212.4	253	53	58.0	135.2
14	381	181	198.2	264	64	70.1	134.2

杨安全试验中未用良导磁体导引外磁通（相当于图3.13中只留下两个磁环，没有良导磁体部分），所以要计入外磁路磁阻的影响。可近似认为一对永磁环外磁导为外径是d_2、长度是$2L$的圆柱永磁环对应的外磁导。借鉴孤立永磁体的磁导公式：$\Lambda=\mu_0\sqrt{\pi S}$，可得一对轴向放置永磁环外磁导为

$$\Lambda_{外}=\mu_0\pi\sqrt{R_{外}^2-R_{内}^2+2LR_{外}} \tag{3.48}$$

其中，$R_{外}=\dfrac{d_2}{2}=R_2$，$R_{内}=\dfrac{d_1}{2}=R_1$。

磁路总磁阻为

$$1/\Lambda_t\approx 2/(\Lambda_h+\Lambda_L+\Lambda_c)+1/\Lambda_g+1/\Lambda_{外} \tag{3.49}$$

取$L'=L/2$=10mm，e=0，μ_r=1.05。将相关数据代入式（3.49）及式（3.42），化简得

$$\mu/\Lambda_t\approx 1\bigg/\left[80\pi+\frac{2600}{2.2(z+1)}\right]+1.1\bigg/\left(\frac{975\pi}{z}+106.08\right)+1.1/(\pi\sqrt{2575})$$

$$F_z = 2945359.95[(\mu/\Lambda_t + 0.013058867)(3063.053 + 106.08z)]^2$$

式中，z 的单位为 mm；F_z 单位为 N。计算结果 F_{zj} 和杨安全试验结果 F_{zs} 见表 3.9。

表 3.9　磁力计算值和试验值（e=0）

z/mm	14	16	18	20	25
F_{zj}/N	204.70	181.33	161.84	145.38	113.88
F_{zs}/N	229.95	192.72	160.97	135.78	94.17

由表 3.9 算出模型计算值和实测值平均误差为 9.1%，最小误差为 0.5%，最大误差为 20.9%，将相关数据代入式（3.49）及式（3.43）化简得

$$\mu/\Lambda_t \approx 1\bigg/\left[80\pi + \frac{2600}{2.2(\sqrt{100+e^2}+1)}\right] + 1.1\bigg/\left(\frac{975\pi}{\sqrt{100+e^2}} + 106.08\right) + 1.1/(\pi\sqrt{2575})$$

$$F_e = 294535995e\Big/\left\{[(\mu/\Lambda_t + 0.013058867)(3063.053\Big/\sqrt{100+e^2} + 106.08)]^2\sqrt{(100+e^2)^3}\right\}$$

式中，e 的单位为 mm；F_e 单位为 N。计算值 F_{ej} 和杨安全试验值 F_{es} 见表 3.10。由表 3.10 可以得出：模型计算值偏大，这主要是式（3.48）计算外磁导偏大所致，当轴向偏心 e 越大，外磁导计算越偏离实际。由表 3.10 算出模型计算值和实测值平均误差为 19.7%，最小误差为 2.5%，最大误差为 33.4%。

表 3.10　磁力计算值和试验值（z=10mm）

e/mm	2	4	6	8	10	12	14
F_{ej}/N	51.8	94.2	122.7	138.0	143.5	142.5	137.7
F_{es}/N	34.5	60.3	87.1	110.6	125.9	135.2	134.2

综合以上验证可以得出：当轴承无径向偏心时，模型磁力计算较精确；当径向偏移增大时，模型磁力计算误差增大。

误差来自于式（3.36）、式（3.44）和式（3.45）的近似处理及测量误差。大径向偏移时误差偏大的主要原因是：式（3.36）和式（3.45）是借用无径向偏移的公式给出的，当径向偏移增大，其计算误差大，导致式（3.47）、式（3.42）和式（3.43）的计算误差偏大。另外，试验用的一对磁环是由四个对称的半磁环拼成的，在径向偏移时，磁环端面受力不匀，磁环接缝处不平度变大，导致磁力测量误差较大。尽管有误差，但式（3.42）和式（3.43）仍能满足工程要求。

试验证明，由良导磁体、永磁体和小间隙构成的磁系统，以“路”代“场”易得出磁力解析模型，模型计算简单且精度能满足工程要求。

3.3.3　轴向磁力与永磁轴承参数的关系分析

分析式（3.47）和式（3.42）可得出轴向磁化双环永磁轴承轴向磁力与其参数的关系。

1. 轴向磁力与磁环平均半径的关系分析

取 B_r=1.231T，μ_r=1.06765，L=10mm，L'=5mm，n=2，e=0，z=5，d_2-d_1=20mm，将上面参数值代入式（3.47）和式（3.42），得表 3.11 计算结果，其关系曲线见图 3.17。由图表可得出：轴向磁力与磁环平均半径近似成正比关系。

表 3.11　轴向磁力与磁环平均半径的关系

$[(d_2+d_1)/2]$/ mm	25	30	35	40	45	50
F_{zj}/N	132	162	194	226	258	292

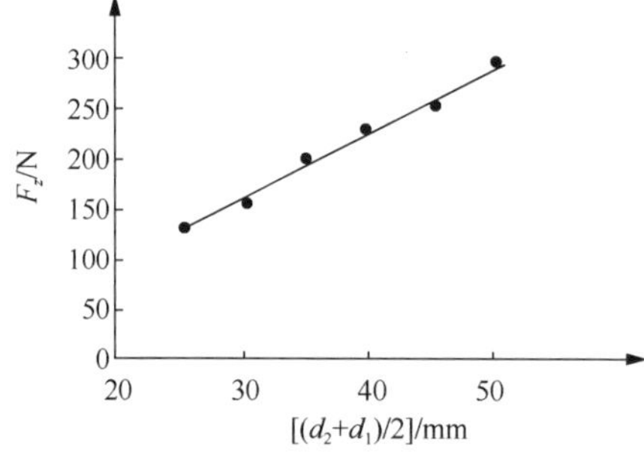

图 3.17　轴向磁力与磁环平均半径的关系

2. 轴向磁力与磁环径向宽度的关系分析

取 B_r=1.231T，μ_r=1.06765，L=10mm，L'=5mm，n=2，e=0，z=5mm，d_2+d_1=80mm，将上面参数值代入式（3.47）和式（3.42），得表 3.12 计算结果，其关系曲线见图 3.18。由图表可得出：轴向磁力与磁环径向宽度近似成正比关系。

表 3.12　轴向磁力与磁环径向宽度的关系

(d_2-d_1)/mm	10	20	30	40	50	60
F_{zj}/N	95	226	348	464	578	693

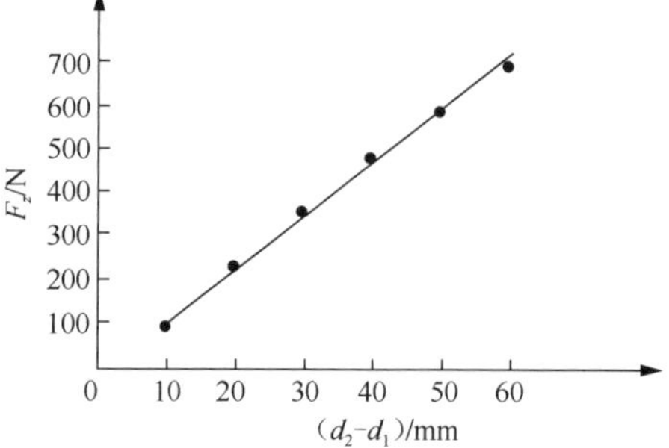

图 3.18　轴向磁力与磁环径向宽度的关系

3. 轴向磁力与磁环轴向长度的关系分析

取 B_r=1.231T，μ_r=1.06765，n=2，e=0，z=5mm，d_2 =45mm，d_1=25mm，L'=L/2，将上面参数值代入式（3.47）和式（3.42），得表 3.13 计算结果，其关系曲线见图 3.19。由图表可得出：轴向磁力随磁环轴向长度的增大而增大，轴向磁力增加的幅度随磁环轴向长度的增大而减小。

表 3.13　轴向磁力与磁环轴向长度的关系

L/mm	2	4	6	8	10	12	14	16	18	20	22	24
F_{zj}/N	73	121	152	174	194	211	227	241	255	267	278	288

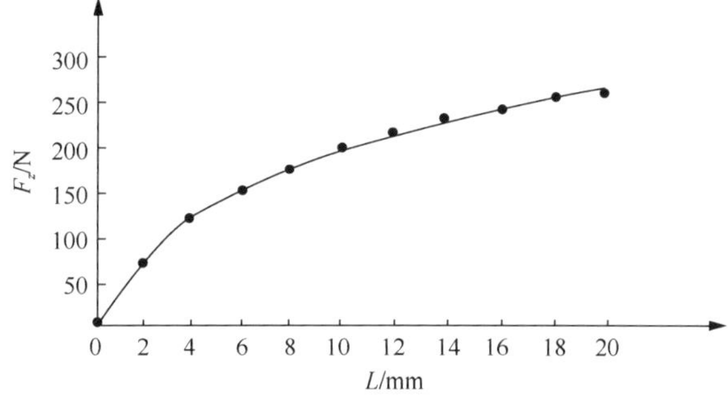

图 3.19　轴向磁力与磁环轴向长度的关系

4. 轴向磁力与磁环相对磁导率的关系分析

取 B_r=1.231T，μ_r=1.06765，L=10mm，L'=5mm，n=2，e=0，z=5mm，d_2=45mm，d_1=25mm。将上面参数值代入式（3.47）和式（3.42），得表 3.14 计算结果，其关系曲线见图 3.20。由图表可得出：轴向磁力随磁环相对磁导率的增大而减小。

表 3.14　轴向磁力与磁环相对磁导率的关系

μ_r	1.00	1.05	1.10	1.15	1.20	1.25	1.30	1.35
F_{zj}/N	198	195	191	188	185	182	179	176

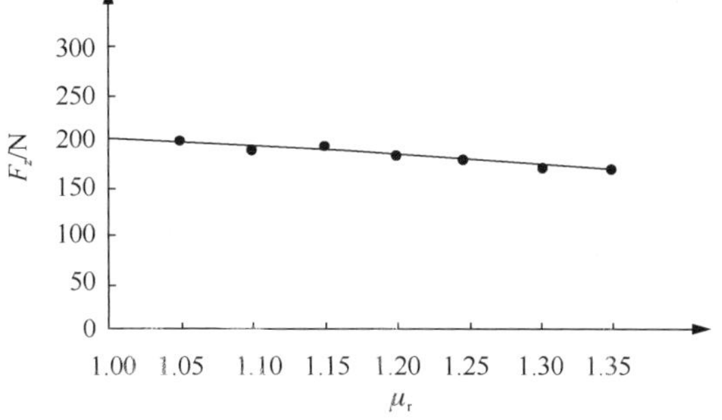

图 3.20　轴向磁力与磁环相对磁导率的关系

3.3.4　径向磁力与永磁轴承参数的关系分析

取 B_r=1.231T，n=2，$L'=L/2$，e=1mm 作为分析式（3.47）和式（3.43）径向磁力与其他参数关系的公用值。

1. 径向磁力与磁环平均直径的关系分析

取 μ_r=1.06765，L=10mm，z=5mm，d_2-d_1=20mm。将上面参数值代入式（3.47）和式（3.43），得表 3.15 计算结果，其关系曲线见图 3.21。由图表可得出：径向磁力与磁环平均直径近似线性。

表 3.15　径向磁力与磁环平均直径的关系

$[(d_2+d_1)/2]$/mm	25	30	35	40	45	50
F_{ej}/N	58	66	75	82	89	96

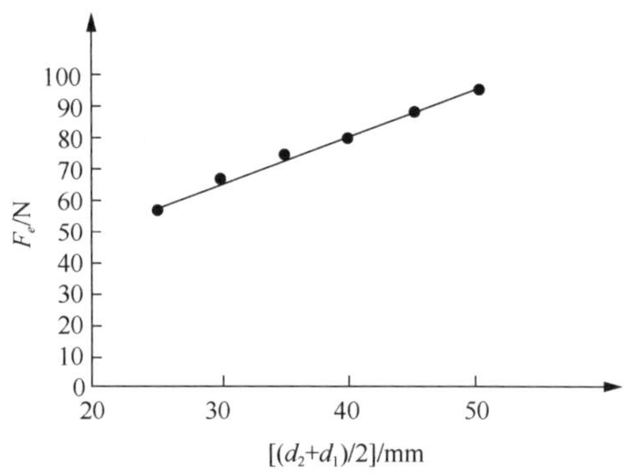

图 3.21　径向磁力与磁环平均直径的关系

2. 径向磁力与磁环径向宽度的关系分析

取 μ_r=1.06765，L=10mm，z=5mm，d_2+d_1=80mm，将上面参数值代入式（3.47）和式（3.43），得表 3.16 计算结果，其关系曲线见图 3.22。由图表可得出：径向磁力随磁环径向宽度的增大而增大。

表 3.16　径向磁力与磁环径向宽度的关系

(d_2-d_1)/mm	10	20	30	40	50	60
F_{ej}/N	36	82	116	140	156	168

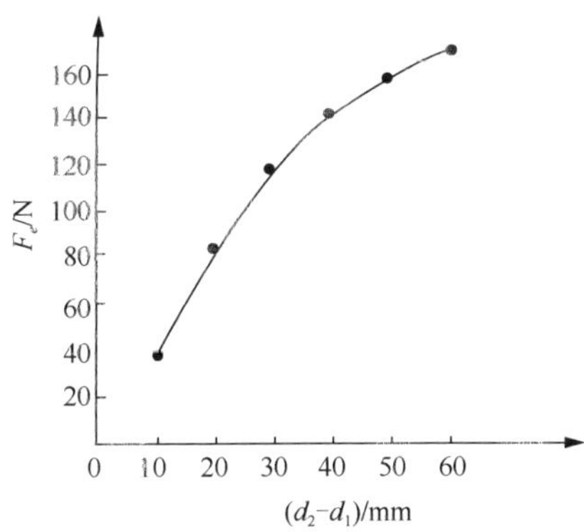

图 3.22　径向磁力与磁环径向宽度的关系

3. 径向磁力与磁环轴向长度的关系分析

取 μ_r=1.06765，z=5mm，d_2=45mm，d_1=25mm，将上面参数值代入式（3.47）和式（3.43），得表 3.17 计算结果，其关系曲线见图 3.23。由图表可得出：径向磁力随磁环轴向长度的增大而增大，径向磁力增加的幅度随磁环轴向长度的增大而减小。

表 3.17　径向磁力与磁环轴向长度的关系

L/mm	2	4	6	8	10	12	14	16	18	20	22	24
F_{ej}/N	27	46	58	67	75	81	88	93	99	104	108	112

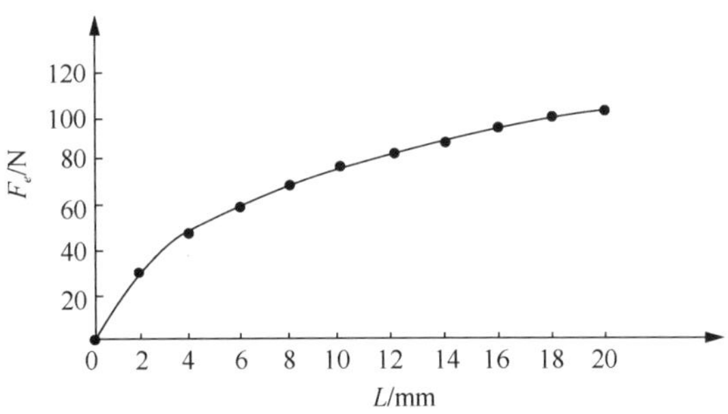

图 3.23　径向磁力与磁环轴向长度的关系

4. 径向磁力与磁环相对磁导率的关系分析

取 L=10mm，z=5mm，d_2 =45mm，d_1=25mm，将上面参数值代入式（3.47）和式（3.43），得表 3.18 计算结果，其关系曲线见图 3.24。由图表可得出：径向磁力随磁环相对磁导率的增大而减小（近似线性）。

表 3.18 径向磁力与磁环相对磁导率的关系

μ_r	1.00	1.05	1.10	1.15	1.20	1.25	1.30	1.35
F_{ej}/N	76	75	74	72	71	70	69	68

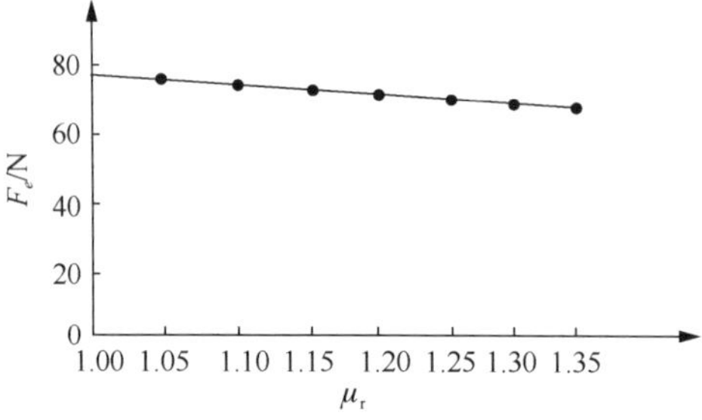

图 3.24 径向磁力与磁环相对磁导率的关系

5. 径向磁力与磁环轴向间隙的关系分析

取 μ_r=1.06765，L=10mm，d_2=45mm，d_1=25mm，将上面参数值代入式（3.47）和式（3.43），得表 3.19 计算结果，其关系曲线见图 3.25。由图表可得出：径向磁力随磁环轴向间隙的增大而减小。

表 3.19 径向磁力与磁环轴向间隙的关系

z/mm	0.5	1	2	3	4	5	6	7	8	9	10
F_{ej}/N	1234	656	291	166	107	75	54	41	32	26	21

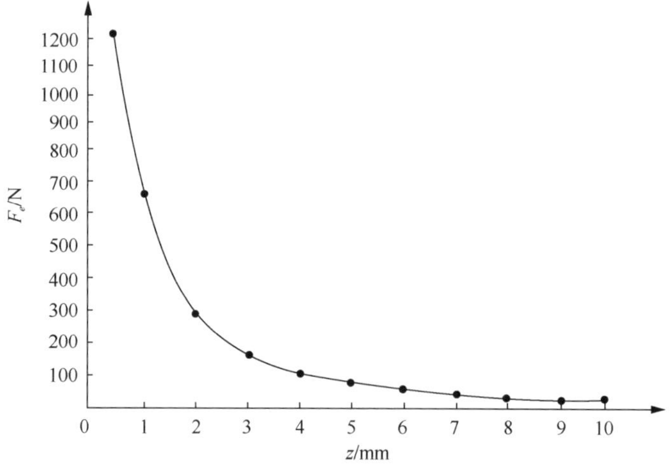

图 3.25 径向磁力与磁环轴向间隙的关系

3.3.5　设计计算实例

式（3.42）可用于轴向承载的轴向磁化双环永磁轴承设计，例如，承载水轮发电机转子轴向载荷的轴向磁化双环永磁轴设计计算（注：转轴径向载荷由其他径向轴承承担）。永磁材料选用北京环星磁性材料公司的 NdFeB，牌号为 N45，其主要性能参数为：B_r=1.35～1.41T，H_{cb}=947～1035kA/m，H_{ci}≥955kA/m，$(BH)_{max}$=336～360kJ/m^3，工作温度不超过 80℃。设两个轴向磁化永磁环轴承尺寸（若制造大尺寸的永磁环轴承有困难，也可用小磁块在良导磁钢环上拼接）如下：

$$d_1=300\text{mm}，d_2=1000\text{mm}，L=6\text{mm}，L'=L/2=3\text{mm}$$

计算时取轴承正常轴向工作间隙 z=4mm，e=0，取 B_r=1.38T，H_c=1000kA/m，其磁导率 $\mu=B_r/H_c=1.38\times10^{-6}$H/m，相对磁导率 $\mu_r=\mu/\mu_0=1.098$，将相关参数代入式（3.42），计算得 F_z=162216N。

假如水轮机组整个转子动、静最大轴向总载荷为 50t，则至少需要三对本例尺寸的永磁轴承。由于每对永磁轴承承载很大，永磁环本身的机械强度是远远不够的，所以要在一对磁环的非间隙对应极面紧贴一定厚度的高强度带加强筋的导磁钢板来承载。

第 4 章　多环永磁轴承及磁力解析模型

双环永磁轴承承载力相对较小，为了提高永磁轴承承载力，本章设计了能充分利用磁能、具有较大承载力的多环嵌套永磁轴承结构，建立了多环嵌套永磁轴承的径向及轴向磁力解析模型。

4.1　径向磁化的多环嵌套永磁轴承径向磁力

4.1.1　径向磁化的多环嵌套永磁轴承结构

径向磁化的永磁轴承基本结构如图 4.1 所示，它的不足是磁能没有被充分利用，轴承磁力偏小。为了提高径向磁化永磁轴承的承载力，设计了能充分利用磁能、具有更大磁力的径向磁化的多环嵌套永磁轴承结构。考虑到稀土永磁材料特性和磁通连续原理，基于式（3.8）及径向磁化多环嵌套永磁轴承的结构特点和线性叠加原理，建立了该型永磁轴承径向磁力解析模型。

径向磁化的多环嵌套永磁轴承结构示意图见图 4.2(以永磁圆环数 N=4 为例)。图中磁环轴向和径向间隙均为 L_g，轴承最外层是厚度为 $h/2$ 环形铸铁或低碳钢等良导磁体（通常，轭铁的厚度应略大于永磁体厚度），中部永磁环径向厚度为 h，它经一层厚度为 L_g 的隔磁环和侧面厚度为 W 的良导磁体连在一起。考虑到永磁环在良导磁体中的镜像作用，最小和最大永磁环的径向厚度选为 $h/2$。永磁环径向厚度既不能太薄，又不能太厚。永磁环太薄，则永磁环容易去磁；永磁环太厚，则永磁环内的磁阻较大，永磁材料不能充分利用。直径为 d 的中轴良导磁体与右侧板良导磁体连成一体。高强度良导磁体的作用为：一个是支撑转子载荷，另一个是提供磁阻可忽略的磁路通道，把永磁体的磁能汇集到磁环间隙处，在一定径向承载力的前提下，可缩小永磁轴承体积，节省材料。由于转子惯性载荷与转子转速成正比，转子在高速运转情况下，转子磁体受惯性载荷作用，将产生很大的离心力。当惯性载荷引起的应力大于转子磁体材料的屈服应力时，转子磁体将产生塑性变形甚至破裂，所以多环嵌套永磁轴承的最大外径受材料的屈服应力和转子最大外径线速度的限制。

图 4.1 所示斥力型永磁轴承的工作原理是：当磁环在径向有偏移时，磁环径向斥力使轴承在径向自稳定。该型永磁轴承是用来承载径向主载荷的，它在轴向不稳定，所以转轴的轴向需要用其他轴承来稳定。

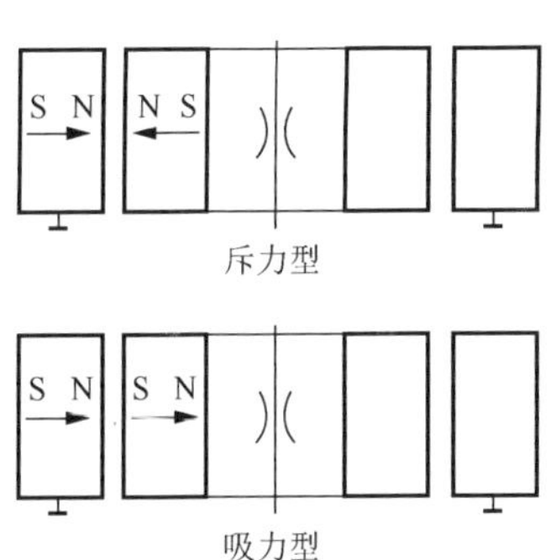

图 4.1　径向磁化的永磁轴承基本结构图

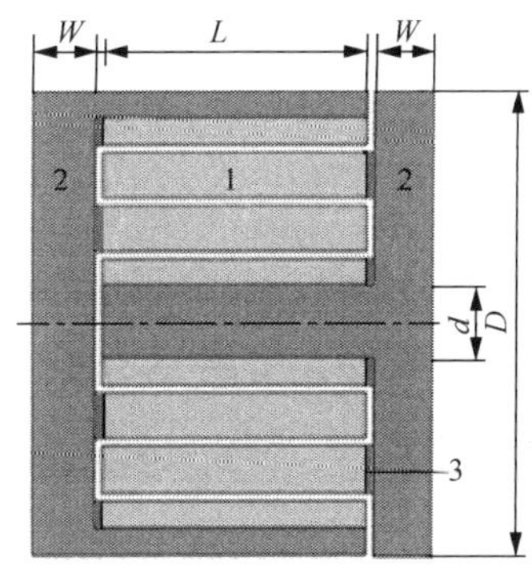

图 4.2　径向磁化的多环嵌套永磁轴承结构示意图

1-永磁环；2-良导磁体；3-隔磁环

4.1.2　磁力解析模型

1. *磁路总磁导* $\varLambda_{\mathrm{t}}$

为便于建立数学模型，先研究图 4.2 所示吸力型永磁轴承。引入综合磁导率：

$$\mu_{\Sigma}=\frac{\mu h+\mu_0 L_{\mathrm{g}}}{h+L_{\mathrm{g}}}$$

式中，μ 为永磁环磁导率；μ_0 为空气磁导率。在 $h \gg L_{\mathrm{g}}$ 的情况下，$\mu_{\Sigma}=\mu_0$。图 4.2 所示的吸力型永磁轴承径向磁路走向与同心磁环间隙磁路走向相同。根据同心磁环间隙磁导公式：

$$\varLambda=\frac{2\pi\mu_0 L}{\ln R_2/R_1}$$

式中，R_2 为磁环间隙外径，m；R_1 为磁环间隙内径，m；L 为磁环轴向有效长度，m。

可得图 4.2 吸力型永磁轴承径向总磁导（包括各磁环和径向间隙的磁导）为

$$\varLambda_{\mathrm{tr}}=\frac{2\pi\mu_{\Sigma}L}{\ln\dfrac{d/2+(N-1)(h+L_{\mathrm{g}})}{d/2}}=\frac{2\pi\mu_{\Sigma}L}{\ln\dfrac{d+2(N-1)(h+L_{\mathrm{g}})}{d}} \tag{4.1}$$

忽略漏磁，径向磁化多环嵌套永磁轴承轴向间隙磁导为

$$\varLambda_{\mathrm{a}}=\frac{\mu_0 S_1}{L_{\mathrm{g}}}+\frac{\mu_0 S_2}{L_{\mathrm{g}}}\approx\frac{\mu_0}{L_{\mathrm{g}}}\left\{\frac{\pi d^2}{4}+\frac{\pi D^2}{4}-\pi\left[\frac{d}{2}+(N-1)(h+L_{\mathrm{g}})\right]^2\right\} \tag{4.2}$$

图 4.2 所示吸力型永磁轴承磁路总磁导为

$$\varLambda_{\mathrm{t}}=\varLambda_{\mathrm{tr}}\varLambda_{\mathrm{a}}/(\varLambda_{\mathrm{tr}}+\varLambda_{\mathrm{a}}) \tag{4.3}$$

在径向尺寸 D 较大的情况下，$\varLambda_{\mathrm{a}} \gg \varLambda_{\mathrm{tr}}$。有

$$\Lambda_{\mathrm{t}} \approx \Lambda_{\mathrm{tr}} = \frac{2\pi\mu L}{\ln\dfrac{d+2(N-1)(h+L_{\mathrm{g}})}{d}} \tag{4.4}$$

2. 第 k 号间隙（沿径向从里向外数）磁通密度 $B_{\mathrm{m}k}$

忽略漏磁及良导磁体的磁阻，根据磁通连续原理，吸力型永磁轴承径向各磁环间隙的磁通相等，即 $B_{\mathrm{m}k}2\pi R_k L=B_{\mathrm{m}}2\pi R_{\mathrm{pj}}L$，得

$$B_{\mathrm{m}k} = \frac{R_{\mathrm{pj}}}{R_k}B_{\mathrm{m}} = \frac{d+(N-1)(h+L_{\mathrm{g}})}{d+h+2(h+L_{\mathrm{g}})(K-1)}B_{\mathrm{m}} \tag{4.5}$$

式中，R_k 为第 k 号间隙半径，m；R_{pj} 为 N 个永磁环平均半径，m；N 为永磁环数；d 为最小永磁环内径，m；B_{m} 为 R_{pj} 处磁通密度，T。参见式（3.11），气隙负载线方程为

$$\tan\alpha = \frac{B_{\mathrm{m}}}{H_{\mathrm{m}}} = \frac{h_{\mathrm{m}}}{K_{\mathrm{r}}S_{\mathrm{m}}}\frac{\mu_0 S_{\mathrm{g}}}{L_{\mathrm{g}}} = \frac{h_{\mathrm{m}}}{K_{\mathrm{r}}S_{\mathrm{m}}}\Lambda_{\mathrm{g}} = \frac{h_{\mathrm{m}}}{S_{\mathrm{m}}}\Lambda_{\mathrm{t}} \tag{4.6}$$

对于图 4.2 所示的 N 个径向磁化的永磁环轴承有

$$\begin{cases} h_{\mathrm{m}} = (N-1)h \\ S_{\mathrm{m}} = \pi\left[d+(N-1)(h+L_{\mathrm{g}})\right]L \end{cases} \tag{4.7}$$

对于 NdFeB 等稀土永磁体有

$$B_{\mathrm{r}}=\mu H_{\mathrm{c}} \tag{4.8}$$

由式（3.13）和式（4.6）～式（4.8）得

$$B_{\mathrm{m}} = \frac{B_{\mathrm{r}}(N-1)h\Lambda_{\mathrm{t}}}{\mu\pi\left[d+(N-1)(h+L_{\mathrm{g}})\right]L+(N-1)h\Lambda_{\mathrm{t}}} \tag{4.9}$$

将式（4.9）代入式（4.5）得

$$B_{\mathrm{m}k} = \frac{d+(N-1)(h+L_{\mathrm{g}})}{d+h+2(h+L_{\mathrm{g}})(k-1)} \times \frac{B_{\mathrm{r}}(N-1)h\Lambda_{\mathrm{t}}}{\mu\pi\left[d+(N-1)(h+L_{\mathrm{g}})\right]L+(N-1)h\Lambda_{\mathrm{t}}} \tag{4.10}$$

3. 径向磁化的多环嵌套永磁轴承径向磁力解析模型

根据式（3.8）得磁筒第 k 号间隙径向磁力为

$$F_{\mathrm{r}k} = \frac{B_{\mathrm{m}k}B_{\mathrm{r}}LR_{2k}\ln\dfrac{R_{2k}}{R_{1k}}}{2\ln\left[\dfrac{(R_{1k}+R_{2k})L_{\mathrm{g}}}{R_{2k}e}\right]}\times 10^{7} \tag{4.11}$$

式中，R_{2k}、R_{1k} 分别为第 k 号间隙的外半径与内半径，m。

第 k 号间隙的内、外半径为

$$\begin{cases} R_{1k} = \dfrac{d+h}{2} + \left(h + L_g\right)\left(k-1\right) \\ R_{2k} = \dfrac{d+h}{2} + \left(h + L_g\right)\left(k-1\right) + L_g \end{cases} \tag{4.12}$$

将式（4.10）和式（4.12）代入式（4.11），化简得

$$F_{rk} \approx a u_k \ln u_k \tag{4.13}$$

式中，

$$u_k = \frac{d + h + 2\left(h + L_g\right)\left(k-1\right) + 2L_g}{d + h + 2\left(h + L_g\right)\left(k-1\right)} \tag{4.14}$$

$$a = \frac{\left[d + \left(N-1\right)\left(h + L_g\right)\right]\left(N-1\right)B_r^2 hL\Lambda_t \times 10^7}{4\left\{\mu\pi\left[d + \left(N-1\right)\left(h + L_g\right)\right]L + \left(N-1\right)h\Lambda_t\right\}\ln\left[\dfrac{2L_g}{e}\right]} \tag{4.15}$$

将式（4.4）代入式（4.15）得（式中长度单位是 mm）

$$a \approx \frac{5\left[d + \left(N-1\right)\left(h + L_g\right)\right]\left(N-1\right)B_r^2 hL}{\left\{\left[d + \left(N-1\right)\left(h + L_g\right)\right]\ln\dfrac{d + 2\left(N-1\right)\left(h + L_g\right)}{d} + 2\left(N-1\right)h\right\}\ln\left[\dfrac{2L_g}{e}\right]} \tag{4.16}$$

根据线性叠加原理，径向磁化的 N 环嵌套永磁轴承径向磁力为

$$F_r = a\sum_{k=1}^{N-1} u_k \ln u_k \tag{4.17}$$

式（4.16）表明：径向磁化的多环嵌套永磁轴承径向磁力与磁环剩余磁感应强度的平方及磁环轴向有效长度成正比；径向磁力随磁环个数和轴承径向偏心的增大而增大，随磁环平均间隙的增大而减小。在外形尺寸不变的前提下，磁环厚度 h 减小，则磁环数 N 增大，轴承径向承载力增大[16, 17]。

4.1.3 计算实例

模型式（4.17）是由与试验结果基本吻合的双环永磁轴承径向磁力公式推导出来的，所以该模型应符合工程实际。计算用北京环星磁材料公司、牌号为 N45 的 NdFeB 永磁材料，其主要参数为：B_r=1.35～1.41T，H_{cb}=947～1035（kA/m），H_{ci}≥955（kA/m），$(BH)_{max}$=336～360（kJ/m^3），密度 ρ=7500（kg/m^3），工作温度≤80℃。计算取 B_r=1.38T，H_c=1000kA/m。

实例 1，其结构参数为：N=56，L=270mm，h=6mm，L_g=2mm，d=100mm，D=986mm。将参数代入相关式子化简得：F_r=130267.7537/ ln（4/e），计算结果见

表 4.1。

表 4.1 磁力计算结果

e/mm	0.2	0.4	0.6	0.8	1.0	1.2	1.4	1.6	1.8
实例 1F_r /N	43484	56575	68666	80940	93968	108199	124086	142169	163139
实例 2F_r /N	28671	37302	45274	53367	61957	71339	81814	93737	107564

实例 2，其结构参数为：N=32，L=270mm，h=12mm，L_g=2mm，d=100mm，D=974mm。将参数代入相关式子化简得 F_r=85890.63349 / ln（4/e），计算结果见表 4.1。图 4.3 为实例 1 和实例 2 径向磁化的多环嵌套永磁轴承径向磁力与径向偏心关系曲线。实例 1 和实例 2 计算结果表明：在外形尺寸不变的前提下，磁环厚度 h 减小，则磁环数 N 增大，轴承径向承载力增大。

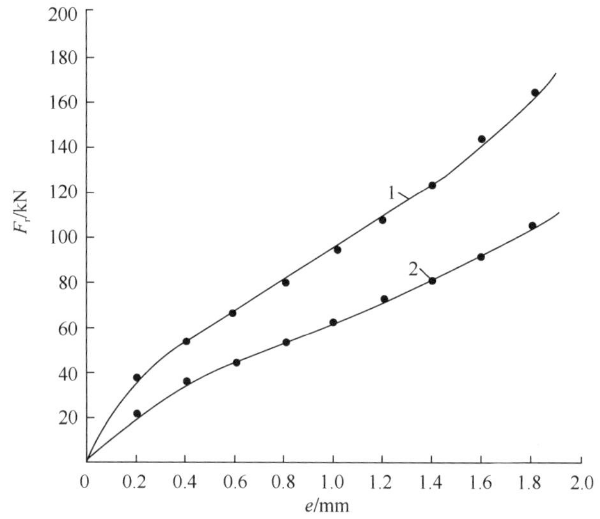

图 4.3 径向磁化的多环嵌套永磁轴承径向磁力与径向偏心关系曲线

1-实例 1 的计算曲线；2-实例 2 的计算曲线

4.2 径向磁化的多环嵌套永磁轴承轴向磁力

为了提高径向磁化的永磁轴承轴向磁力，设计了径向磁化的多环嵌套永磁轴承结构，基于与试验吻合的径向磁化双环永磁轴承轴向磁力解析模型，结合径向磁化的多环嵌套永磁轴承结构特点及线性叠加原理，建立了径向磁化的多环嵌套永磁轴承轴向磁力解析模型，有限元计算结果验证了该解析模型。

4.2.1　多环嵌套永磁轴承结构及工作原理

设计的径向磁化的多环嵌套永磁轴承结构示意图见图 4.4（以永磁环数 N=4 为例）。图中 1 为永磁环，2 为强度较高的非导磁材料，3 为厚度为 b 的非导磁垫，磁环轴向长度为 L，磁环间径向气隙长度为 L_g，最小永磁环内径为 d，其径向厚度为 $h_1=h/2$，其余磁环径向厚度为 h，为了使磁环能在轴向双向位移，磁环经 3 与侧面厚度为 W 的支撑非导磁体连在一起。由于径向磁化多环嵌套永磁轴承充分利用了磁环的两个极面，产生磁力的磁环径向间隙数有 N–1 个，磁环间隙数比由这 N 个磁环所构成的 N/2 个双环永磁轴承的 N/2 个径向间隙数多 N/2–1 个，所以其轴向磁力远大于 N/2 个双环永磁轴承轴向磁力之和，在一定轴向载荷的前提下，可缩小永磁轴承体积，节省材料。

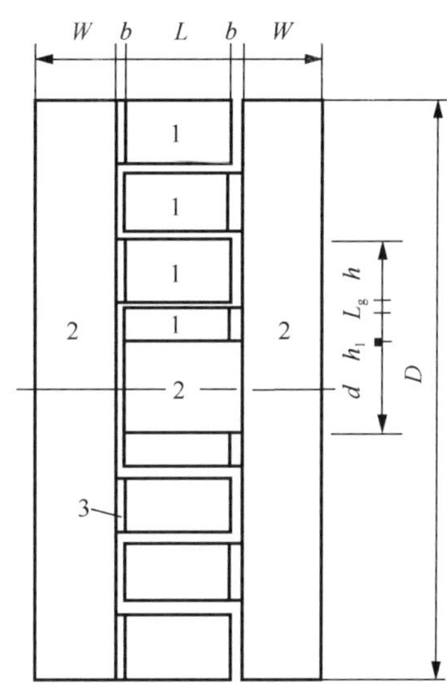

图 4.4　径向磁化的多环嵌套永磁轴承结构示意图

图 4.4 所示吸力型多环嵌套永磁轴承是用来承载轴向主载荷的，其工作原理是，当磁环在轴向有相对偏移时，由于磁环间隙的磁力线有被拉长的趋势，磁拉力作为轴向恢复力，使轴承在轴向自稳定。由于该型永磁轴承在径向不稳定，所以转轴径向需要用其他轴承来稳定。

4.2.2　磁力解析模型

1. 磁路总磁阻 $1/\Lambda_t$

图 4.4 所示磁环内磁路与同心磁环间隙磁路相似，由同心永磁环间隙磁导公式：

$$\Lambda=\frac{2\mu_0\pi L}{\ln\left(R_2/R_1\right)}$$

得各永磁环的磁导（沿径向从里向外排序）为

$$\Lambda_{环1}=\frac{2\pi\mu L}{\ln\left[\left(d+h\right)/d\right]} \tag{4.18}$$

$$\Lambda_{环k}=\frac{2\pi\mu L}{\ln\dfrac{d+h+2\left(h+L_g\right)\left(K-1\right)}{d-h+2\left(h+L_g\right)\left(K-1\right)}}\left(2\leqslant k\leqslant N\right) \tag{4.19}$$

式中，μ 为磁环磁导率；N 为磁环个数。根据式（3.22）得径向第 k 号气隙磁导为

$$\Lambda_{gk}=\frac{2\mu_0\pi\left(R_{k1}+L_g/2\right)LL_g}{L_g^2+z^2}\left(1\leqslant k\leqslant N-1\right) \tag{4.20}$$

式中，R_{k1} 为第 k 号间隙小半径；z 为磁环轴向偏移量。

（1）外磁环外磁导 $\Lambda_{外}$：

$\Lambda_{外}$可视为直径为 D 的径向磁化理想永磁圆柱体对应的磁导。根据等效磁荷球原理，估算孤立永磁体的磁导为 $\Lambda=\mu_0\sqrt{\pi s}$，对永磁圆柱体则有

$$\Lambda_{外}=\pi\mu_0\sqrt{D\left(D+2L\right)}/2 \tag{4.21}$$

式中，$D=\left(d+h\right)+2\left(h+L_g\right)\left(N-1\right)$。

（2）内磁环内磁导 $\Lambda_{内}$：

由磁导公式 $\Lambda=\mu_0V/L_{pj}^2$，式中，V 为磁通体积；L_{pj} 为磁通路径平均长度。取 $V=\pi d^2L/4$，$L_{pj}^2\approx\left(L/4\right)^2+\left(d/4\right)^2$，得内磁环内磁导为

$$\Lambda_{内}=4\mu_0\pi d^2L/\left(L^2+d^2\right) \tag{4.22}$$

（3）磁路总磁阻 $1/\Lambda_t$：

$$\begin{aligned}\frac{1}{\Lambda_t}&\approx\frac{1}{\Lambda_{环1}}+\sum_{k=2}^{N}\frac{1}{\Lambda_{环k}}+\sum_{k=1}^{N-1}\frac{1}{\Lambda_{gk}}+\frac{1}{\Lambda_{外}}+\frac{1}{\Lambda_{内}}\\&=\frac{\ln v}{2\pi\mu L}+\frac{L_g^2+Z^2}{2\mu_0\pi LL_g}\sum_{k=1}^{N-1}\frac{2}{d+\left(2k-1\right)\left(h+L_g\right)}+\frac{2}{\pi\mu_0\sqrt{D\left(D+2L\right)}}+\frac{L^2+d^2}{4\mu_0\pi d^2L}\end{aligned} \tag{4.23}$$

式中，$v=\dfrac{\left(d+h\right)\prod_{k=2}^{N}\left[d+h+2\left(k-1\right)\left(h+L_g\right)\right]}{d\prod_{k=2}^{N}\left[d-h+2\left(k-1\right)\left(h+L_g\right)\right]}$。

2. 轴向磁力 F_z

根据式（3.33）得第 k 号间隙（沿径向从里向外数）轴向磁力为

$$F_{zk}=\left(\frac{2\pi R_{pj}L_m\Lambda_t}{2\pi R_{pj}L\mu+L_m\Lambda_t}\right)^2\times\frac{B_r^2Lz}{2\mu_0\pi L_g\left(R_{k1}+L_g/2\right)} \tag{4.24}$$

根据线性叠加原理，径向磁化的 N 环嵌套永磁轴承总轴向磁力为

$$F_z = F_{z1} + F_{z2} + \cdots + F_{z(N-1)} = \left(\frac{2\pi R_{pj} L_m \Lambda_t}{2\pi R_{pj} L\mu + L_m \Lambda_t} \right)^2 \frac{B_r^2 Lz}{2\mu_0 \pi L_g} \sum_{k=1}^{N-1} \frac{1}{R_{k1} + L_g/2} \tag{4.25}$$

由图 4.4 可得：$R_{pj} = \dfrac{2d + h + 2(N-1)(h + L_g)}{4}$，$L_m = (N-1)h + h/2$，将 $R_{k1} = (d+h)/2 + (h + L_g)(k-1)$ 化简得

$$F_z = \left\{ \frac{\left[2d + h + 2(N-1)(h+L_g)\right]\left[(N-1)h + h/2\right]}{\left[2d + h + 2(N-1)(h+L_g)\right]L\mu/\Lambda_t + (2N-1)h/\pi} \right\}^2 \times \frac{B_r^2 Lz}{2\mu_0 \pi L_g} \sum_{k=1}^{N-1} \frac{2}{d + (2k-1)(h + L_g)} \tag{4.26}$$

式（4.26）为径向磁化的多环嵌套永磁轴承轴向磁力解析模型。模型式（4.26）表明：径向磁化的多环嵌套永磁轴承轴向磁力与磁环剩磁的平方成正比；磁力随磁环间隙的增大而减小，随磁环数及磁路总磁导的增大而增大；在正常轴向工作范围内，轴向磁力随轴承轴向偏移的增大而增大。

4.2.3 ANSYS 验证磁力解析模型

永磁环选用北京环星磁材料公司的 NdFeB，牌号为 N45，其主要性能参数为：B_r=1.35～1.41T，H_{ch}=947～1035 kA/m，H_{ci}≥955 kA/m，$(BH)_{max}$=336～360kJ/m^3，工作温度≤80℃。计算取 B_r=1.38T，H_c=1000kA/m，$\mu=B_r/H_c=1.38\times10^{-6}$H/m，$\mu_r$=1.098。结构参数为：$N$=4，$L$=8mm，$h$=6mm，$L_g$=2mm，$d$=26mm，$D$=80mm。当磁环轴向偏移 z=2mm 时，ANSYS 计算磁环轴向磁力结果见表 4.2，由表 4.2 可以看出：磁环轴向长度 L=8mm 较佳。

表 4.2　有限元 ANSYS 10.0 计算结果

L/mm	3	4	5	6	7	8	9	10	11	12
F_{zf}/N	171	277	301	355	388	404	392	328	343	366

选取磁环轴向长度 L=8mm，将参数代入相关式子化简得

$$\mu/\Lambda_t = \left(4.43065508\times10^{-3} z^2 + 0.134434431\right)/\pi$$

$$F_z = 431585.1457z/\left(z^2 + 41.5204\right)^2$$

式中，力的单位为 N，长度单位为 mm。

模型计算结果 F_z 和有限元 ANSYS 计算结果（吸力型）F_{zf} 见表 4.3，对应曲线见图 4.5 的曲线 1、2。图中，1 为四环嵌套永磁轴承模型计算曲线，2 为四环嵌套永磁轴承有限元 ANSYS 计算曲线。模型计算结果与有限元计算结果平均误差为 3.8%，最小误差为 0.4%，最大误差为 9.4%，结果比较接近，误差主要来自磁性参数的取值、磁导计算误差及漏磁的影响。图 4.6 为吸力型四环嵌套永磁轴承有限元磁力线。表 4.4 为斥力型四环嵌套永磁轴承 ANSYS 10.0 计算结果，其中，F_{zvf} 为 ANSYS 的虚功原理法计算结果，F_{zmf} 为 ANSYS 的麦克斯韦应力张量（Maxwell stress tensor）法计算结果。计算结果表明：磁性相同、结构及尺寸相同的吸力型四环嵌套永磁轴承磁力大于斥力型四环嵌套永磁轴承磁力；ANSYS 磁力计算中的虚功原理法比麦克斯韦应力张量法准确稳定。图 4.7 为斥力型四环嵌套永磁轴承有限元磁力线。

表 4.3　模型计算结果和 ANSYS 10.0 计算结果

z/mm	0	0.5	1.0	1.5	2.0	2.5	3.0	3.5	4.0	4.5	5.0	5.5	6.0	6.5	7.0	7.5	8.0
F_z/N	0	124	239	338	417	473	507	522	522	509	488	461	431	400	369	339	310
F_{zf}/N	2	125	225	336	404	445	471	488	505	517	492	463	435	405	351	310	291

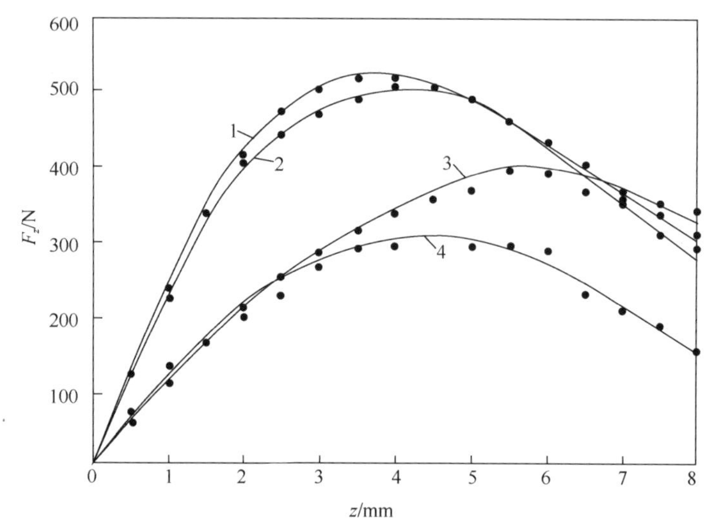

图 4.5　径向磁化永磁轴承轴向磁力与轴向偏移曲线

1-吸力型模型计算曲线；2-吸力型有限元 ANSYS 计算曲线；3-模型计算的两个双环永磁轴承轴向磁力之和曲线；4-有限元计算的两个双环永磁轴承轴向磁力之和曲线

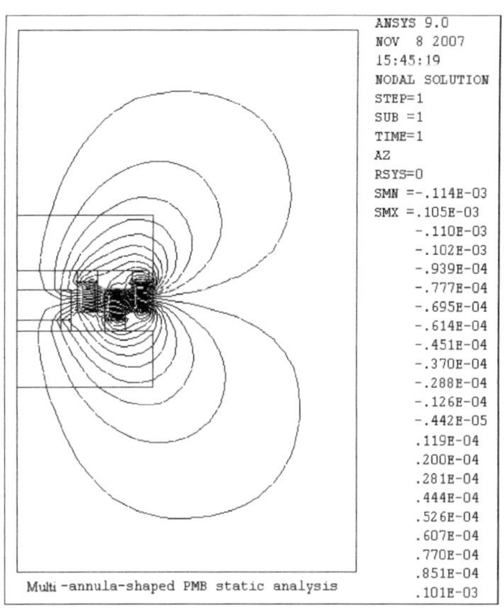

图 4.6　吸力型四环嵌套永磁轴承有限元磁力线

表 4.4　斥力型四环嵌套永磁轴承 ANSYS 10.0 计算结果

z/mm	0	0.5	1.0	1.5	2.0	2.5	3.0	3.5	4.0	4.5	5.0	5.5	6.0	6.5	7.0	7.5	8.0
F_{zvf}/N	3	79	161	240	287	344	340	382	388	396	412	415	393	370	340	301	250
F_{zmf}/N	−8	21	64	172	177	342	274	259	225	255	270	309	298	241	211	235	174

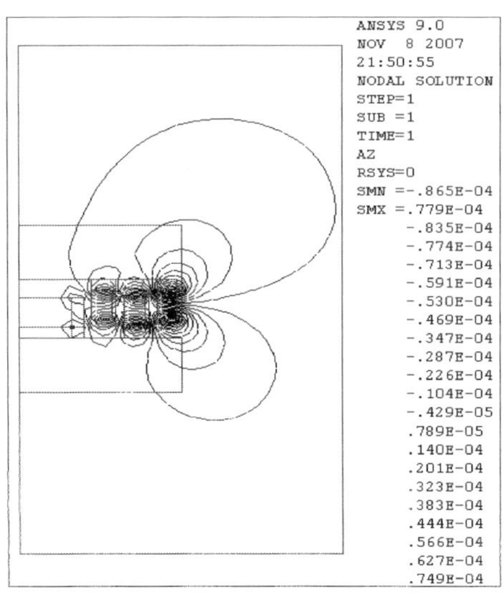

图 4.7　斥力型四环嵌套永磁轴承有限元磁力线

4.2.4 由 N 环嵌套永磁轴承磁环构成 $N/2$ 个双环永磁轴承轴向磁力之和计算

为了直观说明径向磁化 N 环嵌套永磁轴承的优点，对由图 4.4 中的 N 个磁环构成的 $N/2$ 个双环永磁轴承轴向磁力之和进行计算，便于进行比较。

1. 图 4.4 沿径向从里向外数的 1、2 磁环构成的双环永磁轴承轴向磁力计算

依径向磁化的双环永磁轴承磁导及磁力公式，磁路总磁阻 $1/\Lambda_t$ 为

$$\frac{1}{\Lambda_t}\approx\frac{1}{\Lambda_{环1}}+\frac{1}{\Lambda_{环2}}+\frac{1}{\Lambda_g}+\frac{1}{\Lambda_{外}}+\frac{1}{\Lambda_{内}}$$
$$=\frac{\ln v}{2\pi\mu L}+\frac{L_g^2+Z^2}{\mu_0\pi LL_g\left(d+h+L_g\right)}+\frac{L^2+d^2}{4\pi\mu_0 d^2 L}+\frac{2}{\pi\mu_0\sqrt{\left(d+3h+2L_g\right)\left(d+3h+2L_g+2L\right)}}\tag{4.27}$$

式中，$v=\dfrac{(d+h)\left[d+h+2\left(h+L_g\right)\right]}{d\left[d-h+2\left(h+L_g\right)\right]}$。

轴向磁力为

$$F_z=\left(\frac{\left(d+3h/2+L_g\right)3h/2}{\left(d+3h/2+L_g\right)L\mu/\Lambda_t+3h/(2\pi)}\right)^2\times\frac{B_r^2 LZ}{\pi\mu_0\left(d+h+L_g\right)L_g}\tag{4.28}$$

将相关参数代入式（4.27）和式（4.28）得

$$\mu/\Lambda_t\approx\left(2.018382353\times10^{-3}z^2+0.116212802\right)/\pi$$

$$F_z\approx174011.288z/\left(z^2+72.641\right)^2$$

模型计算结果 F_z 和有限元计算结果 F_{zf} 见表 4.5。

表 4.5 模型计算结果和有限元计算结果

z/mm	0	0.5	1.0	1.5	2.0	2.5	3.0	3.5	4	4.5	5	5.5	6	6.5	7	7.5	8
F_z/N	0	17	32	47	59	70	78	85	89	91	91	90	89	86	82	79	75
F_{zf}/N	0.1	21	38	46	52	63	73	80	71	69	72	75	72	62	40	37	30

2. 图 4.4 沿径向从里向外数的 3、4 磁环构成的双环永磁轴承轴向磁力计算

由磁导公式 $\Lambda=\mu_0 V/L_{pj}^2$，取 $V=\pi\left(d+3h+4L_g\right)^2 L/4$，$L_{pj}^2\approx(L/4)^2+\left[\left(d+3h+4L_g\right)/4\right]^2$，得内磁环内部气隙磁导为

$$\Lambda_{内}=\frac{4\mu_0\pi L\left(d+3h+4L_g\right)^2}{L^2+\left(d+3h+4L_g\right)^2}$$

磁路总磁阻为

$$\frac{1}{\Lambda_t} \approx \frac{1}{\Lambda_{环3}} + \frac{1}{\Lambda_{环4}} + \frac{1}{\Lambda_g} + \frac{1}{\Lambda_{外}} + \frac{1}{\Lambda_{内}}$$

$$= \frac{\ln v}{2\pi\mu L} + \frac{L_g^2 + Z^2}{\mu_0 \pi L L_g \left[d + 5\left(h + L_g\right)\right]} + \frac{2}{\pi\mu_0\sqrt{D(D+2L)}} + \frac{L^2 + \left(d + 3h + 4L_g\right)^2}{4\mu_0\pi L\left(d + 3h + 4L_g\right)^2} \tag{4.29}$$

式中，$v = \frac{\left[d + h + 4\left(h + L_g\right)\right]\left[d + h + 6\left(h + L_g\right)\right]}{\left[d - h + 4\left(h + L_g\right)\right]\left[d - h + 6\left(h + L_g\right)\right]}$。

轴向磁力为

$$F_z = \left\{\frac{2hB_r}{L\mu/\Lambda_t + 2h/\left[\pi\left(d + 5h + 5L_g\right)\right]}\right\}^2 \frac{Lz}{\pi\mu_0 L_g\left(d + 5h + 5L_g\right)} \tag{4.30}$$

将相关参数代入式（4.29）和式（4.30）得

$$\mu/\Lambda_t = \left(1.039772727 \times 10^{-3} z^2 + 0.088758611\right)/\pi$$

$$F_z \approx 1067572.517z/\left(z^2 + 114.5074\right)^2$$

模型计算结果 F_z 和有限元计算结果 F_{zf} 见表 4.6。表 4.7 为 3、4 磁环构成的双环吸力型永磁轴承轴向磁力有限元 ANSYS 10.0 计算结果，表 4.8 为 3、4 磁环构成的双环斥力型永磁轴承轴向磁力有限元 ANSYS 10.0 计算结果。计算结果表明：磁性相同、结构及尺寸相同的双环吸力型永磁轴承磁力大于双环斥力型永磁轴承磁力；ANSYS 磁力计算中的虚功原理法计算结果 F_{zvf} 比麦克斯韦应力张量法计算结果 F_{zmf} 准确稳定。

表 4.6　模型计算结果和有限元计算结果

z/mm	0	0.5	1.0	1.5	2.0	2.5	3.0	3.5	4.0	4.5	5.0	5.5	6.0	6.5	7.0	7.5	8.0
F_z/N	0	41	80	117	152	183	210	233	251	264	274	280	283	282	280	275	268
F_{zf}/N	−1.6	52	100	116	151	166	197	218	220	223	225	217	219	164	166	148	124

表 4.7　双环吸力型永磁轴承轴向磁力有限元 ANSYS 10.0 计算结果

z/mm	0	0.5	1.0	1.5	2.0	2.5	3.0	3.5	4.0	4.5	5.0	5.5	6.0	6.5	7.0	7.5	8.0
F_{zvf}/N	−1.6	52	100	116	151	166	197	218	220	223	225	217	219	164	166	148	124
F_{zmf}/N	−8	42	81	31	90	94	162	195	200	124	197	202	216	74	151	135	111

表 4.8　双环斥力型永磁轴承轴向磁力有限元 ANSYS 10.0 计算结果

z/mm	0	0.5	1.0	1.5	2.0	2.5	3.0	3.5	4.0	4.5	5.0	5.5	6.0	6.5	7.0	7.5	8.0
F_{zvf}/N	−1.7	22	47	172	184	214	211	204	207	219	218	209	186	197	173	158	136
F_{zmf}/N	−3.4	−2	9.3	185	187	223	179	161	159	221	275	199	143	211	167	157	135

图 4.8 为 3、4 磁环构成的双环吸力型永磁轴承轴向磁力有限元 ANSYS 计算磁力线，图 4.9 为 3、4 磁环构成的双环斥力型永磁轴承轴向磁力有限元 ANSYS 计算磁力线。

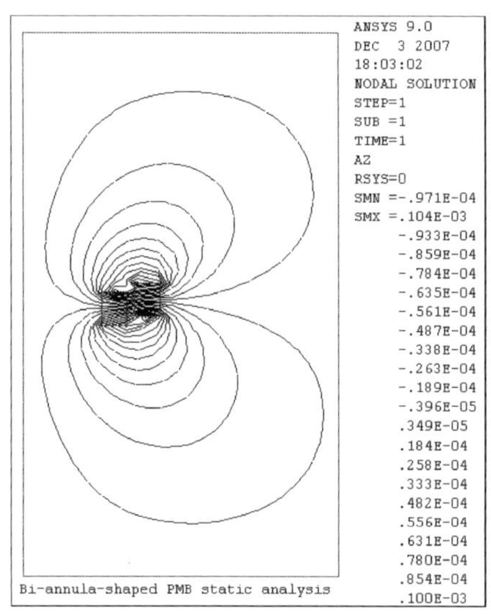

图 4.8　双环吸力型永磁轴承轴向磁力有限元 ANSYS 计算磁力线

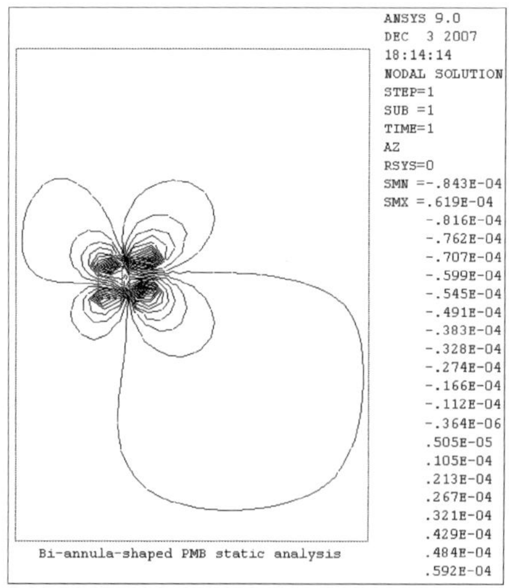

图 4.9　双环斥力型永磁轴承轴向磁力有限元 ANSYS 计算磁力线

3. 两个双环吸力型永磁轴承轴向磁力之和

由图 4.4 中的 1、2 和 3、4 磁环构成的两个双环吸力型永磁轴承轴向磁力之和见表 4.9。为便于直观比较，将表 4.9 中的 F_z 与 z 的关系曲线也绘在图 4.5 中，其中 3 为模型计算的两个双环永磁轴承轴向磁力之和曲线，4 为有限元计算的两个双环永磁轴承轴向磁力之和曲线。比较图 4.5 曲线 1 和曲线 3 可以得出：径向磁化四环嵌套永磁轴承的轴向磁力远大于由这四个磁环构成的两个双环永磁轴承轴向磁力之和。由图 4.5 曲线 1 和曲线 2 还可以看出：多环嵌套永磁轴承磁力解析模型计算结果与有限元计算结果在曲线上升部分比较吻合，这一部分正好对应该型永磁轴承的正常轴向工作区间。

表 4.9　模型计算结果和有限元计算结果（吸力型）

z/mm	0	0.5	1.0	1.5	2.0	2.5	3.0	3.5	4.0	4.5	5.0	5.5	6.0	6.5	7.0	7.5	8.0
F_z/N	0	57	112	164	211	253	288	317	339	355	366	371	371	368	362	353	343
F_{zf}/N	−1	73	138	162	203	229	270	298	291	292	298	293	291	227	206	185	154

4.3　永磁-非永磁黏合的多环嵌套永磁轴承轴向磁力

目前，制造一次成型的大径向尺寸永磁环还存在困难，为了提高径向磁化永磁轴承轴向磁力，设计了具有大承载力的永磁-非永磁黏合的多环嵌套永磁轴承结构，基于与试验吻合的径向磁化双环永磁轴承轴向磁力解析模型，结合永磁-非永磁黏合的多环嵌套永磁轴承结构特点及线性叠加原理，建立了径向磁化的永磁-非永磁黏合的多环嵌套永磁轴承轴向磁力解析模型，模型计算结果与有限元计算结果吻合。

4.3.1　永磁轴承结构

大径向尺寸的多环嵌套永磁轴承磁力较大，但大径向尺寸的永磁环制造困难，若用瓦片状永磁体固定在非永磁环上，则易制作大尺寸的磁环。设计的径向磁化永磁-非永磁黏合的径向磁化多环嵌套永磁轴承结构示意图见图 4.10（以永磁环数 N=4 为例）。图 4.10 中，1 是厚度为 h 的瓦片形永磁体黏成的永磁环，沿径向从里向外排序的 1 号磁环黏合在非永磁中轴 5 上；2、3、4 号磁环与厚度为 h_1、强度较高的非永磁环 2 黏合。磁环轴向长度为 L，环间径向气隙长度为 L_g，最小永磁环内径为 d。为了使磁环在轴向双向位移，磁环经厚度为 b 的非导磁垫 3 与侧面厚度为 W 的支撑非永磁体 4 固连在一起，中轴 5 与右侧支撑板 4 连为一体。由于该型永磁轴承有 N–1 个径向间隙，产生磁力的磁环间隙数比由这 N 个磁环所构成

的 $N/2$ 个双环永磁轴承径向间隙数多 $N/2-1$ 个，所以其轴向磁力远大于 $N/2$ 个双环永磁轴承轴向磁力之和。在一定轴向载荷前提下，可缩小永磁轴承体积，节省材料。图 4.10 吸力型多环嵌套永磁轴承在轴向自稳定，在径向不稳定，所以转轴径向要用其他轴承来稳定。

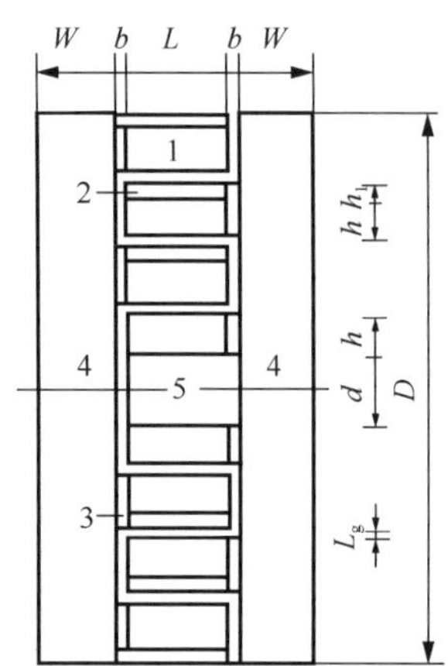

图 4.10　永磁-非永磁黏合的径向磁化多环嵌套永磁轴承结构示意图

4.3.2　磁力解析模型

1. 磁力解析模型一

当图 4.10 中的 2、4、5 为非导磁材料时，可构建磁力解析模型如下。

1）磁路总磁阻 $1/\Lambda_t$

（1）磁环磁导。

图 4.10 所示磁环内磁路与同心磁环间隙磁路相似。由同心永磁环间隙磁导公式 $\Lambda=\dfrac{2\pi\mu_0 L}{\ln(R_2/R_1)}$ 得各永磁环的磁导（沿径向从里向外排序）为

$$\Lambda_{环1}=\frac{2\pi\mu L}{\ln\left[(d+2h)/d\right]} \tag{4.31}$$

$$\Lambda_{环k}=\frac{2\pi\mu L}{\ln\dfrac{d+2h+2(k-1)(h+L_g)+2(k-2)h_1}{d+2(k-1)(h+L_g)+2(k-2)h_1}}(2\leqslant k\leqslant N) \tag{4.32}$$

式中，μ 为磁环磁导率；N 为磁环个数。

（2）磁环间隙磁导。

根据式（3.22）得径向第 k 号气隙及材料 2 的磁导之和为

$$\Lambda_{gk}=\frac{2\pi\mu_0\left[R_{k1}+\left(h_1+L_g\right)/2\right]L\left(h_1+L_g\right)}{\left(h_1+L_g\right)^2+z^2}\left(1\leqslant k\leqslant N-1\right) \tag{4.33}$$

式中，

$$R_{11}=d/2+h \tag{4.34}$$

$$R_{k1}=d/2+h-h_1+\left(k-1\right)\left(h+h_1+L_g\right)\left(2\leqslant k\leqslant N-1\right) \tag{4.35}$$

（3）外磁环外磁导 $\Lambda_{外}$。

$\Lambda_{外}$可视为直径为 $D-2h_1$ 的径向磁化理想永磁圆柱体对应的磁导。根据等效磁荷球原理，估算孤立永磁体的磁导为 $\Lambda=\mu_0\sqrt{\pi s}$ ，则有

$$\Lambda_{外}=\pi\mu_0\sqrt{\left(D-2h_1\right)\left(D-2h_1+2L\right)}/2 \tag{4.36}$$

式中， $D=d+2h+2\left(h+h_1+L_g\right)\left(N-1\right)$ 。

（4）内磁环内磁导 $\Lambda_{内}$。

由磁导公式 $\Lambda=\mu_0V/L_{pj}^2$ ，式中，V 为磁通体积；L_{pj} 为磁路平均长度。取 $V=\pi d^2L/4$ ， $L_{pj}^2\approx\left(L/4\right)^2+\left(d/4\right)^2$ ，得内磁环内磁导为

$$\Lambda_{内}=4\pi\mu_0d^2L/\left(L^2+d^2\right) \tag{4.37}$$

（5）磁路总磁阻 $1/\Lambda_t$。

$$\begin{aligned}\frac{1}{\Lambda_t}&\approx\frac{1}{\Lambda_{环1}}+\sum_{k=2}^{N}\frac{1}{\Lambda_{环k}}+\sum_{k=1}^{N-1}\frac{1}{\Lambda_{gk}}+\frac{1}{\Lambda_{外}}+\frac{1}{\Lambda_{内}}\\&=\frac{\ln v}{2\pi\mu L}+\frac{\left(h_1+L_g\right)^2+z^2}{2\pi\mu_0L\left(h_1+L_g\right)}\left[\frac{2}{d+2h+h_1+L_g}+\sum_{k=2}^{N-1}\frac{2}{d+2h+L_g-h_1+2\left(k-1\right)\left(h+h_1+L_g\right)}\right]\\&\quad+\frac{2}{\pi\mu_0\sqrt{\left(D-2h_1\right)\left(D-2h_1+2L\right)}}+\frac{L^2+d^2}{4\pi\mu_0d^2L}\end{aligned} \tag{4.38}$$

式中， $v=\dfrac{\left(d+2h\right)\prod_{k=2}^{N}\left[d+2h+2\left(k-1\right)\left(h+L_g\right)+2\left(k-2\right)h_1\right]}{d\prod_{k=2}^{N}\left[d+2\left(k-1\right)\left(h+L_g\right)+2\left(k-2\right)h_1\right]}$ 。

2）轴向磁力解析模型

根据式（3.33）可得第 k 号间隙（沿径向从里向外数）轴向磁力为

$$F_{zk}=\left(\frac{2\pi R_{pj}L_m\Lambda_t}{2\pi R_{pj}L\mu+L_m\Lambda_t}\right)^2\times\frac{B_r^2Lz}{2\pi\mu_0\left(h_1+L_g\right)\left[R_{k1}+\left(h_1+L_g\right)/2\right]}$$

根据线性叠加原理，径向磁化的 N 环嵌套永磁轴承总轴向磁力为

$$
\begin{aligned}
F_z &= F_{z1} + F_{z2} + \cdots + F_{z(N-1)} \\
&= \left(\frac{2\pi R_{\mathrm{pj}} L_{\mathrm{m}} \Lambda_{\mathrm{t}}}{2\pi R_{\mathrm{pj}} L\mu + L_{\mathrm{m}} \Lambda_{\mathrm{t}}} \right)^2 \frac{B_{\mathrm{r}}^2 Lz}{2\pi\mu_0 \left(h_1 + L_{\mathrm{g}}\right)} \sum_{k=1}^{N-1} \frac{1}{R_{k1} + \left(h_1 + L_{\mathrm{g}}\right)/2}
\end{aligned} \tag{4.39}
$$

由图 4.10 得 $L_{\mathrm{m}} = Nh$，$R_{\mathrm{pj}} = \left[d + h - h_1 + (N-1)\left(h + h_1 + L_{\mathrm{g}}\right)\right]/2$，将其代入式（4.39）化简得

$$
\begin{aligned}
F_z = &\left(\frac{Nh}{L\mu/\Lambda_{\mathrm{t}} + Nh/\left\{\pi\left[d + h - h_1 + (N-1)\left(h + h_1 + L_{\mathrm{g}}\right)\right]\right\}} \right)^2 \frac{B_{\mathrm{r}}^2 Lz}{2\pi\mu_0 \left(h_1 + L_{\mathrm{g}}\right)} \\
&\times \left[\frac{2}{d + 2h + L_{\mathrm{g}} + h_1} + \sum_{k=2}^{N-1} \frac{1}{\left(d + h_1 + L_{\mathrm{g}}\right)/2 + h - h_1 + (k-1)\left(h + h_1 + L_{\mathrm{g}}\right)} \right]
\end{aligned} \tag{4.40}
$$

2. *磁力解析模型二*

当图 4.10 中的非导磁垫 3 较厚，2、4、5 为良导磁材料，且磁通密度不饱和时，可构建磁力解析模型如下。

这种情况的轴向磁力 F_z 包括径向磁通产生的轴向磁力 F_{zr} 及侧面导磁体产生的轴向磁吸力 F_{za}。

1）磁路总磁阻 $1/\Lambda_{\mathrm{t}}$

（1）磁环磁导见式（4.31）和式（4.32）。

（2）计算径向第 k 号气隙磁导。

根据式（3.22）得径向第 k 号气隙磁导为

$$
\Lambda_{\mathrm{g}k} = \frac{2\pi\mu_0 \left(R_{k1} + L_{\mathrm{g}}/2\right) L L_{\mathrm{g}}}{L_{\mathrm{g}}^2 + z^2} \left(1 \leqslant k \leqslant N-1\right) \tag{4.41}
$$

式中，

$$
R_{k1} = d/2 + h + (k-1)\left(h + h_1 + L_{\mathrm{g}}\right) \left(1 \leqslant k \leqslant N-1\right) \tag{4.42}
$$

（3）计算铁轴轴向气隙磁导。

依据直径为 d、相距为 δ 的异性圆柱磁极之间的磁导公式：

$$
\Lambda_{\mathrm{g}} = \mu_0 \left[\pi d^2/(4\delta) + 0.816d\right]
$$

可得直径为 d 的铁轴轴向气隙磁导为

$$
\Lambda_{d\mathrm{g}} \approx \mu_0 \left\{\pi d^2/\left[4(b+z)\right] + 0.816d\right\} \tag{4.43}
$$

相距为 δ、外径为 d_2、内径为 d_1 的两异性平行磁环之间的磁导为

$$
\Lambda_{\mathrm{g}} \approx \mu_0 \left[\pi\left(d_2^2 - d_1^2\right)/(4\delta) + 0.816\left(d_1 + d_2\right)\right]
$$

则外径为 D、内径为 $D-2h_1$ 的铁环轴向气隙磁导为

$$\Lambda_{Dg} \approx \mu_0 \left[\pi (D-h_1) h_1 / (b+z) + 0.816 \times 2 (D-h_1) \right] \tag{4.44}$$

式中，磁环轴向偏移使磁环轴向间隙小于 b 则 z 取负值，反之 z 取正值。

忽略永磁体漏磁及良导磁体磁阻，则

$$\begin{aligned} \frac{1}{\Lambda_t} &\approx \frac{1}{\Lambda_{环1}} + \sum_{k=2}^{N} \frac{1}{\Lambda_{环k}} + \sum_{k=1}^{N-1} \frac{1}{\Lambda_{gk}} + \frac{1}{\Lambda_{dg} + \Lambda_{Dg}} \\ &\approx \frac{\ln v}{2\pi \mu L} + \frac{L_g^2 + z^2}{2\pi \mu_0 L L_g} \sum_{k=1}^{N-1} \frac{2}{d + 2h + L_g + 2(k-1)(h + h_1 + L_g)} \\ &\quad + \frac{1}{\mu_0 \left\{ \pi d^2 / \left[4(b+z) \right] + 0.816 d + (D - h_1) \left[\pi h_1 / (b+z) + 1.632 \right] \right\}} \end{aligned} \tag{4.45}$$

2）径向磁通产生的轴向磁力 F_{zr}

根据式（3.33）可得第 k 号间隙（沿径向从里向外数）轴向磁力为

$$F_{zrk} = \left(\frac{2\pi R_{pj} L_m \Lambda_t}{2\pi R_{pj} L \mu + L_m \Lambda_t} \right)^2 \times \frac{B_r^2 L z}{2\pi \mu_0 L_g \left(R_{k1} + L_g / 2 \right)} \tag{4.46}$$

根据线性叠加原理，径向磁化的 N 环嵌套永磁轴承总轴向磁力为

$$F_{zr} = F_{z1} + F_{z2} + \cdots + F_{z(N-1)} = \left(\frac{2\pi R_{pj} L_m \Lambda_t}{2\pi R_{pj} L \mu + L_m \Lambda_t} \right)^2 \frac{B_r^2 L z}{2\pi \mu_0 L_g} \sum_{k=1}^{N-1} \frac{1}{R_{k1} + L_g / 2} \tag{4.47}$$

化简，得

$$\begin{aligned} F_{zr} &= \left(\frac{Nh}{L\mu / \Lambda_t + Nh / \left\{ \pi \left[d + h - h_1 + (N-1)(h + h_1 + L_g) \right] \right\}} \right)^2 \\ &\quad \times \frac{B_r^2 L z}{2\pi \mu_0 L_g} \sum_{k=1}^{N-1} \frac{1}{(d + L_g)/2 + h + (k-1)(h + h_1 + L_g)} \end{aligned} \tag{4.48}$$

3）轴向磁通产生的轴向磁力 F_{za}

对 NdFeB 等退磁曲线为直线的永磁环，根据式（3.24），永磁体工作点磁通密度为

$$\begin{aligned} B_m &= \frac{B_r H_c L_m \Lambda_t}{B_r S_m + H_c L_m \Lambda_t} = \frac{B_r L_m}{S_m \mu (1/\Lambda_t) + L_m} \\ \Phi_g &= B_m S_m = 2\pi R_{pj} L B_m = \frac{2\pi R_{pj} L B_r H_c L_m \Lambda_t}{2\pi R_{pj} L B_r + H_c L_m \Lambda_t} \\ &= \frac{B_r N h}{\mu / \Lambda_t + Nh / \left\{ \pi L \left[d + h - h_1 + (N-1)(h + h_1 + L_g) \right] \right\}} \end{aligned} \tag{4.49}$$

式中，Φ_g 为磁环间隙磁通，Wb；B_m 为永磁体工作点磁通密度，T；S_m 为与磁化

方向垂直的永磁体中磁通平均面积，m^2；H_c 为永磁体矫顽力，A/m；$B_r=\mu_r\mu_0 H$，T；μ_r 为永磁体相对磁导率。

假定轴向磁通只经过直径为 d 的良导磁体 5 轴向间隙和径向厚度为 h_1 的最大良导磁体环 2 的轴向间隙，且两个支路磁通近似相等，为 $\Phi_g/2$。根据磁力公式：$F=\Phi^2/(2\mu_0 S)$，式中，Φ 为磁通，S 为磁通等效面积。可得轴向磁通产生的轴向磁力为

$$F_{za}=\left(\frac{B_r Nh}{\mu/\Lambda_t+Nh\Big/\left\{\pi L\left[d+h-h_1+(N-1)\left(h+h_1+L_g\right)\right]\right\}}\right)^2\Bigg/(2\pi\mu_0)\times\left\{1/d^2+1\Big/\left[4\left(D-h_1\right)h_1\right]\right\} \tag{4.50}$$

轴向总磁力为

$$F_z=F_{zr}+F_{za} \tag{4.51}$$

3. *磁力解析模型三*

当图 4.10 中的 2、4、5 为导磁材料，且导磁材料磁通密度饱和时，可构建磁力解析模型如下。

这种情况的磁路总磁阻 $1/\Lambda_t$ 由式（4.38）计算；径向磁通产生的轴向磁力 F_{zr} 由式（4.40）计算。

图 4.10 中的导磁体 2 磁通密度饱和时，轴向磁通经过导磁体 5 轴向间隙，经过最大导磁环 2 的轴向间隙磁通很少，所以轴向磁通产生的轴向磁力为

$$F_{za}\approx\left(\frac{B_r Nh}{\mu/\Lambda_t+Nh\Big/\left\{\pi L\left[d+h-h_1+(N-1)\left(h+h_1+L_g\right)\right]\right\}}\right)^2\Bigg/(2\pi\mu_0)\times 1/d^2 \tag{4.52}$$

4.3.3 ANSYS 验证磁力解析模型

永磁环选用北京环星磁材料公司的 NdFeB，牌号为 N45，其主要性能参数为：B_r=1.35～1.41T；H_{ch}=947～1035 kA/m；H_{ci}≥955 kA/m；$(BH)_{max}$=336～360 kJ/m^3；工作温度≤80℃。计算 B_r=1.38T，H_c=1000kA/m，$\mu=B_r/H_c=1.38\times10^{-6}$H/m，$\mu_r$=1.098。结构参数为：$N$=4，$h$=5mm，$h_1$=1mm，$L_g$=2mm，$d$=26mm，$b$=3mm。当图 4.10 中的 2、4、5 为非导磁材料，磁环轴向偏移 z=2mm 时，ANSYS 10.0 计算磁环轴向磁力，结果见表 4.10。由表 4.10 可以看出：磁环轴向长度 L=8mm 左右较佳。

表 4.10 ANSYS 10.0 计算结果

L/mm	3	4	5	6	7	8	9	10	15	20
F_{zf}/N	114	175	206	231	239	251	257	243	246	240

1. 图 4.10 中的 2、4、5 为非导磁材料的轴向磁力验证

取磁环轴向长度 L=8mm，将参数代入式（4.38）和式（4.40），化简得

$$\mu/\Lambda_{\mathrm{t}}=\left(2.699327949\times10^{-3}z^{2}+0.139034575\right)/\pi$$

$$F_{z}\approx642540.018z\Big/\left(z^{2}+68.6582\right)^{2}$$

式中，力的单位为 N，长度的单位为 mm。

模型计算结果见表 4.11 的 F_z 及图 4.11 的曲线 1，有限元计算结果见表 4.11 的 F_{zf} 及图 4.11 的曲线 2，模型计算结果与有限元计算结果平均误差为 6%，最大误差为 13.6%，结果比较接近。图 4.12 为 ANSYS 10.0 计算磁力线。

表 4.11　模型计算结果和 ANSYS 10.0 计算结果

z/mm	0	0.5	1.0	1.5	2.0	2.5	3.0	3.5	4.0	4.5	5.0	5.5	6.0	6.5	7.0	7.5	8.0
F_z/N	0	68	133	192	244	286	320	344	359	366	366	361	352	340	325	309	292
F_{zf}/N	2	71	140	200	251	282	297	326	334	351	348	341	334	323	304	279	257

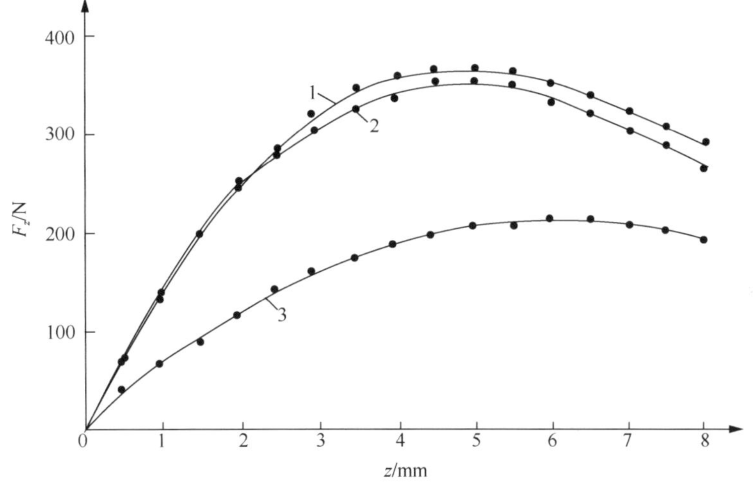

图 4.11　永磁-非永磁黏合的多环嵌套永磁轴承轴向磁力与轴向偏移

1-模型计算曲线；2-有限元计算曲线；3-两个双环永磁轴承磁力之和模型计算曲线

2. 两个双环永磁轴承轴向磁力

为了直观说明径向磁化永磁-非永磁黏合的多环嵌套永磁轴承优点，对由图 4.10 沿径向从内向外数的 1、2 和 3、4 磁环构成的两个双环永磁轴承轴向磁力进行计算。

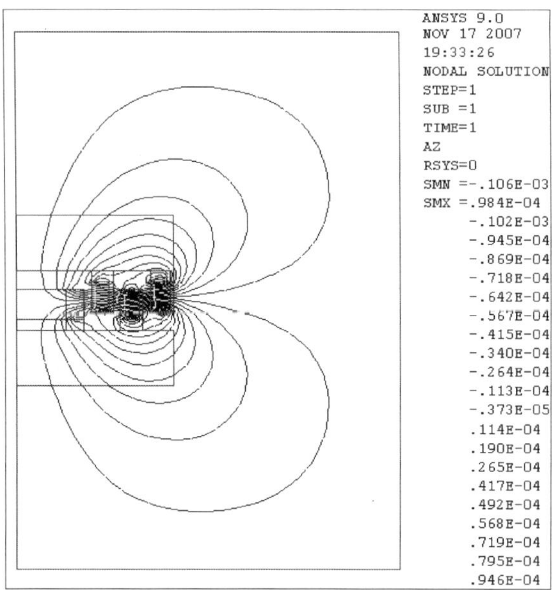

图 4.12　四环嵌套永磁轴承 ANSYS 10.0 计算磁力线

双环永磁轴承磁路总磁阻为

$$\frac{1}{\Lambda_{\mathrm{t}}} \approx \frac{1}{\Lambda_{内环}} + \frac{1}{\Lambda_{外环}} + \frac{1}{\Lambda_{\mathrm{g}}} + \frac{1}{\Lambda_{内}} + \frac{1}{\Lambda_{外}} \tag{4.53}$$

将 $L_{\mathrm{m}}=Nh=2\times5=10\mathrm{mm}$，$R_{\mathrm{pj}}=19\mathrm{mm}$，$R_1=18\mathrm{mm}$，$L=8\mathrm{mm}$，$L_{\mathrm{g}}=2\mathrm{mm}$，$B_{\mathrm{r}}=1.38\mathrm{T}$，$\mu_{\mathrm{r}}=1.098$ 代入式（4.53）及式（3.33）得

$$1/\Lambda_{\mathrm{t}} \approx \left(1.64474\times10^{-3}z^2+0.10682835\right)/\left(\pi\mu_0\right)$$

（1）1、2 磁环构成的双环永磁轴承轴向磁力为：$F_{z1}\approx50.11579z/\left(8.784\pi\mu_0/\Lambda_{\mathrm{t}}+5/19\right)^2$。将 $L_{\mathrm{m}}=Nh=10\mathrm{mm}$，$R_{\mathrm{pj}}=34.5\mathrm{mm}$，$R_1=33\mathrm{mm}$，$h_1=1\mathrm{mm}$，$L=8\mathrm{mm}$，$L_{\mathrm{g}}=2\mathrm{mm}$，$B_{\mathrm{r}}=1.38\mathrm{T}$，$\mu_{\mathrm{r}}=1.098$ 代入式（4.53）和式（3.33）得

$$1/\Lambda_{\mathrm{t}} \approx \left(6.03865\times10^{-4}z^2+0.076388322\right)/\left(\pi\mu_0\right)$$

（2）3、4 磁环构成的双环永磁轴承轴向磁力为：$F_{z2}\approx18.4z/(8.784\pi\mu_0/\Lambda_{\mathrm{t}}+5/34.5)^2$。

F_{z1}、F_{z2} 计算结果见表 4.12，表 4.12 中 $F_z=F_{z1}+F_{z2}$，F_z 与 z 的关系曲线见图 4.11 曲线 3。由图 4.11 曲线可以直观地看出：永磁-非永磁黏合的四环嵌套永磁轴承的轴向磁力远大于由这四个磁环构成的两个双环永磁轴承轴向磁力之和。

表 4.12　模型计算结果（1，2；3，4 两个双环永磁轴承）

z/mm	0	0.5	1.0	1.5	2.0	2.5	3.0	3.5	4.0	4.5	5.0	5.5	6.0	6.5	7.0	7.5	8.0
F_{z1}/N	0	17	34	50	63	75	85	92	97	101	103	103	101	99	96	93	89
F_{z2}/N	0	14	27	40	53	64	74	83	91	97	102	106	109	111	111	111	110
F_z/N	0	31	61	90	116	139	159	175	188	198	205	209	210	210	207	204	199

3. 图 4.10 中的 2、4、5 为导磁材料的轴向磁力验证

取磁环轴向长度 L=8mm，当 z=0 时，将参数代入式（4.45）和式（4.49），得 $\Phi_g \approx 7.026\times10^{-4}$Wb，最大铁环（磁密最小）的磁通密度 $B\approx\Phi_g/\left[2\pi(D-h_1)h_1\right]$ ≈1.35T，其他导磁环 2 磁通密度更大。实际上，磁环 2 厚度仅有 1mm，它的磁通（包括漏磁）密度已饱和。将参数代入式（4.38）、式（4.40）和式（4.52）得

$$\mu/\Lambda_t\approx1.098\times\left[2.4584\times10^{-3}\left(9+z^2\right)+0.1045\right]/\pi$$

$$F_{zr}=F_z\approx4.6817852z/\left(\pi\mu/\Lambda_t+5/108\right)^2$$

$$F_{za}\approx1.40858/\left(\pi\mu/\Lambda_t+5/108\right)^2$$

模型计算结果 F_{zr}、F_{za} 和有限元计算结果 F_{zf} 见表 4.13，表 4.13 中 $F_z=F_{zr}+F_{za}$，对应图 4.13 曲线 1，F_{zf} 对应图 4.13 曲线 2，模型计算结果与有限元计算结果平均

表 4.13　模型计算结果和 ANSYS 10.0 计算结果

z/mm	0	0.5	1.0	1.5	2.0	2.5	3.0	3.5	4.0	4.5	5.0	5.5	6.0	6.5	7.0	7.5	8.0
F_{zr}/N	0	68	132	192	243	286	320	343	359	366	366	361	352	340	325	309	292
F_{za}/N	41	41	40	38	37	34	32	29	27	24	22	20	18	16	14	12	11
F_z/N	41	109	172	230	280	320	352	372	386	390	388	381	370	356	339	321	303
F_{zf}/N	49	114	175	226	285	314	336	370	379	405	402	398	392	386	368	328	296

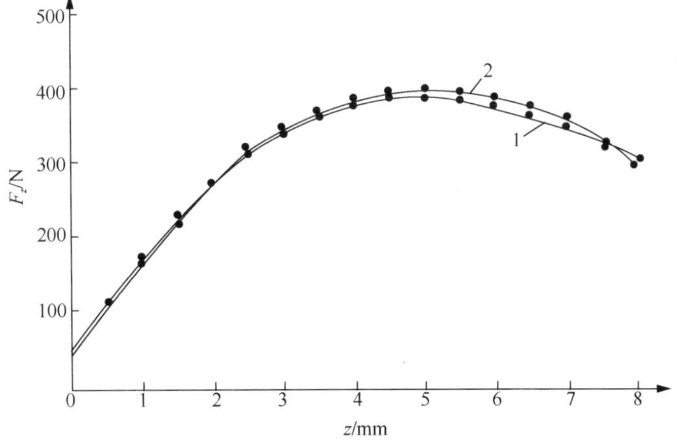

图 4.13　永磁-非永磁黏合的四环嵌套永磁轴承轴向磁力与轴向偏移

1-模型计算曲线；2-有限元计算曲线

误差为 3.5%，最大误差为 7.9%，误差较小。误差主要来自磁性参数的取值、磁导计算误差及漏磁影响。由图 4.11 和图 4.13 可以看出：模型计算结果与有限元计算结果在曲线上升部分比较吻合，这一部分正好对应该型永磁轴承的正常轴向位移区间。

4.3.4　计算实例

水轮发电机轴向推力轴承为油压轴承，它存在摩擦、油污等问题，而磁悬浮轴承没有传统机械轴承的摩擦和油污，所以它对提高发电机的效率、寿命及节能环保等性能具有革命性的意义。下面计算实例为图 4.10 中用于承载水轮发电机转子轴向载荷的永磁轴承。

永磁环选用北京环星磁材料公司牌号为 N45 的 NdFeB。结构参数为：d=300mm，h=20mm，L=20mm，h_1=1mm，L_g=3mm。图 4.10 中的 2、4、5 为非导磁材料，磁环轴向偏移 z=3mm 时，用 MATLAB 计算模型式（4.38）和式（4.40），结果见表 4.14。

表 4.14　模型计算结果

N	30	40	50	60	70
D/mm	1732	2212	2692	3172	3652
F_z/N	257480	437760	662040	929540	1239600

由表 4.14 可以看出，图 4.10 所示径向磁化的永磁-非永磁黏合的多环嵌套永磁轴承轴向磁力随着磁环数和外径 D 的增大而增大。由于永磁-非永磁黏合的多环嵌套永磁轴承外径 D 可以制造得较大，所以其承载能力很大。

4.4　轴向放置的多环永磁轴承磁力解析模型

为了解决轴向放置的双环永磁轴承磁力偏小的问题，设计了承载力较大的轴向放置多环永磁轴承新结构，基于分析磁环气隙磁导和稀土永磁材料特性，结合磁通连续原理和线性叠加原理，用虚位移法得到了轴向放置的多环永磁轴承轴向和径向磁力显式解析模型[18,19]。

4.4.1　结构及工作原理

图 4.14 所示为轴向放置轴向磁化的多环（以 5 个磁环为例）永磁轴承结构示意图。设计中考虑了以下几点：①尽量利用一个永磁体的两个极面；②在工程允许范围内，使磁环轴向和径向间隙尽可能小；③利用良导磁体来减小磁路磁阻。由于该结构用磁轭引导、汇集有限磁能于工作气隙，漏磁小，充分利用了永磁体

的磁能，这样就可缩小永磁环体积，节省永磁材料。图中 1 是铁外壳磁轭，为便于装配，磁轭由对称的两部分组成；2 为固定在 1 上的两个对称静止半磁环；3 为固定在转轴 4 上的动磁环。由于磁环本身机械强度有限，为了提高磁环承载力，也可制成具有较大机械承载力的铁夹永磁的夹饼结构磁环。从图 4.14 可以看出：在铁外壳轴向两端各有一个静止磁环，所以这种结构的静磁环比装在转轴的动磁环多一个磁环，故磁环数 N 为奇数。吸力型永磁轴承是用来承载径向主载荷的。

它的工作原理是：当装在转轴上的动磁环受到外力作用发生径向偏移时，径向恢复磁力使轴承在径向稳定。但它在轴向不稳定，所以轴向要用其他外力约束（如轴向电磁轴承）来稳定。对于一个卧式运转机械，则需要两个分别装于转轴两端的该型永磁轴承和一个轴向轴承才能实现稳定运行。斥力型永磁轴承是用来承载轴向主载荷的。它的工作原理是：当装在转轴上的动磁环受到外力作用发生轴向偏移时，轴向恢复斥磁力使轴承在轴向稳定，但该斥力型永磁环轴承在径向不稳定，所以径向要用其他约束（如电磁轴承）来稳定。

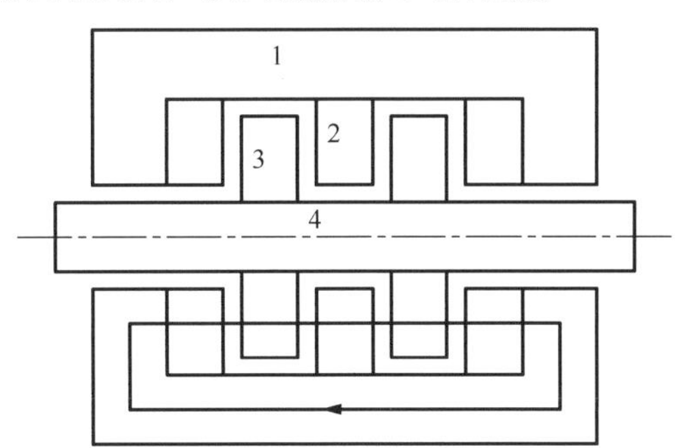

图 4.14　轴向放置轴向磁化的多环永磁轴承结构示意图

4.4.2　磁力解析模型

1. 磁环间隙磁导 Λ_g、轴向偏导 $\partial\Lambda_g/\partial z$ 及其径向偏导 $\partial\Lambda_g/\partial e$

为便于建立数学模型，先分析磁极相对面为异性的吸力型永磁轴承。从图 4.14 中取一个动磁环及相邻的两个静磁环作为研究对象（见图 4.15），图 4.15 中 1 为静磁环，其内外半径分别为 R_1、R_2；2 为动磁环，其内外半径分别为 R_1'、R_2'。设磁环间轴向平均气隙长度为 L_{g1}；径向平均气隙长度为 L_{g2}；轴承轴向偏移量为 z；径向偏移量为 e。取径向偏移 e 方向为 x 轴，与 x 轴垂直的静磁环 1 磁极表面为 y 轴，磁环轴向为 z 轴，φ 为静、动磁环相对表面对应点到各自磁环轴心的连线与 x 轴正方向的夹角。先分析左间隙，左间隙中磁力线为从静磁极的 P 点到相邻动磁极对应点 P' 的直连线，P、P' 点的坐标分别为（参见图 4.15 和图 4.16）

$$\left(R_1+mh\right)\cos\varphi\boldsymbol{i}+\left(R_1+mh\right)\sin\varphi\boldsymbol{j}+0\boldsymbol{k}$$

$$\left[\left(R_1'+mh\right)\cos\varphi+e\right]\boldsymbol{i}+\left(R_1'+mh\right)\sin\varphi\boldsymbol{j}+\left(L_{g1}+z\right)\boldsymbol{k}$$

式中，$0\leqslant m\leqslant 1$，$h=R_2-R_1=R_2'-R_1'$。图 4.15 中左间隙磁力线长度为

$$\begin{aligned}\delta_{g1}&=\sqrt{\left(L_{g2}\cos\varphi-e\right)^2+\left(L_{g2}\sin\varphi\right)^2+\left(L_{g1}+z\right)^2}\\&=\sqrt{e^2+{L_{g2}}^2+\left(L_{g1}+z\right)^2-2L_{g2}e\cos\varphi}\end{aligned}$$

式中，$L_{g2}=R_2-R_2'=R_1-R_1'$。

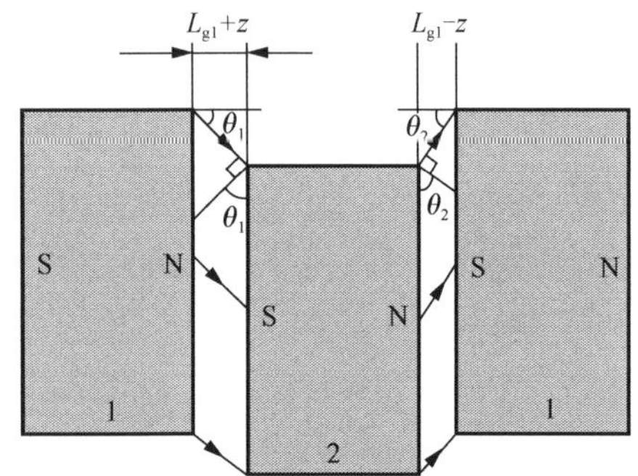

图 4.15　磁环间隙参数图

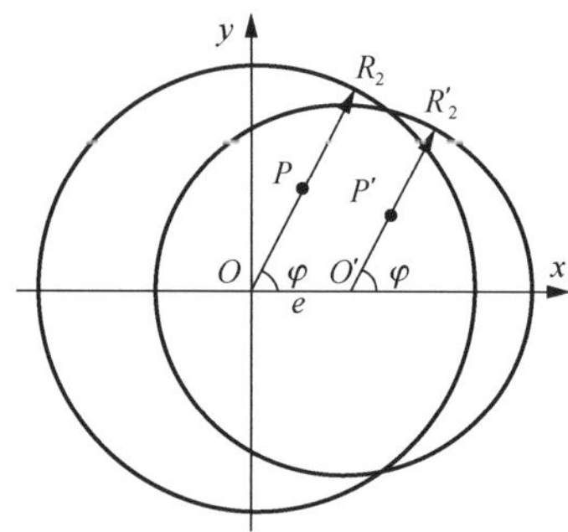

图 4.16　磁环相对极面对应点

对应磁环间隙左右极面微元角 $\mathrm{d}\varphi$ 范围的平均微面积在垂直于磁力线面上的投影面积为

$$\mathrm{d}S_{pj}\approx\left[\left(R_2^2-R_1^2\right)+\left(R_2'^2-R_1'^2\right)\right]\left(L_{g1}+z\right)\mathrm{d}\varphi\Big/\left(4\delta_{g1}\right)$$

由磁导公式 $\varLambda=\mu_0 S/\delta$，式中，$\mu_0$ 为空气的磁导率；S 为与磁力线垂直的磁通横截面；δ 为磁力线长度，得

$$\mathrm{d}\varLambda_{g1}=\frac{\left(\mu_0/4\right)\left(R_2^2-R_1^2+R_2'^2-R_1'^2\right)\left(L_{g1}+z\right)}{\left(L_{g1}+z\right)^2+L_{g2}^2+e^2-2L_{g2}e\cos\varphi}\mathrm{d}\varphi$$

$$c=\left(\mu_0/4\right)\left(R_2^2-R_1^2+R_2'^2-R_1'^2\right)\left(L_{g1}+z\right)$$

$$a=\left(L_{g1}+z\right)^2+L_{g2}^2+e^2,\quad b=-2L_{g2}e$$

由积分公式 $\displaystyle\int\frac{\mathrm{d}\varphi}{a+b\cos\varphi}=\frac{2}{\sqrt{a^2-b^2}}\arctan\left(\sqrt{\frac{a-b}{a+b}}\tan\frac{\varphi}{2}\right)+C$ 有

$$\varLambda_{g1}=2c\int_0^{\pi}\frac{\mathrm{d}\varphi}{a+b\cos\varphi}=2c\pi\Big/\sqrt{a^2-b^2}=\pi\mu_0 hu\left(L_{g1}+z\right)\Big/\left(2v\right)\tag{4.54}$$

$$\partial\varLambda_{g1}\big/\partial z=\pi\mu_0 hu\left[-(L_{g1}+z)^4+(L_{g2}^2-e^2)^2\right]\Big/(2v^3)\tag{4.55}$$

$$\partial\varLambda_{g1}\big/\partial e=-\pi\mu_0 hu(L_{g1}+z)\left[(L_{g1}+z)^2-L_{g2}^2+e^2\right]e\big/v^3\tag{4.56}$$

式中，

$$u=R_1+R_2+R_1'+R_2'\tag{4.57}$$

$$v=\sqrt{\left[\left(L_{g1}+z\right)^2+\left(L_{g2}-e\right)^2\right]\times\left[\left(L_{g1}+z\right)^2+\left(L_{g2}+e\right)^2\right]} \tag{4.58}$$

同理可得图 4.15 中右气隙磁导及其偏导为

$$\Lambda_{g2}=\pi\mu_0 hu\left(L_{g1}-z\right)/(2w) \tag{4.59}$$

$$\partial\Lambda_{g2}/\partial z=\pi\mu_0 hu\left[\left(L_{g1}-z\right)^4-\left(L_{g2}^2-e^2\right)^2\right]/\left(2w^3\right) \tag{4.60}$$

$$\partial\Lambda_{g2}/\partial e=-\pi\mu_0 hu\left(L_{g1}-z\right)\left[\left(L_{g1}-z\right)^2-L_{g2}^2+e^2\right]e/w^3 \tag{4.61}$$

式中，

$$w=\sqrt{\left[\left(L_{g1}-z\right)^2+\left(L_{g2}-e\right)^2\right]\times\left[\left(L_{g1}-z\right)^2+\left(L_{g2}+e\right)^2\right]} \tag{4.62}$$

2. 磁环之间气隙磁通 Φ_g

由磁通连续原理有

$$\Phi_g=B_m S_m \tag{4.63}$$

式中，B_m 为永磁环工作点的磁通密度；S_m 为垂直于磁化方向的永磁环平均横截面积。

$$S_m=\frac{\pi}{2}\left(R_2^2-R_1^2+R_2'^2-R_1'^2\right)=\frac{\pi}{2}hu \tag{4.64}$$

对于 NdFeB 等具有线性退磁曲线的永磁材料，由式（3.24）、式（4.63）和式（4.64）得

$$\Phi_g=\frac{B_r NLS_m}{\mu S_m\left(1/\Lambda_t\right)+NL}=\frac{B_r NL}{\mu/\Lambda_t+2NL/(\pi hu)} \tag{4.65}$$

式中，N 为永磁轴承的总磁环数；L 为单个永磁环磁化方向的长度。由于钢铁等良导磁体磁导率是空气磁导率的 1000 倍以上，忽略钢铁等良导磁体中的磁阻，则有

$$\frac{1}{\Lambda_t}=\frac{(N+1)/2}{\Lambda_{静磁环}}+\frac{(N-1)/2}{\Lambda_{动磁环}}+\frac{(N-1)/2}{\Lambda_{g1}}+\frac{(N-1)/2}{\Lambda_{g2}} \tag{4.66}$$

式中，$\Lambda_{静磁环}=\pi\mu\left(R_2^2-R_1^2\right)/L+\Lambda_L$。由于圆柱磁体折算到磁极两端的漏磁导为 $\Lambda_{sm}=\mu S_m/L$，式中，μ 为永磁体磁导率；S_m 为永磁体横截面积；L 为永磁体长度。所以永磁环的漏磁导可视为半径为 R_2 和半径为 R_1 的两个圆柱磁体的漏磁导的和，故有

$$\Lambda_L\approx\pi\mu R_2^2/L+\pi\mu R_1^2/L,\quad \Lambda_{静磁环}=2\pi\mu R_2^2/L \tag{4.67}$$

同理可得

$$\Lambda_{动磁环}=2\pi\mu R_2'^2/L \tag{4.68}$$

将式（4.67）、式（4.68）、式（4.1）、式（4.59）代入式（4.66）乘以μ得

$$\frac{\mu}{\Lambda_{\mathrm{t}}}=\frac{(N+1)L}{4\pi R_2^2}+\frac{(N-1)L}{4\pi R_2'^2}+\frac{(N-1)\mu_{\mathrm{r}}}{2u}\times\left\{1\Big/\left[\pi h\left(L_{\mathrm{g1}}+z\right)\big/(2v)\right]+1\Big/\left[\pi h\left(L_{\mathrm{g1}}-z\right)\big/(2w)\right]\right\} \tag{4.69}$$

将式（4.69）代入式（4.65）化简得

$$\Phi_{\mathrm{g}}=B_{\mathrm{r}}N\left\{\frac{(N+1)L}{4\pi R_2^2}+\frac{(N-1)L}{4\pi R_2'^2}+\frac{2N}{\pi hu}+\frac{(N-1)\mu_{\mathrm{r}}}{2uL}\times\left[\frac{1}{\pi h\left(L_{\mathrm{g1}}+z\right)/(2v)}+\frac{1}{\pi h\left(L_{\mathrm{g1}}-z\right)/(2w)}\right]\right\}^{-1} \tag{4.70}$$

3. 轴向磁力 F_z和径向磁力 F_e

磁环间隙磁能$W_{\mathrm{g}}=\Phi_{\mathrm{g}}^{\,2}\big/\left(2\Lambda_{\mathrm{g}}\right)$，由于轴向放置轴向磁化的多个永磁环轴承整个轴向（$N$–1）个间隙总气隙之和为定值，当相邻磁环气隙发生微小变化时，气隙磁通几乎不变。为简化计算，认为气隙磁通为常数，由虚位移法得

$$F_z=\partial W_{\mathrm{g}}/\partial z=-\Phi_{\mathrm{g}}^{\,2}\big/\left(2\Lambda_{\mathrm{g}}^{\,2}\right)\times\partial\Lambda_{\mathrm{g}}/\partial z$$

$$F_e=\partial W_{\mathrm{g}}/\partial e=-\Phi_{\mathrm{g}}^{\,2}\big/\left(2\Lambda_{\mathrm{g}}^{\,2}\right)\times\partial\Lambda_{\mathrm{g}}/\partial e$$

所以图 4.15 中左、右气隙轴向磁力 F_{z1}、F_{z2}分别为

$$F_{z1}=\frac{\Phi_{\mathrm{g}}^{\,2}\pi\mu_0hu\left[\left(L_{\mathrm{g1}}+z\right)^4-\left(L_{\mathrm{g2}}^2-e^2\right)^2\right]}{4\left[\pi\mu_0hu\left(L_{\mathrm{g1}}+z\right)\big/(2v)\right]^2v^3} \tag{4.71}$$

$$F_{z2}=-\frac{\Phi_{\mathrm{g}}^{\,2}\pi\mu_0hu\left[\left(L_{\mathrm{g1}}-z\right)^4-\left(L_{\mathrm{g2}}^2-e^2\right)^2\right]}{4\left[\pi\mu_0hu\left(L_{\mathrm{g1}}-z\right)\big/(2w)\right]^2w^3} \tag{4.72}$$

图 4.15 中左、右气隙径向磁力 F_{e1}、F_{e2}分别为

$$F_{e1}=\frac{2\Phi_{\mathrm{g}}^{\,2}\left[\left(L_{\mathrm{g1}}+z\right)^2-L_{\mathrm{g2}}^2+e^2\right]e}{\pi\mu_0hu\left(L_{\mathrm{g1}}+z\right)v} \tag{4.73}$$

$$F_{e2}=\frac{2\Phi_{\mathrm{g}}^{\,2}\left[\left(L_{\mathrm{g1}}-z\right)^2-L_{\mathrm{g2}}^2+e^2\right]e}{\pi\mu_0hu\left(L_{\mathrm{g1}}-z\right)w} \tag{4.74}$$

轴向放置轴向磁化的 N 个永磁环轴承有$(N-1)/2$ 个左、右气隙，由线性叠加原理得其轴向磁力为

$$F_z = \frac{N-1}{2}\left(F_{z1}+F_{z2}\right) = \frac{(N-1)\Phi_g^2 \pi h}{8\mu_0 u}\left\{\frac{\left(L_{g1}+z\right)^4-\left(L_{g2}^2-e^2\right)^2}{\left[\pi h\left(L_{g1}+z\right)/(2v)\right]^2 v^3}-\frac{\left(L_{g1}-z\right)^4-\left(L_{g2}^2-e^2\right)^2}{\left[\pi h\left(L_{g1}-z\right)/(2w)\right]^2 w^3}\right\}$$

$$= \frac{(N-1)\Phi_g^2}{2\mu_0 \pi h u}\left[\frac{\left(L_{g1}+z\right)^4-\left(L_{g2}^2-e^2\right)^2}{\left(L_{g1}+z\right)^2 v}-\frac{\left(L_{g1}-z\right)^4-\left(L_{g2}^2-e^2\right)^2}{\left(L_{g1}-z\right)^2 w}\right] \tag{4.75}$$

根据线性叠加原理得其径向磁力为

$$F_e = \frac{(N-1)\Phi_g^2}{\mu_0 \pi h u}\left\{\frac{\left[\left(L_{g1}+z\right)^2-L_{g2}^2+e^2\right]e}{\left(L_{g1}+z\right)v}+\frac{\left[\left(L_{g1}-z\right)^2-L_{g2}^2+e^2\right]e}{\left(L_{g1}-z\right)w}\right\} \tag{4.76}$$

模型式（4.75）和式（4.76）表明：轴向放置轴向磁化的多个永磁环轴承轴向和径向磁力与磁余环剩磁感应强度的平方成正比；磁力随磁环的径向宽度 h、平均直径 $u/2$、磁环数 N 及磁路总磁导的增大而增大，随磁环轴向平均间隙 L_{g1} 和径向平均间隙 L_{g2} 的增大而减小。在一定轴向尺寸内，单个永磁环的长度 L 越小，则磁环数越多，磁力增大越多。

4.4.3　试验验证

试验用永磁轴承内部结构照片见图 4.17，图中 1～4 说明同图 4.14，5 为与 4 连接的法兰。

图 4.17　试验用永磁轴承内部结构照片

试验过程如下：把 2 装在 1 的槽内，把 3 固定在 4 上，再把 3 放在 1 的槽内，最后把 1（两个）对称地连接成整体。将 1 夹装在型号为 X52K 的三坐标立式铣床立轴上，将 5 固定在 Type：9257B 的 KISTLER 三轴测力仪上，再把与 Type：5070Multichannel Charge Amplifier 仪连通三轴测力仪固定在立式铣床工作平台上。从三坐标立式铣床刻度盘可读出磁环轴向或径向位移量，从 Multichannel Charge Amplifier 仪可读出轴向和径向磁力。

轴向磁力试验用的永磁轴承磁环为西安西工大思强科技有限公司的 NdFeB、牌号为 NNF35M 的永磁环，其主要磁性参数为：B_r=1.231T，H_c=917.53kA/m，$(BH)_{max}$=283kJ/m^3，μ_r=1.06765，工作温度≤100℃。轴向磁力试验轴承结构参数为：N=3，L_{g1}=3mm，L_{g2}=1.5mm，h=9.5mm，两个静磁环尺寸为ϕ44×ϕ25×10，一个动磁环尺寸为ϕ41×ϕ22×10（长度单位：mm）。当 e=0 时，得计算结果见表 4.15，其关系曲线见图 4.18。其平均误差为 7.27%，最大误差为 17.2%，由图表可知计算值和试验值基本吻合。

表 4.15　磁力计算结果和试验结果（e=0）

z/mm	0.2	0.4	0.6	0.8	1.0	1.5	2.0
F_{zj}/N	16	32	50	71	96	198	471
F_{zs}/N	17	34	52	70	91	178	402

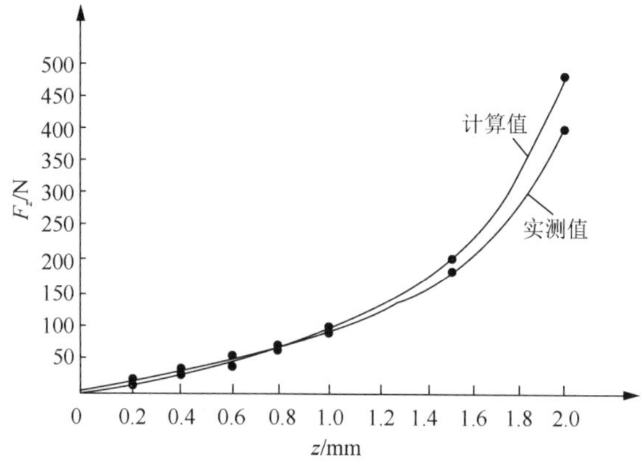

图 4.18　多环永磁轴承轴向磁力与轴向位移曲线（e=0）

径向磁力试验用的轴承结构为：N=3，L_{g1}=4.8mm，L_{g2}=1.5mm，其他参数同上，计算值和试验值见表 4.16，其关系曲线见图 4.19，其误差主要是由手摇刻度盘间隙变动量造成的，平均误差为 7.75%，最大误差为 15.8%，由图表可知计算值和试验值基本吻合。

表 4.16　磁力计算结果和试验结果（z=0）

e/mm	0.1	0.2	0.3	0.4	0.5	0.6	0.7	0.8	0.9	1.0	1.1	1.2
F_{ej}/N	9	18	28	37	46	55	64	73	82	91	100	109
F_{es}/N	9	17	27	38	49	60	72	84	96	108	110	112

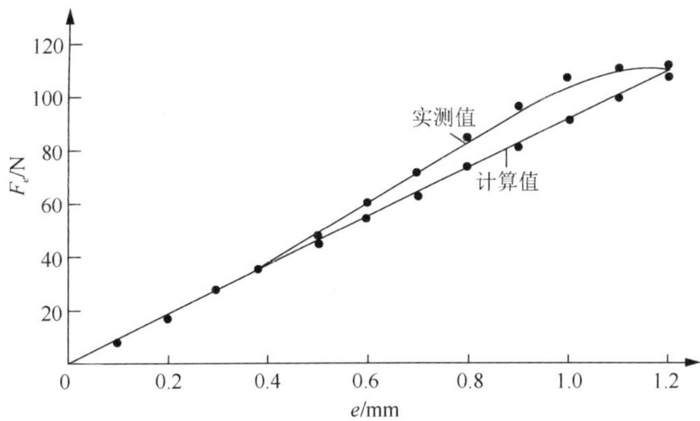

图 4.19　多环永磁轴承径向磁力与径向位移曲线（z=0）

4.4.4　设计计算实例

式（4.75）可用于承载轴向主载荷的轴向磁化轴向放置的多个永磁环轴承设计。下面设计实例永磁材料与上面试验用永磁相同。

实例 1 结构参数为：N=5，L_{g1}=2mm，L_{g2}=1.5mm，h=30mm，3 个静磁环尺寸为ϕ100×ϕ40×10，2 个动磁环尺寸为ϕ97×ϕ37×10，取 e=0，z=0.8mm，将相关参数代入式（4.75）计算得 F_z=3409.7N。

实例 2 结构参数为：N=7，L_{g1}=2mm，L_{g2}=1.5mm，h=30mm，4 个静磁环尺寸为ϕ100×ϕ40×6.6，3 个动磁环尺寸为ϕ97×ϕ37×6.6。取 e=0，z=0.8mm，将相关参数代入式（4.75）计算得 F_z=4191.7N。

实例 1 和实例 2 计算实例的永磁环轴承轴向和径向总尺寸未变，但磁力大小却不同，这表明：在一定轴向尺寸内，单个永磁环轴向长度 L 越小，则磁环数越多，轴向磁力 F_z 越大。

第 5 章　矩形截面永磁体磁力解析模型及镜像规律

本章基于永磁体之间的磁共能及虚功原理，结合两块平行矩形截面永磁体的结构特点，建立了两块平行矩形截面永磁体的磁力解析模型[20]。该模型适用于永磁导轨悬浮及轴承的设计计算，计算精度较高。

5.1　磁　共　能

磁场对引入磁场中的元电流或点磁荷都会施加作用力，磁场能量的计算公式可以由载流线圈在空间产生的磁场能量公式导出，磁场能量密度为 $\omega_{\mathrm{m}}=\dfrac{\partial W_{\mathrm{m}}}{\partial V}=\dfrac{1}{2}\boldsymbol{B}\cdot\boldsymbol{H}$，总磁能为 $W_{\mathrm{m}}=\iiint\limits_{v} w_{\mathrm{m}}\mathrm{d}v=\dfrac{1}{2}\iiint\limits_{v}\boldsymbol{B}\cdot\boldsymbol{H}\mathrm{d}v$。

考虑两个线圈的情形。设由两个线圈电流 I_1、I_2 产生的磁场强度和磁感应强度分别为：$\boldsymbol{H}=\boldsymbol{H}_1+\boldsymbol{H}_2$，$\boldsymbol{B}=\boldsymbol{B}_1+\boldsymbol{B}_2$，则总磁能为

$$
\begin{aligned}
W_{\mathrm{m}}&=\frac{1}{2}\iiint\limits_{v}\boldsymbol{B}\cdot\boldsymbol{H}\mathrm{d}v=\frac{1}{2}\iiint\limits_{v}\left(\boldsymbol{B}_1+\boldsymbol{B}_2\right)\cdot\left(\boldsymbol{H}_1+\boldsymbol{H}_2\right)\mathrm{d}v\\
&=\frac{1}{2}\mu\iiint\limits_{v}\left(H_1^2+H_2^2+2\boldsymbol{H}_1\cdot\boldsymbol{H}_2\right)\mathrm{d}v
\end{aligned}
$$

式中，μ 是媒质的磁导率，H/m。积分号中第一项代表线圈 1 由于电流所产生的自感磁能，第二项为线圈 2 由于电流所产生的自感磁能，第三项是两线圈之间的互感磁能，或称磁共能。磁共能可表示为

$$
W=\frac{1}{2}\mu\iiint\limits_{v}2\boldsymbol{H}_1\cdot\boldsymbol{H}_2\mathrm{d}v=\mu\iiint\limits_{v}\boldsymbol{H}_1\cdot\boldsymbol{H}_2\mathrm{d}v
$$

上述分析同样适合两永磁体之间的磁场。下面以两个无限长的平行直永磁体组成的系统为例，讨论一对永磁体之间的磁共能。首先作出如下假设：

（1）永磁材料被强磁化，具有较大矫顽力，因而可以不考虑两磁体间的相互退磁作用；

（2）对绝大多数永磁轴承来说，两磁体之间的气隙与转子（或轴承）半径相比要小得多，因此可以忽略转子（或轴承）几何形状曲率的影响，从而不至于影响计算精度；

（3）与其横截面相垂直的永磁体长度和气隙尺寸相比要大得多，磁化强度矢量总是位于横截面所在的平面内。

在上述假设前提下可将三维问题简化为二维平面问题，考察长直细条形永磁体外磁场强度 $\boldsymbol{H}$。如图 5.1 所示，图中 $\boldsymbol{J}_1$ 和 $\boldsymbol{J}_2$ 为永磁体磁极化强度矢量，分别等于永磁体剩余磁感应强度 $\boldsymbol{B}_1$ 和 $\boldsymbol{B}_2$；r_{PM} 为同一横截面两长直细条形永磁体间的距离；β_1 和 β_2 分别为 $\boldsymbol{J}_1$ 和 $\boldsymbol{J}_2$ 与 x 轴正方向的夹角；θ 为 r_{PM} 与 x 轴正方向的夹角；$\mathrm{d}S_1$ 和 $\mathrm{d}S_2$ 分别为两长直细条形永磁体的横截面微面积。这里所取的横截面在同一 xOz 平面内或与 xOz 平行的平面内。剩余磁感应强度矢量位于 xOz 平面内，因此 $\boldsymbol{B}_1$ 和 $\boldsymbol{B}_2$ 在 Y 轴上的投影恒等于零。根据式（2.11），位于 P 点、剩余磁感应强度为 $\boldsymbol{B}_1$、单位长度面积微元 $\mathrm{d}S_1$ 的永磁体 1 在 M 点所产生的磁场强度为

$$\begin{cases} \mathrm{d}\boldsymbol{H}_1 = \mathrm{d}H_{r_1}\boldsymbol{r} + \mathrm{d}H_{\theta_1}\boldsymbol{\theta} \\ \mathrm{d}H_{r_1} = \dfrac{1}{2\pi\mu_0}\dfrac{B_1\mathrm{d}S_1}{r_{12}^2}\cos(\theta-\beta_1) \\ \mathrm{d}H_{\theta_1} = \dfrac{1}{2\pi\mu_0}\dfrac{B_1\mathrm{d}S_1}{r_{12}^2}\sin(\theta-\beta_1) \end{cases} \tag{5.1}$$

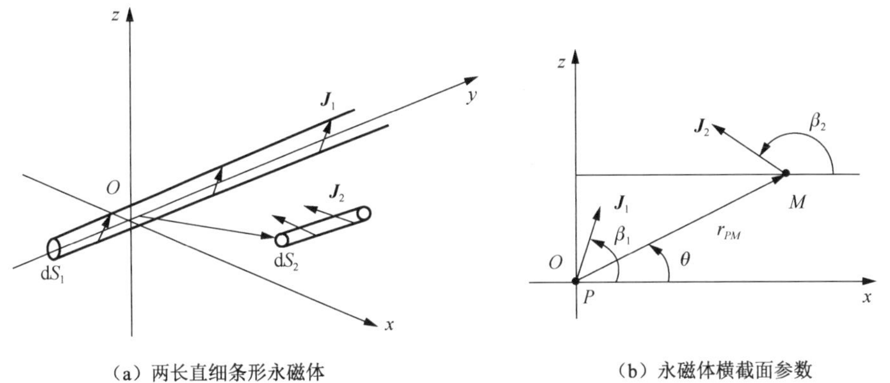

（a）两长直细条形永磁体　　（b）永磁体横截面参数

图 5.1　两长直细条形永磁体的参数

此时，当一微元面积为 $\mathrm{d}S_2$、剩余磁感应强度为 $\boldsymbol{B}_2$ 的永磁体 2 微元被放置在磁场强度为 $\boldsymbol{H}_1$ 的磁场中时，微元 $\mathrm{d}S_2$ 的剩余磁感应强度在 $\boldsymbol{r}$、$\boldsymbol{\theta}$方向上的分量为

$$\begin{cases} B_{r_2} = B_2\cos(\beta_2-\theta) \\ B_{\theta_2} = B_2\sin(\beta_2-\theta) \\ \boldsymbol{B}_2 = B_{r_2}\boldsymbol{r} + B_{\theta_2}\boldsymbol{\theta} \end{cases}$$

$\mathrm{d}S_1$、$\mathrm{d}S_2$ 两微元之间的磁共能为

$$\begin{aligned}\mathrm{d}W &= \boldsymbol{B}_2 \cdot \boldsymbol{H}_1 = (B_{r_2}\boldsymbol{r} + B_{\theta_2}\boldsymbol{\theta})\left(H_{r_1}\boldsymbol{r} + H_{\theta_1}\boldsymbol{\theta}\right)\mathrm{d}S_2 = \left(B_{r_2}H_{r_1} + B_{\theta_2}H_{\theta_1}\right)\mathrm{d}S_2 \\ &= \left\{B_2\cos\left(\beta_2-\theta\right)\left[-\frac{B_1}{2\pi\mu_0}\frac{\cos\left(\theta-\beta_1\right)}{r_{PM}^2}\right] + B_2\sin\left(\beta_2-\theta\right)\left[-\frac{B_1}{2\pi\mu_0}\frac{\sin\left(\theta-\beta_1\right)}{r_{PM}^2}\right]\right\}\mathrm{d}S_1\mathrm{d}S_2 \\ &= \frac{1}{2\pi\mu}\frac{B_1B_2}{r_{PM}^2}\cos\left(\beta_1+\beta_2-2\theta\right)\mathrm{d}S_1\mathrm{d}S_2\end{aligned}$$

对于两横截面进行积分，可以得到单位长度上的总能量为

$$W = \iint_{S_1S_2}\frac{1}{2\pi\mu_0}\frac{B_1B_2}{r_{PM}^2}\cos\left(\beta_1+\beta_2-2\theta\right)\mathrm{d}S_1\mathrm{d}S_2 \tag{5.2}$$

这里的能量 W 应当是 M 点在所处 xOz 平面内的坐标(r_{PM},θ)的函数，当然也可以表示成 x_0，z_0 的函数。当 M 点离 P 点无穷远时，定义系统的磁共能为零。

5.2　虚功原理法求磁力

根据电磁场理论虚功原理法[21]，假如电磁系统中仅有一个广义坐标 g 发生变化，这时该系统发生的功能过程是：$\mathrm{d}A = \mathrm{d}W + f\mathrm{d}g$，其中，$\mathrm{d}A$ 表示外源提供的能量，$\mathrm{d}W$ 为磁场能量的增量，$f\mathrm{d}g$ 为磁场力所做的功，即所有外源提供给系统的能量等于系统能量的增量加上磁场力所做的功。永磁体充磁后，外源不再提供能量，即 $\mathrm{d}A=0$，$f\mathrm{d}g = -\mathrm{d}W$，故有 $f = -\dfrac{\mathrm{d}W}{\mathrm{d}g} = -\dfrac{\partial W}{\partial g}$。

式（5.2）对 x_0 求偏导，即可得到 x 方向上的分力，即

$$\frac{\partial W}{\partial x_0} = \iint_{S_1S_2}\frac{-B_1B_2}{2\pi\mu_0}\frac{\partial}{\partial x_0}\left[\frac{\cos\left(\beta_1+\beta_2-2\theta\right)}{r_{PM}^2}\right]\mathrm{d}S_1\mathrm{d}S_2$$

所以有

$$\begin{aligned}\frac{\partial}{\partial x_0}\left[\frac{\cos\left(\beta_1+\beta_2-2\theta\right)}{r_{PM}^2}\right] &= -2r_{PM}^{-3}\frac{\partial r_{PM}}{\partial x_0}\cos\left(\beta_1+\beta_2-2\theta\right) + \frac{2}{r_{PM}^2}\sin\left(\beta_1+\beta_2-2\theta\right)\frac{\partial\theta}{\partial x_0} \\ &= -2r_{PM}^{-3}\frac{\partial r_{PM}}{\partial x_0}\cos\left(\beta_1+\beta_2-3\theta\right)\end{aligned}$$

$$\frac{\partial W}{\partial x_0} = \iint_{S_1S_2}\frac{B_1B_2}{2\pi\mu_0 r_{PM}^3}2\cos\left(\beta_1+\beta_2-3\theta\right)\mathrm{d}S_1\mathrm{d}S_2 \tag{5.3}$$

同理可得

$$F_z = -\frac{\partial W}{\partial z_0}\iint_{S_1S_2}A\frac{2}{r_{PM}^3}\sin\left(\beta_1+\beta_2-3\theta\right)\mathrm{d}S_1\mathrm{d}S_2 \tag{5.4}$$

式中，$A = \dfrac{B_1B_2}{2\pi\mu_0}$。

5.3　两块平行矩形截面永磁体磁力解析模型

根据两块平行矩形截面永磁体的结构特点，引用式（5.3）和式（5.4），经多重积分，给出两块平行矩形截面永磁体磁力解析模型。

5.3.1　磁力解析模型

根据式（5.3）和式（5.4），单位长度的两长直细条形永磁体之间的磁力为

$$\mathrm{d}F_z = \frac{B_{r1}B_{r2}}{\pi\mu_0 r_{PM}^3}\sin\left(\beta_1+\beta_2-3\theta\right)\mathrm{d}s_1\mathrm{d}s_2 \tag{5.5}$$

$$\mathrm{d}F_x = -\frac{B_{r1}B_{r2}}{\pi\mu_0 r_{PM}^3}\cos\left(\beta_1+\beta_2-3\theta\right)\mathrm{d}s_1\mathrm{d}s_2 \tag{5.6}$$

式中，B_{r1} 和 B_{r2} 为永磁体剩余磁感应强度，T；$\mu_0=4\pi\times10^{-7}$ 为真空磁导率，H/m。两块平行矩形截面永磁体的参数见图 5.2。

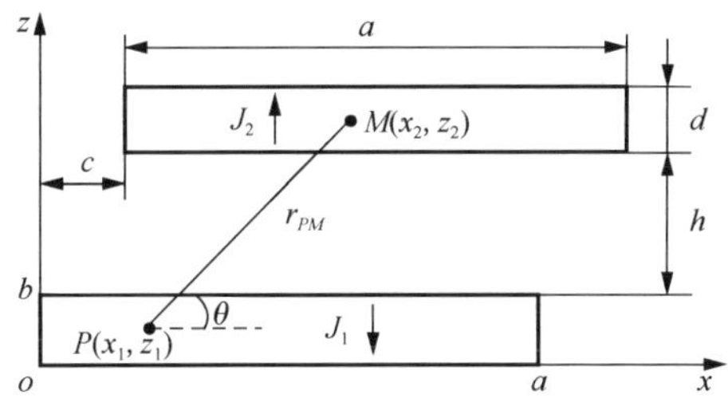

图 5.2　两块平行矩形截面永磁体的参数

（1）求解长度为 L 的两块平行矩形截面永磁体 z 向磁力 F_z：

设 $\beta_1=-\pi/2$，$\beta_2=\pi/2$，即 $\beta_1+\beta_2=0$（同理可分析 $\beta_1+\beta_2=\pi$），对式（5.5）积分得

$$\begin{aligned} F_z &= -\frac{B_{r1}B_{r2}L}{\pi\mu_0}\iint\limits_{s_1 s_2}\frac{1}{r_{PM}^3}\sin 3\theta\,\mathrm{d}s_1\mathrm{d}s_2 \\ &= -\frac{B_{r1}B_{r2}L}{\pi\mu_0}\int_0^a\int_0^b\int_c^{c+a}\int_{b+h}^{b+h+d}\frac{\sin 3\theta\,\mathrm{d}x_1\mathrm{d}z_1\mathrm{d}x_2\mathrm{d}z_2}{\left[\left(x_2-x_1\right)^2+\left(z_2-z_1\right)^2\right]^{3/2}} \end{aligned} \tag{5.7}$$

$$\begin{aligned} \sin 3\theta &= 3\sin\theta-4\sin^3\theta \\ &= 3\frac{z_2-z_1}{\left[\left(x_2-x_1\right)^2+\left(z_2-z_1\right)^2\right]^{1/2}}-4\frac{\left(z_2-z_1\right)^3}{\left[\left(x_2-x_1\right)^2+\left(z_2-z_1\right)^2\right]^{3/2}} \end{aligned} \tag{5.8}$$

将式（5.8）代入式（5.7）化简积分得

$$
\begin{aligned}
F_z =& -B_{r1}B_{r2}L\times10^{-6}\Big/(4\pi\mu_0)\Big\{2(d+h)\ln\left[c^2+(d+h)^2\right] \\
& -2(b+d+h)\ln\left[c^2+(b+d+h)^2\right]-(d+h)\ln\left[(c+a)^2+(d+h)^2\right] \\
& +(b+d+h)\ln\left[(c+a)^2+(b+d+h)^2\right]-(d+h)\ln\left[(c-a)+(d+h)^2\right] \\
& +(b+d+h)\ln\left[(c-a)^2+(b+d+h)^2\right]-2h\ln\left(c^2+h^2\right)+h\ln\left[(c-a)^2+h^2\right] \\
& +2(b+h)\ln\left[c^2+(b+h)^2\right]-(b+h)\ln\left[(c-a)^2+(b+h)^2\right] \\
& +h\ln\left[(c+a)^2+h^2\right]-(b+h)\ln\left[(c+a)^2+(b+h)^2\right] \\
& +4c\arctan\left[(d+h)/c\right]-4c\arctan\left[(b+d+h)/c\right] \\
& -2(c+a)\arctan\left[(d+h)/(c+a)\right]-2(c-a)\arctan\left[(d+h)/(c-a)\right] \\
& +2(c-a)\arctan\left[(b+d+h)/(c-a)\right]+4c\arctan\left[(b+h)/c\right] \\
& +2(c+a)\arctan\left[(b+d+h)/(c+a)\right]-4c\arctan(h/c) \\
& +2(c+a)\arctan\left[h/(c+a)\right]-2(c+a)\arctan\left[(b+h)/(c+a)\right] \\
& +2(c-a)\arctan\left[h/(c-a)\right]-2(c-a)\arctan\left[(b+h)/(c-a)\right]\Big\}
\end{aligned}
\tag{5.9}
$$

（2）求解长度为 L 的两块平行矩形截面永磁体 x 向磁力 F_x：

当 $\beta_1=-\pi/2$，$\beta_2=\pi/2$，即 $\beta_1+\beta_2=0$（同理可分析 $\beta_1+\beta_2=\pi$），对式（5.6）积分得

$$
\begin{aligned}
F_x &= -\frac{B_{r1}B_{r2}}{\pi\mu_0}\iint_{s_1s_2}\frac{1}{r_{PM}^3}\cos3\theta\mathrm{d}s_1\mathrm{d}s_2 \\
&= -\frac{B_{r1}B_{r2}}{\pi\mu_0}\int_0^a\int_0^b\int_c^{c+a}\int_{b+h}^{b+h+d}\frac{\cos3\theta\,\mathrm{d}x_1\mathrm{d}z_1\mathrm{d}x_2\mathrm{d}z_2}{\left[(x_2-x_1)^2+(z_2-z_1)^2\right]^{3/2}}
\end{aligned}
\tag{5.10}
$$

$$
\begin{aligned}
\cos3\theta &= -3\cos\theta+4\cos^3\theta \\
&= -3\frac{x_2-x_1}{\left[(x_2-x_1)^2+(z_2-z_1)^2\right]^{1/2}}+4\frac{(x_2-x_1)^3}{\left[(x_2-x_1)^2+(z_2-z_1)^2\right]^{3/2}}
\end{aligned}
\tag{5.11}
$$

将式（5.11）代入式（5.10）化简积分得

$$
\begin{aligned}
F_x = & -B_{r1}B_{r2}L\times10^{-6}/(4\pi\mu_0)\{(c-a)\ln[(c-a)^2+(b+h)^2] \\
& -2c\ln[c^2+(b+h)^2]+(c+a)\ln[(c+a)^2+(d+h)^2] \\
& -(c+a)\ln[(c+a)^2+(b+d+h)^2]-(c+a)\ln[(c+a)^2+h^2] \\
& +(c+a)\ln[(c+a)^2+(b+h)^2]+(c-a)\ln[(c+a)^2+(d+h)^2] \\
& -2c\ln[c^2+(d+h)^2]-(c-a)\ln[(c-a)^2+(b+d+h)^2] \\
& +2c\ln[c^2+(b+d+h)^2]-(c-a)\ln[(c-a)^2+h^2] \\
& +2c\ln[c^2+h^2]-2h\arctan[(c-a)/h] \\
& +2(b+h)\arctan[(c-a)/(b+h)]+2(d+h)\arctan[(c+a)/(d+h)] \\
& +4(b+d+h)\arctan[c/(b+d+h)]-2h\arctan[(c+a)/h] \\
& -2(b+d+h)\arctan[(c+a)/(b+d+h)]+4h\arctan(c/h) \\
& +2(b+h)\arctan[(c+a)/(b+h)]-4(b+h)\arctan[c/(b+h)] \\
& -2(b+d+h)\arctan[(c-a)/(b+d+h)] \\
& +2(d+h)\arctan[(c-a)/(d+h)]-4(d+h)\arctan[c/(d+h)]\}
\end{aligned}
\tag{5.12}
$$

式（5.9）和式（5.12）即为两块平行矩形截面永磁体磁力解析模型，用于永磁导轨悬浮及永磁轴承设计计算。模型表明：两块平行矩形截面永磁体的磁力分别与永磁体剩磁的平方和永磁体纵向平均长度成正比，磁力随永磁体的截面增大而增大，随永磁体的间距增大而减小。

5.3.2　试验验证

1. 用双环嵌套永磁轴承轴向磁力验证

径向磁化的双环嵌套永磁轴承可以近似处理为纵向长度为双磁环平均周长为L的两块平行矩形截面永磁体。试验采用径向磁化的双环嵌套永磁轴承（图 5.3），$\beta_1=-\pi/2$，$\beta_2=\pi/2$，其特性及尺寸为：$B_r=0.82\text{T}$，$\mu_r=1.05$，内磁环内直径$D_{\max}=21.4\text{mm}$，磁环厚度 b=d=2.5mm，磁环轴向长度 a=8.1mm，磁环径向平均间隙 h=0.8mm。设磁环平均周长对应的直径为D_{pj}，磁环最大外直径为$D_{\max}$，磁环最小内直径为$D_{\min}$，$\beta_1=\pi/2$。按截面等分原则确定磁环平均周长，则有$\pi D_{\max}^2/4-\pi D_{pj}^2/4=\pi D_{pj}^2/4-\pi D_{\min}^2/4$，由上式得，$D_{pj}=\sqrt{(D_{\max}^2+D_{\min}^2)/2}$，双磁环平均周长为$L=\pi D_{pj}=\pi\sqrt{(33^2+21.4^2)/2}=87.3724\text{mm}$，将相关数据代入式（5.12）化简得

$$
\begin{aligned}
F_x \approx & -3.72034\{2(c-8.1)\ln[3.3^2+(c-8.1)^2]-4c\ln(3.3^2+c^2) \\
& +2(c+8.1)\ln[3.3^2+(c+8.1)^2]-(c+8.1)\ln[5.8^2+(c+8.1)^2] \\
& -(c+8.1)\ln[0.8^2+(c+8.1)^2]-(c-8.1)\ln[5.8^2+(c-8.1)^2] \\
& +2c\ln(5.8^2+c^2)-(c-8.1)\ln[0.8^2+(c-8.1)^2]+2c\ln(0.8^2+c^2) \\
& +13.2\arctan[(c-8.1)/3.3]+13.2\arctan[(c+8.1)/3.3] \\
& +23.2\arctan(c/5.8)-11.6\arctan[(c+8.1)/5.8] \\
& +3.2\arctan(c/0.8)-1.6\arctan[(c+8.1)/0.8] \\
& -26.4\arctan(c/3.3)-11.6\arctan[(c-8.1)/5.8] \\
& -1.6\arctan[(c-8.1/0.8)]\}
\end{aligned}
$$

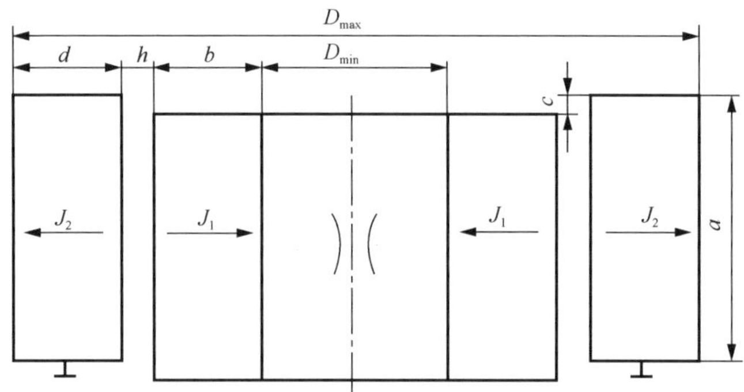

图 5.3　双环嵌套永磁轴承剖面及参数

磁力计算值 F_{xj} 与磁力试验值 F_{xs} 见表 5.1，对应曲线见图 5.4。磁环轴向相对位移在 5mm 以下时（磁环轴向长度 8.1mm），模型计算结果与测试结果平均误差为 6.6%；磁环轴向相对位移超过 5mm 时误差较大，全部平均误差为 13.3%。可见计算值和试验值基本一致，模型计算值偏小主要是由于取磁环的平均长度作为计算长度所引起。

表 5.1　磁力计算值和试验值

$c=x$/mm	0.25	0.5	1	1.5	2	3	4	5	6	7	8	9
F_{xj}/N	3.33	6.39	11.1	15.1	16	17.5	17.6	17.1	16	13.4	7.75	1.66
F_{xs}/N	3.1	6.1	11.4	15.5	18	19	19	18.2	17.7	16.2	12.2	0.9

2. 用轴向放置的双环永磁轴承轴向磁力验证

轴向磁化轴向放置的双环永磁轴承可以近似处理为纵向长度为磁环平均周长 L 的两块平行矩形截面永磁体。试验采用轴向磁化轴向放置的斥力型双环永磁轴承（图 5.5），$\beta_1=-\pi/2$，$\beta_2=\pi/2$。选用的钕铁硼牌号为 NNF30，其特性及尺寸为：

剩磁 B_r=1.05T，相对磁导率 μ_r=1.05，矫顽力 H_c=796～859（kA/m），最大磁能积 $(BH)_{max}$=(223～239)kJ/m^3，工作温度不超过 100℃。磁环尺寸为ϕ45×ϕ27×5（长度单位：mm），即：c=0，b=d=5mm，a=(45−27)/2=9mm，按面积平分原则得磁环平均周长为 $L = \pi\sqrt{\left(27^2+45^2\right)/2} \approx 116.5718\text{mm}$，将相关数据代入式（5.9）化简得

$$\begin{aligned}F_z \approx & -8.14\{8(5+h)\ln(5+h)-4(10+h)\ln(10+h) \\ & -4(5+h)\ln\left[9^2+(5+h)^2\right]+2(10+h)\ln\left[(10+h)^2+9^2\right] \\ & +2h\ln\left(9^2+h^2\right)-4h\ln h+36\arctan\left[(10+h)/9\right] \\ & -72\arctan\left[(5+h)/9\right]+36\arctan(h/9)\}\end{aligned}$$

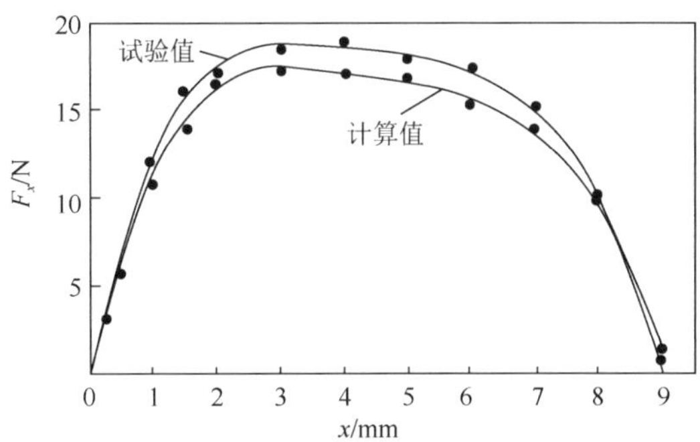

图 5.4　双环嵌套永磁轴承轴向磁力和轴向位移曲线

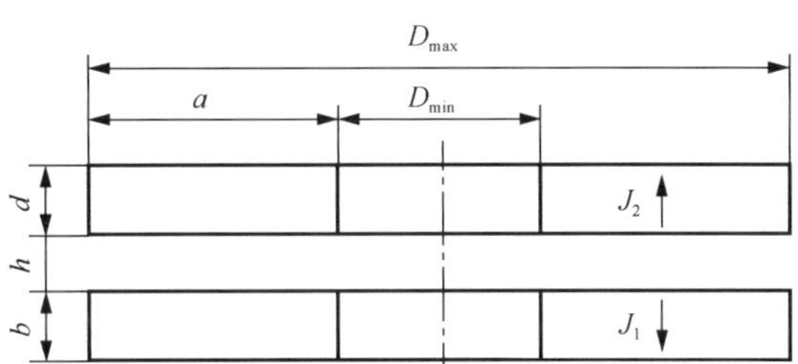

图 5.5　轴向磁化轴向放置的斥力型双环永磁轴承剖面及参数

磁力计算值 F_{zj} 和磁力试验值 F_{zs} 见表 5.2，对应曲线见图 5.6。磁力计算值与磁力试验值误差小于 8%，可见计算值和试验值接近。

表 5.2　磁力计算值和试验值（表中 h=z）

h /mm	0.35	0.58	0.7	0.9	1.16	1.48
F_{zj} /N	154.4	139.9	133.4	123.9	113.2	102.7
F_{zs}/N	159.7	149. 9	140. 1	130.3	120.5	110.7

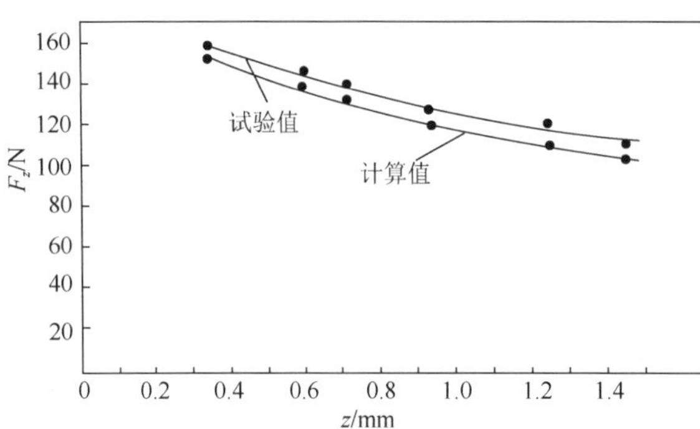

图 5.6　轴向放置的双环永磁轴承轴向磁力和轴向位移

3. 用两块长方永磁体的磁力验证

用侯军兴[22]的试验数据验证。试验用型号为 N35、B_r=1.19T、H_c=11×10^6/(4π)A/m、长为 54mm、宽为 37mm、高为 7mm 的两块长方体钕铁硼材料，按斥力悬浮方式进行试验。将相关数据代入式（5.9）用 MATLAB 编程计算，计算结果 F_{zj} 与侯军兴试验结果 F_{zs} 见表 5.3，对应曲线见图 5.7。模型磁力计算值与磁力测试平均值误差小于 10.1%，计算结果和试验结果接近，误差来自测试误差及模型计算时参数的取值误差。

表 5.3　磁力计算值和试验值

h/mm	11	13	14	15	16	17	18	20
F_{zj}/N	44.2	37.9	35.2	32.7	30.5	28.5	26.7	23.4
F_{zs}/N	49	41.2	39.2	37.2	34.3	31.4	28.4	27.4

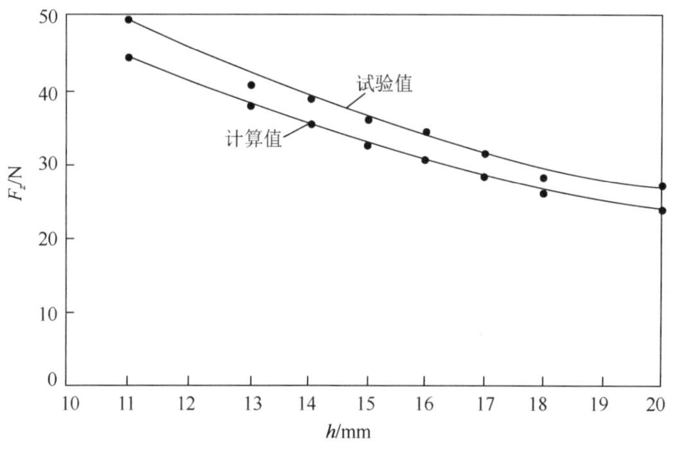

图 5.7　两块平行长方永磁体的磁力和间距曲线

5.4　永磁体与铁磁板平面黏合体的磁场及磁力解析模型

工程中常将永磁体黏合在铁磁体上，其长处是既可以增强外部空间的磁场，提高永磁体的承载力，又可以节省永磁材料。对永磁-铁磁平面黏合体，其磁场及磁力计算目前主要采用有限元等数值计算法以及有限几种典型结构的经验公式法。本章根据电磁场理论电流镜像法及永磁体等效模型，把铁磁体被磁化的效果视为铁磁体内某处存在“虚设”的永磁体产生的磁场，得到了永磁体在介质分界面为平面的铁磁体中的镜像规律及精度较高且较简单的磁场镜像计算法，并对与平面铁磁体黏合的一对永磁环及永磁-铁磁黏合导轨磁力计算值作了试验验证[23,24]。结果表明：计算值和试验值基本吻合。

5.4.1　永磁体在平面铁磁体中的镜像及镜像规律

1. 电流在介质分界面为平面的介质中的镜像

根据电磁场理论的镜像法（参见图 5.8），有

$$I'=\frac{\mu_2-\mu_1}{\mu_2+\mu_1}I\text{，}\quad I''=\frac{2\mu_1}{\mu_2+\mu_1}I \tag{5.13}$$

式中，μ_2 为第二种介质的磁导率；μ_1 为第一种介质磁导率；I'、I'' 为镜像电流。第一种介质的磁场由图 5.8（b）求解，求解域为第一种介质范围；第二种介质的磁场由图 5.8（c）求解，求解域为第二种介质范围。

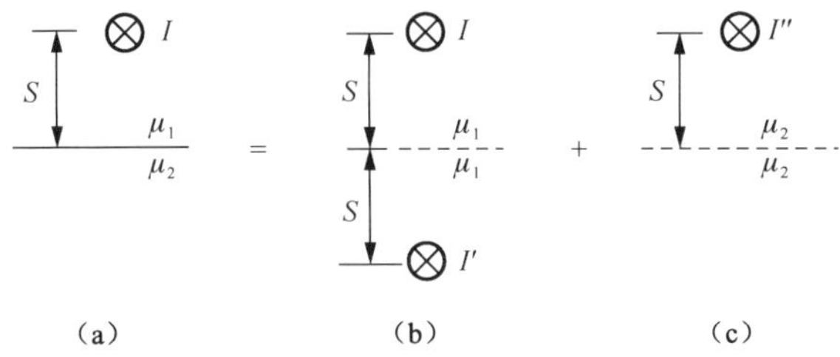

图 5.8　电流在介质分界面为平面的介质中的镜像

2. 永磁体的镜像

永磁体的等效磁荷模型认为：永磁体沿磁化方向均匀充磁时，永磁体只有在充磁方向的两个极面上有正负面磁荷。永磁体在空间产生的磁场可视为是由在充磁方向两个极面上的正负分布面磁荷在空间产生磁场的叠加。

按照安培分子电流观点，永磁体外部任一点的磁场是由永磁体侧表面的束缚面电流产生，束缚面电流密度(即单位长度永磁体侧表面的电流强度)为：$J_m=B_r/\mu_0$。

在永磁体与铁磁体共存的情况下，铁磁体将被永磁体磁化，并对原磁场的分布产生一定影响，最终磁场分布由原磁场与磁化了的铁磁体磁场共同确定。根据电磁场基本原理，求解恒定磁场的问题实际就是求解满足特定边界条件的泊松方程或拉普拉斯方程的问题。若将铁磁体被磁化的影响用在边界面之后的均匀介质中的虚设镜像磁体来代替，依唯一性定理，只要源磁体与虚设镜像磁体共同确定的磁场能够满足边界条件，则镜像磁体就能代替铁磁介质的实际影响，而镜像磁体磁化强度 $\boldsymbol{M}$ 的方向与像源相应的方向相同。根据永磁体等效电流模型及镜像法就可对永磁体的镜像规律进行分析。

1）一个永磁-铁磁黏合体及其镜像

一个永磁-铁磁黏合体见图 5.9（a），永磁体及其在铁磁体中的镜像见图 5.9（b）。图 5.9（a）中 1-1′为两种介质分界面，μ_2 为铁磁体（如钢铁等）磁导率，$\mu_1=\mu_0$ 为真空磁导率。图 5.9（b）中永磁体虚像的结构及尺寸与永磁体相同。由于永磁体等效面电流密度 $J_{\mathrm{m}}=B_{\mathrm{r}}/\mu_0$，根据式（5.13）可得镜像永磁体的剩磁为

$$B_{\mathrm{r}}'=\left(\mu_2-\mu_1\right)/\left(\mu_2+\mu_1\right)B_{\mathrm{r}} \tag{5.14}$$

由图 5.9（b）和与永磁体结构相关的磁场公式就可对一个永磁-铁磁黏合体的外部磁场进行计算。

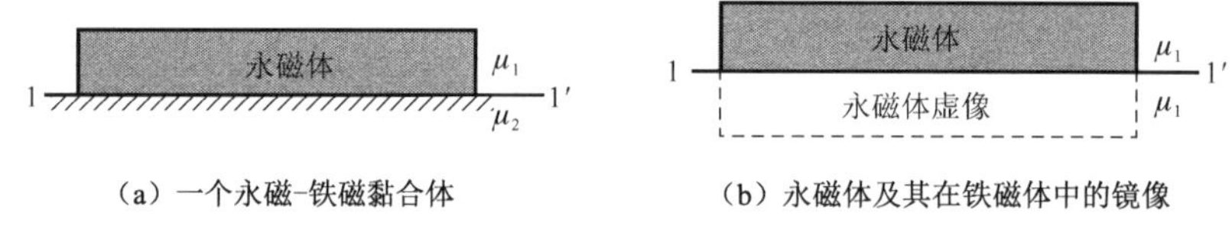

图 5.9　一个永磁铁磁黏合体及其镜像

2）一对平行吸力型永磁-铁磁黏合体镜像及规律

一对平行的吸力型永磁-铁磁黏合体见图 5.10（a），永磁体及其在铁磁体中的镜像及镜像规律见图 5.10（b）。由于存在 1-1′、2-2′两个分界面，产生了无穷镜像，这样永磁体的间隙磁场就由源磁体和无穷多镜像磁体产生的磁场共同叠加而成。由图 5.10（b）和与永磁体结构相关的磁场公式就可对一对平行永磁-铁磁黏合体的极面间隙磁场及磁力进行计算。计算时，取 $2b$、$2d$ 作为永磁体及其镜像在磁化方向的计算厚度，将距磁极间隙中间面等距的一对永磁体及镜像作为计算对象，则相对应的一对永磁体及其镜像之间的距离为

$$h_k=h+2\left(b+d+h\right)\left(k-1\right) \tag{5.15}$$

式中，k 为镜像次数，其余参数见图 5.10，分别计算永磁体及一次镜像、二次镜像……产生的磁场，最后叠加。

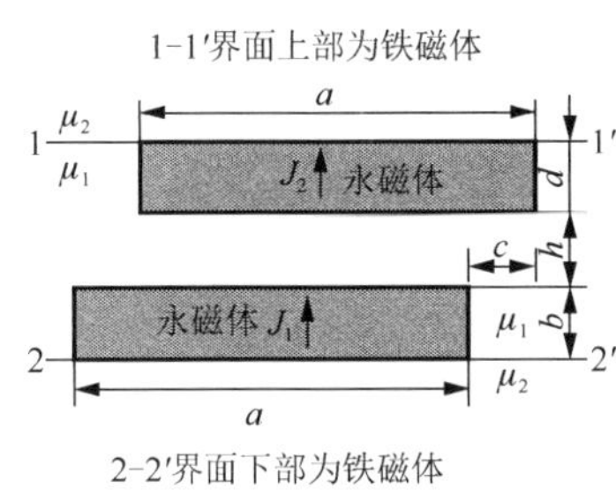

（a）一对平行吸力型永磁-铁磁黏合体

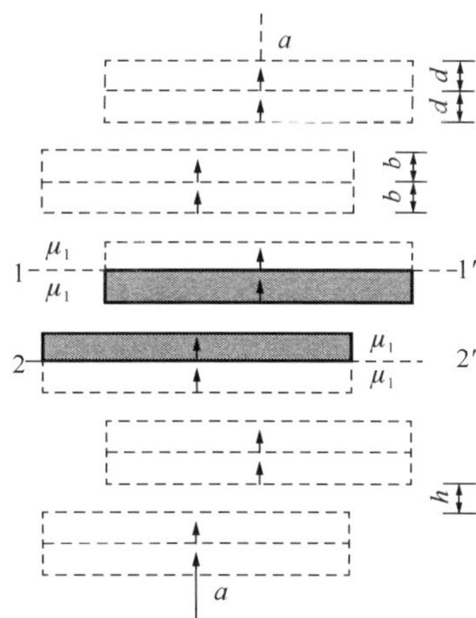

（b）永磁体及其在铁磁体中的镜像及镜像规律

图 5.10　一对平行吸力型永磁-铁磁黏合体及其镜像

5.4.2　磁场及磁力解析模型

1. 一个圆柱永磁体的磁场

设图 5.11（a）圆柱永磁体上极面是 N 极，其磁荷面密度为 B_r，下极面是 S 极，其磁荷面密度为$-B_r$，根据等效磁荷法，则由上下极面在轴线 P 点产生的磁感应强度分别为

$$B_{Pz1}=\int_0^R \frac{B_r}{4\pi}\frac{2\pi r}{\left(z^2+r^2\right)^{3/2}}\mathrm{d}r=\frac{B_r}{2}\left(1-\frac{z}{\sqrt{z^2+R^2}}\right)$$

$$B_{Pz2}=-\frac{B_r}{2}\left[1-\frac{z+L_m}{\sqrt{\left(z+L_m\right)^2+R^2}}\right]$$

P 点的磁感应强度为

$$B_{Pz}=\frac{B_r}{2}\left[\frac{z+L_m}{\sqrt{\left(z+L_m\right)^2+R^2}}-\frac{z}{\sqrt{z^2+R^2}}\right] \tag{5.16}$$

2. 一个圆柱永磁-铁磁黏合体的磁场

由于钢铁等铁磁体磁导率是空气磁导率的千倍以上，依式（5.14）得：$B_r'\approx B_r$。由式（5.16）及永磁体镜像法（参见图 5.9），可得永磁体为圆柱体的一个永磁-铁磁黏合体在轴线上产生的磁感应强度为

$$B_{Pz} \approx \frac{B_r}{2}\left[\frac{z+2L_m}{\sqrt{(z+L_m)^2+R^2}}-\frac{z}{\sqrt{z^2+R^2}}\right] \tag{5.17}$$

3. 一对平行吸力型圆柱永磁体的磁场

设图 5.11（b）P 点为一对相同吸力型圆柱永磁体间隙中心，由式（5.16）得 P 点磁感应强度为

$$B_{Pz} = B_r\left[\frac{h/2+L_m}{\sqrt{(h/2+L_m)^2+R^2}}-\frac{h/2}{\sqrt{(h/2)^2+R^2}}\right]=B_r\left(\cos\theta_1-\cos\theta_0\right) \tag{5.18}$$

式中，h 为一对圆柱磁体间隙；L_m 为圆柱永磁体长度。

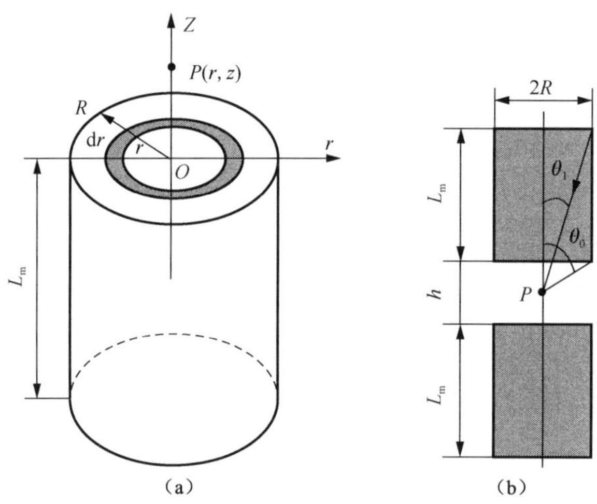

图 5.11　圆柱永磁体的参数

4. 一对相距为 h 平行吸力型圆柱永磁-铁磁黏合体的磁场

当 $b=d=L_m$ 时，由式（5.15）和式（5.18）及永磁体镜像法（参见图 5.10），可得永磁体为圆柱体的一对平行的吸力型永磁-铁磁黏合体间隙中点磁感应强度为

$$B_{gP} \approx B_r\sum_{k=1}^{\infty}\left\{\frac{2L_m+h/2+(2L_m+h)(k-1)}{\sqrt{\left[2L_m+h/2+(2L_m+h)(k-1)\right]^2+R^2}}-\frac{h/2+(2L_m+h)(k-1)}{\sqrt{\left[h/2+(2L_m+h)(k-1)\right]^2+R^2}}\right\} \tag{5.19}$$

5. 一个长方永磁体的磁场

由永磁体等效模型可得图 5.12 长方永磁体对称轴线的磁感应强度为

$$B_z=\frac{B_r}{\pi}\left\{\arcsin\frac{ab}{\sqrt{(a^2+z^2)(b^2+z^2)}}-\arcsin\frac{ab}{\sqrt{[a^2+(z+L_m)^2][b^2+(z+L_m)^2]}}\right\}\tag{5.20}$$

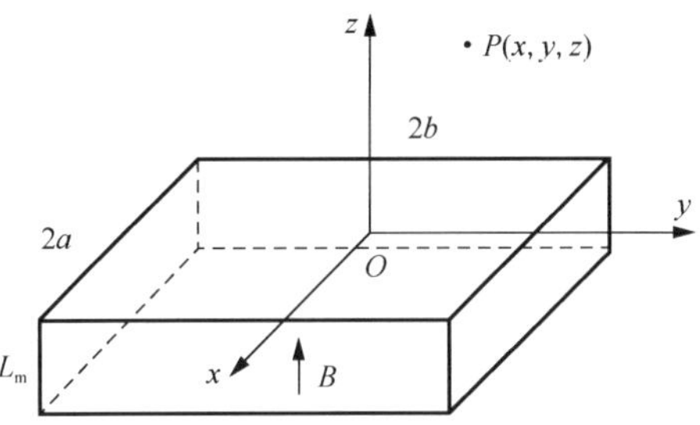

图 5.12　长方形永磁体的参数

6. 一对相距为 h 平行吸力型长方永磁体的磁场

同样尺寸和磁性，相距为 h 的一对平行吸力型长方永磁体间隙中点（P 点）的磁感应强度为

$$B_{zP}=\frac{2B_r}{\pi}\left\{\arcsin\frac{ab}{\sqrt{[a^2+(h/2)^2][b^2+(h/2)^2]}}-\arcsin\frac{ab}{\sqrt{[a^2+(h/2+L_m)^2][b^2+(h/2+L_m)^2]}}\right\}\tag{5.21}$$

7. 一个长方永磁-铁磁黏合体的磁场

由式（5.20）及永磁体镜像法（参见图 5.9），可得永磁体为长方体的一个永磁-铁磁黏合体在对称轴线上产生的磁感应强度为

$$B=B_z=\frac{B_r}{\pi}\left\{\arcsin\frac{ab}{\sqrt{\left(a^2+z^2\right)\left(b^2+z^2\right)}}-\arcsin\frac{ab}{\sqrt{\left[a^2+\left(z+2L_m\right)^2\right]\left[b^2+\left(z+2L_m\right)^2\right]}}\right\}\tag{5.22}$$

8. 一对相距为 h 平行吸力型长方永磁-铁磁黏合体的磁场

当 $b=d=L_m$ 时，由式（5.15）和式（5.21）及永磁体镜像法（图 5.10），可得

永磁体为长方体的一对平行吸力型永磁-铁磁黏合体间隙中点磁感应强度为

$$B_{gP}=\frac{2B_r}{\pi}\sum_{i=1}^{\infty}\left(\arcsin\frac{ab}{\sqrt{\{a^2+[h/2+(2L_m+h)(k-1)]^2\}\{b^2+[h/2+(2L_m+h)(k-1)]^2\}}}\right.$$
$$\left.-\arcsin\frac{ab}{\sqrt{\{a^2+[h/2+(2L_m+\mathrm{h})(k-1)+2L_m]^2\}\{b^2+[h/2+(2L_m+h)(k-1)+2L_m]^2\}}}\right) \tag{5.23}$$

对圆柱体、长方体及其他形状与铁磁体平面黏合的永磁体，其任意空间磁场可参照相应形状永磁体计算公式及镜像法，同样可按本章分析方法进行分析计算。

9. *永磁体的磁力*

一对永磁体间的磁力为

$$F=\left(B_g/4965\right)^2A_g \tag{5.24}$$

式中，B_g为间隙的磁感应强度；A_g为磁极面积；F为磁力。

5.4.3 试验验证

通过测量一对平行永磁-铁磁黏合体的磁力来验证本书永磁体镜像规律及磁感应强度公式的正确性。试验用牌号为 NNF35M 的 NdFeB 永磁材料，其主要参数为：B_r=1.231T，H_c=917.53kA/m，$(BH)_{max}$=283kJ/m^3。

1. *用与平面铁磁体黏合的一对永磁环试验验证*

试验用永磁环尺寸为ϕ44×ϕ25×10(单位：mm)。试验中保证上下永磁环轴心对准。模型计算值 F_{zj} 和试验值 F_{zs} 见表 5.4。

表 5.4 磁力计算值和试验值

z/mm	0.2	0.6	1	1.5	2	3	4	5	6	7	8
F_{zj} /N	593	542	494	438	386	297	226	171	129	98	74
F_{zs} /N	507	432	330	295	261	217	181	154	133	120	108

计算与平面铁磁体黏合的一对永磁环磁力，先要计算永磁环平均半径处的磁感应强度，严格计算就要用第一类和第二类完全椭圆积分。为了简化计算，视永磁环ϕ44×ϕ25×10 是由半径为永磁环径向厚度的 1/2，即 R=（44–25）/4=4.75mm，长度为 L_m=10mm 的圆柱永磁体，绕永磁环平均半径（44+25）/4=17.25mm 旋转而成。计算半径为 R=4.75mm，长度为 L_m=10mm 的一对平行吸力型圆柱永磁-铁磁黏合体轴线的磁感应强度，以此作为与铁磁体黏合的一对永磁环平均半径处的

磁密。将相关数据及 k=10 代入式（5.19）和式（5.24），用 MATLAB 计算，结果见表 5.4，其关系曲线见图 5.13。表 5.4 模型计算结果与试验结果平均误差为 23.7%，最小误差为 3.1%，最大误差为 45.9%。

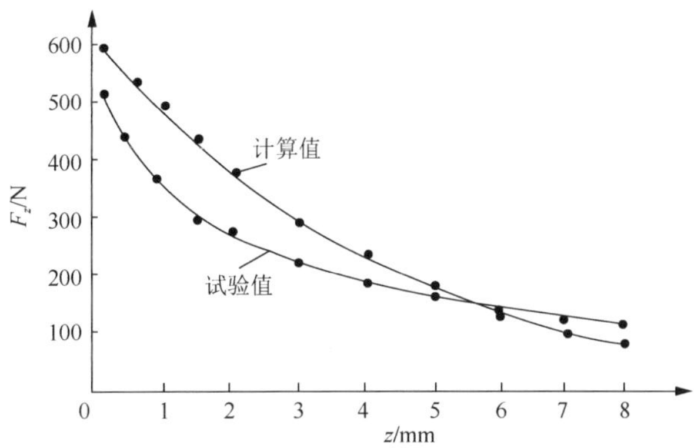

图 5.13　与铁磁体黏合的一对永磁环轴向磁力与轴向位移曲线

2. 用长方永磁-铁磁黏合体试验验证

用两对长方永磁体制成的永磁-铁磁黏合导轨进行试验，试验照片见图 5.14。图中，永磁板倾角 α=30°，四块永磁板尺寸为 100×50×5（长度单位：mm），1 为 X52K 型三坐标立式铣床立轴夹头，2、4 为铁磁体，3 为黏合在 2、4 斜平面上的一对长方永磁体，5 为 9257B 型 KISTLER 三轴测力仪，6 为 5070 型多通道电荷放大仪（multi-channel charge amplifier），7 为连接 5 与 6 的电缆，8 为立式铣床工作平台，9 为导轨对齐限位挡块。试验过程为：将 2 夹装在 1 上，再将 3 固定在 2、4 上；将 4 固定在 5 上，再将 5 固定在 8 上。试验中保证上下永磁板对齐，从三坐标立式铣床手摇刻度盘可读出永磁导轨竖向或水平方向相对位移量，从 5070 型多通道电荷放大仪可读出永磁导轨悬浮和导向磁力。

图 5.15 为对应图 5.14 中 3 的一对长方永磁体参数图，图中 P 点坐标为(w,v)，w=0，α=30°，由图得

$$h = \sqrt{v^2 + w^2}\cos\alpha = v\sqrt{3}/2 \tag{5.25}$$

永磁导轨竖直方向的磁力为（试验间隙较小）

$$F_v \approx 2F_z\cos\alpha \approx \sqrt{3}F_z \tag{5.26}$$

将相关参数及 k=15 代入式（5.23）～式（5.26），用 MATLAB 计算，计算结果 F_{vj} 和试验结果 F_{vs} 见表 5.5，对应曲线见图 5.16，磁力计算值与磁力测试值平均误差小于 7.7%，最大误差为 11.6%，可见计算值和试验值接近。

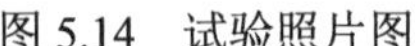
图 5.14　试验照片图

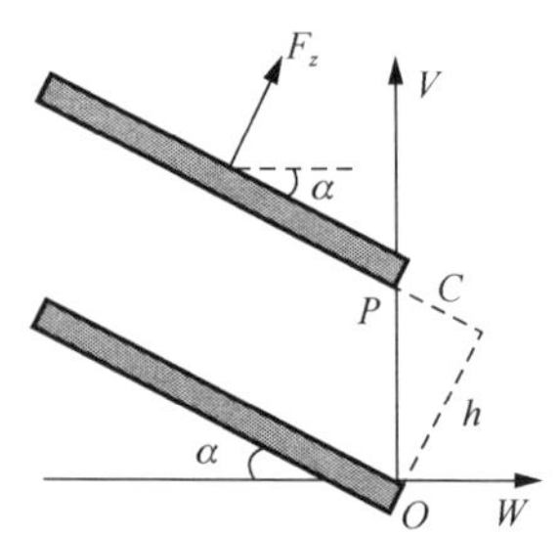

图 5.15　一对长方永磁体参数

表 5.5　磁力计算结果和试验结果

v / mm	0.4	1.2	2	3	4	5	6	7	8	9	10	12
F_{vj}/N	659	597	544	488	440	400	366	337	312	290	271	240
F_{vs}/N	636	577	483	467	405	367	326	298	277	270	252	225

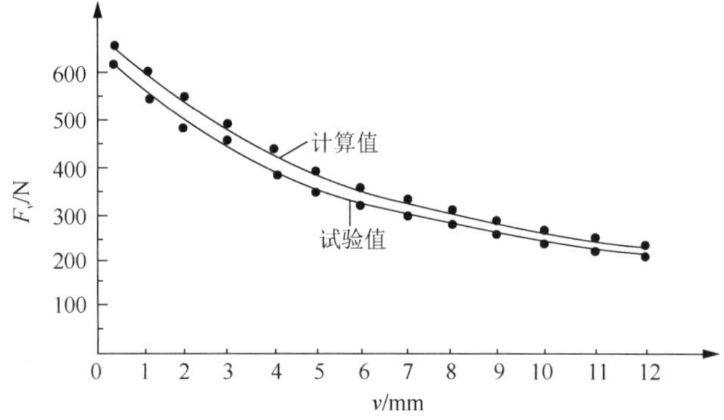

图 5.16　永磁铁磁导轨悬浮磁力与垂直位移曲线

3. 计算与试验结果误差分析

1）计算误差

（1）A 镜像永磁体的剩磁取 $B_r' \approx B_r$，比实际略大。永磁体间隙中点的磁感应强度比永磁体间隙边部的略大，所以计算曲线基本上高于测量曲线。

（2）为简化计算，视永磁环为圆柱永磁体绕某半径旋转而成，与实际情况有差别，故带来较大误差。

（3）试验装置与理想镜像条件的误差：镜像法假定铁磁平面为一无限大平面，试验装置不满足此要求，所以会影响验证的计算结果。由于永磁体等效电流或等效磁荷的镜像是与铁磁平面垂直且对称的，所以永磁体在有限铁磁平面中的镜像误差不大。

2）测量误差

（1）手摇刻度盘间隙误差：磁体间隙越小，磁力越大，磁力测量值对手摇刻度盘间隙越敏感，测量误差越大。

（2）磁力测量仪读数误差：磁力越小，磁力测量仪对磁力越敏感，读数误差越大。

5.5　永磁导轨悬浮和导向磁力解析模型

磁浮导轨具有运行速度高、噪声小、功耗低、寿命长、精度高、隔振等优点，可广泛应用在导轨发射、轨道运输、机械加工、真空超净技术等领域。目前，永磁导轨悬浮的研究普遍采用有限元等数值计算方法，这些方法计算精度较高，但也存在计算复杂、不便设计和优化等问题。为了解决永磁导轨悬浮磁力数值计算复杂的问题，本节设计了永磁导轨悬浮结构，根据式（5.9）和式（5.12）及永磁体在介质分界面为平面的铁磁体中的镜像规律，得到了永磁导轨悬浮磁力和导向磁力。试验表明：模型计算值和试验值吻合。

5.5.1　永磁导轨结构及工作原理

永磁导轨悬浮可设计成单条、双条和多条结构。图 5.17 所示是倾角为 α 的单条结构，其中，A 为悬式结构，B 为坐式结构。由于图 5.17 排斥磁极的磁力有垂直和水平方向分量，所以它就产生了悬浮磁力和磁轨有侧向偏移的导向磁力。倾角为 0° 时，对齐的永磁导轨悬浮磁力最大，导向磁力为零，系统最不稳定，导向完全靠外力（如机械力、其他磁力）；倾角增大，悬浮磁力减小，导向磁力增大。永磁导轨悬浮主要是用来承载竖向载荷的，竖向载荷一般较小，为了确保稳定悬浮，在导轨两侧应安装辅助导向装置。

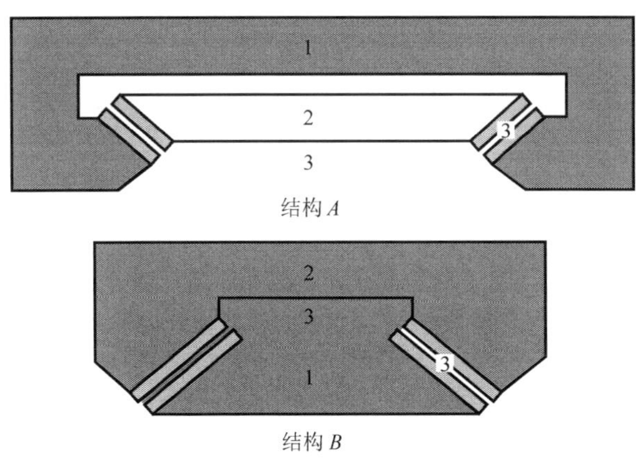

图 5.17　永磁导轨悬浮剖面结构

1-静止良导磁体；2-承载动良导磁体；3-一对永磁体

5.5.2　永磁导轨悬浮磁力和导向磁力

永磁导轨结构尺寸确定后，长方形永磁体结构尺 a、b、d 为定值（参见图 5.2）。当图 5.17 所示永磁导轨悬浮有竖直和水平方向位移时，其左右间隙对应的磁极参数如图 5.18 所示，设图中 P 点的坐标为（w,v），由图 5.18（a）得

$$h=\sqrt{v^2+w^2}\cos\beta=\sqrt{v^2+w^2}\cos\left[90^\circ-\alpha-\arctan\left(v/w\right)\right] \tag{5.27}$$

$$c=\sqrt{v^2+w^2}\sin\left[90^\circ-\alpha-\arctan\left(v/w\right)\right] \tag{5.28}$$

由图 5.18（b）得

$$h=\sqrt{v^2+w^2}\cos\left[90^\circ+\alpha-\arctan\left(v/w\right)\right] \tag{5.29}$$

$$c=\sqrt{v^2+w^2}\sin\left[90^\circ+\alpha-\arctan\left(v/w\right)\right] \tag{5.30}$$

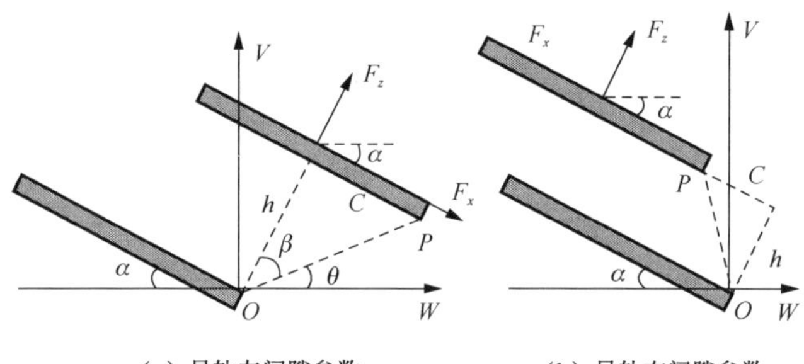

（a）导轨左间隙参数　（b）导轨右间隙参数

图 5.18　永磁导轨左右间隙参数

计算永磁导轨悬浮和导向磁力时，将距磁极间隙中间面等距的一对永磁体及镜像作为计算对象（参见图 5.10），以 $2b$ 和 $2d$ 代替式（5.9）和式（5.12）中的 b 和 d，以 $h_k=h+2(b+d+h)(k-1)$ 代替式（5.9）和式（5.12）中的 h（式中 k 为镜像次数），分别计算永磁导轨左右间隙永磁体及一次镜像、二次镜像……的磁力，最后叠加得左间隙的 F_{z1}、F_{x1} 和右间隙的 F_{z2}、F_{x2}。永磁导轨左右间隙竖直和水平方向的磁力分别为

$$F_{v1}=F_{z1}\cos\alpha-F_{x1}\sin\alpha\text{，}\quad F_{w1}=F_{z1}\sin\alpha+F_{x1}\cos\alpha \tag{5.31}$$

$$F_{v2}=F_{z2}\cos\alpha+F_{x2}\sin\alpha\text{，}\quad F_{w2}=F_{z2}\sin\alpha-F_{x2}\cos\alpha \tag{5.32}$$

当 c 为负值时，F_x 的方向与图示相反（即 F_x 取负值）。

永磁导轨悬浮磁力为

$$F_v=F_{v1}+F_{v2}=\left(F_{z1}+F_{z2}\right)\cos\alpha+\left(-F_{x1}+F_{x2}\right)\sin\alpha \tag{5.33}$$

永磁导轨导向磁力为

$$F_w=F_{w1}-F_{w2}=\left(F_{z1}-F_{z2}\right)\sin\alpha+\left(F_{x1}+F_{x2}\right)\cos\alpha \tag{5.34}$$

式中，F_{z1}、F_{z2} 依式（5.9）计算，F_{x1}、F_{x2} 依式（5.12）计算。由于三次以上镜像

相距较远，计算的小磁力可忽略。试验表明：二次以内镜像的计算值已逼近试验值。

5.5.3　试验验证

试验用牌号为 NNF35M 的 NdFeB，其主要特性为：B_r=1.231T，H_c=917.53 kA/m，$(BH)_{max}$=283kJ/m^3，μ_r=1.06765，工作温度不超过 100℃。当导轨对齐、磁极面接触时，上下磁极尖对齐。

1. 永磁导轨垂直位移磁力计算和试验验证比较

当 w=0，F_w=0 时，将相关参数代入式(5.9)、式(5.12)、式(5.15)、式(5.27)～式(5.34)，二次以内镜像计算结果 F_{vj} 和试验结果 F_{vs} 见表 5.6，对应曲线见图 5.19，其平均误差为 7.87%。

表 5.6　磁力计算结果和试验结果（w=0）

v/mm	0.4	1.2	2	3	4	5	6	7	8	9	10	12
F_{vj} /N	524	476	435	398	365	338	314	294	275	256	244	219
F_{vs} /N	636	577	483	467	405	367	326	298	277	270	252	225

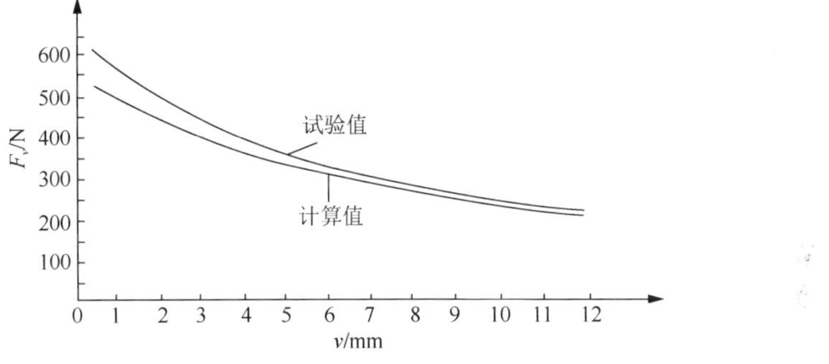

图 5.19　永磁导轨悬浮磁力与垂直位移曲线

2. 永磁导轨水平位移磁力计算和试验验证比较

当 v=5.6 时，将相关参数代入式（5.9）和式（5.12）、式（5.15）、式（5.27）～式（5.34），二次以内镜像计算结果和试验结果见表 5.7 和表 5.8，对应曲线见图 5.20，其平均误差分别为 3.5%、7.08%。

表 5.7　悬浮磁力计算结果和试验结果（v=5.6）

w/mm	0.5	1	1.5	2	2.5	3	3.5	4	5	6	7	8
F_{vj}/N	322	320	318	315	312	308	303	298	286	274	260	246
F_{vs}/N	346	345	333	323	321	311	307	304	297	280	271	258

表 5.8　导向磁力计算结果和试验结果（v=5.6）

w/mm	0.5	1	1.5	2	2.5	3	3.5	4	5	6	7	8
F_{wj}/N	12	23	34	45	55	65	75	84	101	115	127	138
F_{ws}/N	14	26	37	46	54	62	73	88	111	127	139	150

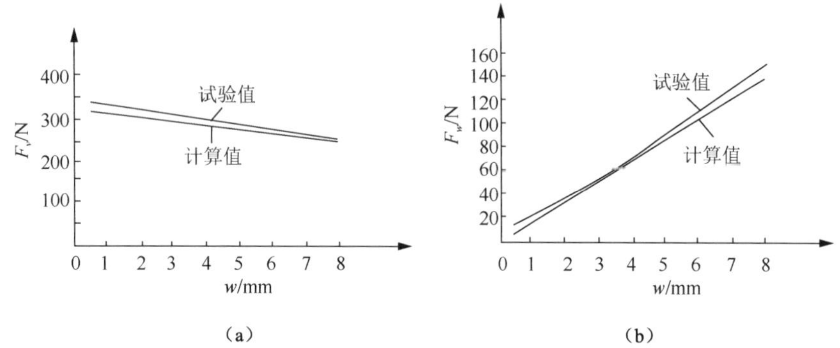

图 5.20　永磁导轨磁力与水平位移曲线

5.5.4　计算与试验结果误差分析

1）计算误差

由于只进行了二次镜像磁力计算，所以图中测量曲线基本上高于计算曲线。

2）试验装置与理想镜像条件的误差

镜像法应用条件要求铁磁平面为一无限大平面，试验装置不满足此要求，所以会影响试验验证的计算结果。由于永磁体等效电流或等效磁荷的镜像是与铁磁平面垂直且对称的，所以永磁体在有限铁磁平面中的镜像误差不大。

3）测量误差

（1）为了确保试验导轨上下永磁板对齐，加装了四个限位挡块，它们的摩擦力随挡块接触面的增加而增加，小间隙时，摩擦力对试验结果的影响较明显。

（2）导轨间隙越小，磁力越大，磁力测量值对手摇刻度盘间隙越敏感，测量误差越大。

（3）磁力越小，多通道电荷放大仪对磁力越敏感，读数误差越大。

尽管存在误差，但磁力计算和试验结果仍比较接近。

第 6 章　矩形截面永磁体构成的永磁轴承磁力解析模型

6.1　不同矩形截面的两个平行永磁体磁力解析模型

目前，永磁轴承的构型基本采用相同矩形截面永磁体。由相同矩形截面永磁体构成大承载力的 Halbach 永磁轴承存在的主要问题：一是由于永磁体间很强的磁吸力或斥力，使得组装 Halbach 永磁体很困难；二是采用相同矩形截面永磁体构建 Halbach 永磁轴承的承载力不一定最优。若不同的矩形截面永磁体的尺寸比合理，则由不同矩形截面永磁体组装 Halbach 永磁轴承时，永磁体间的吸力或斥力将会减小，使得组装变得相对容易；采用不同矩形截面永磁体构建 Halbach 永磁轴承可使其承载力优化提高。

6.1.1　不同矩形截面永磁体磁力解析式

1. 不同矩形截面永磁体 z 向磁力 F_z

两个不同矩形截面永磁体参数如图 6.1 所示。

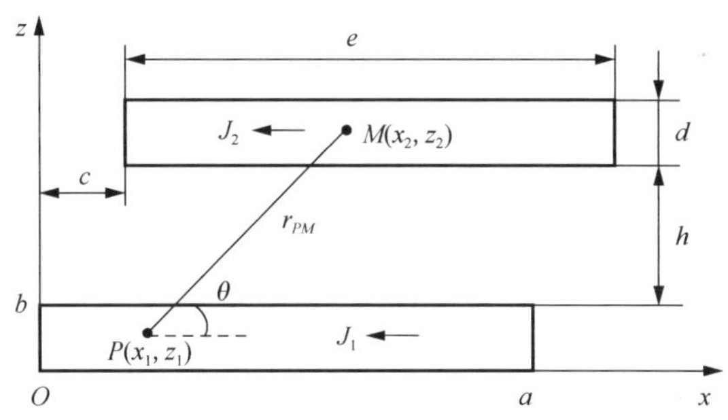

图 6.1　两个不同矩形截面永磁体参数

当 β_1=π，β_2=π时，对式（5.5）积分得

$$
\begin{aligned}
F_z &= -\frac{B_{r1}B_{r2}L}{\pi\mu_0}\iint_{s_1 s_2}\frac{1}{r_{PM}^3}\sin 3\theta \mathrm{d}s_1\mathrm{d}s_2 \\
&= -\frac{B_{r1}B_{r2}L}{\pi\mu_0}\int_0^a\int_0^b\int_c^{c+e}\int_{b+h}^{b+h+d}\frac{\sin 3\theta \mathrm{d}x_1\,\mathrm{d}z_1\,\mathrm{d}x_2\,\mathrm{d}z_2}{\left[\left(x_2-x_1\right)^2+\left(z_2-z_1\right)^2\right]^{3/2}}
\end{aligned}
$$

$$\sin 3\theta = 3\sin\theta - 4\sin^3\theta$$
$$= 3\frac{z_2 - z_1}{\left[(x_2 - x_1)^2 + (z_2 - z_1)^2\right]^{1/2}} - 4\frac{(z_2 - z_1)^3}{\left[(x_2 - x_1)^2 + (z_2 - z_1)^2\right]^{3/2}}$$

将两式合并，化简积分得

$$F_z = -\frac{B_{r1}B_{r2}L}{\pi\mu_0}\int_0^a\int_0^b\int_c^{c+e}\int_{b+h}^{b+h+d}\left\{\frac{3(z_2 - z_1)}{\left[(x_2 - x_1)^2 + (z_2 - z_1)^2\right]^2} - \frac{4(z_2 - z_1)^3}{\left[(x_2 - x_1)^2 + (z_2 - z_1)^2\right]^3}\right\}dx_1dz_1dx_2dz_2$$
$$= -\frac{B_{r1}B_{r2}L\times 10^{-6}}{4\pi\mu_0}\varphi(c) \tag{6.1}$$

$$\begin{aligned}
\varphi(c) = {} & 2(c+e-a)\left[\arctan\left(\frac{h+d}{c+e-a}\right) - \arctan\left(\frac{b+h+d}{c+e-a}\right)\right. \\
& \left. - \arctan\left(\frac{h}{c+e-a}\right) + \arctan\left(\frac{h+b}{c+e-a}\right)\right] \\
& - 2(c+e)\left[\arctan\left(\frac{h+d}{c+e}\right) - \arctan\left(\frac{b+h+d}{c+e}\right) - \arctan\left(\frac{h}{c+e}\right)\right. \\
& \left. + \arctan\left(\frac{h+b}{c+e}\right)\right] - 2(c-a)\left[\arctan\left(\frac{h+d}{c-a}\right) - \arctan\left(\frac{b+h+d}{c-a}\right)\right. \\
& \left. - \arctan\left(\frac{h}{c-a}\right) + \arctan\left(\frac{h+b}{c-a}\right)\right] + 2c\left[\arctan\left(\frac{h+d}{c}\right) - \arctan\left(\frac{b+h+d}{c}\right)\right. \\
& \left. - \arctan\left(\frac{h}{c}\right) + \arctan\left(\frac{h+b}{c}\right)\right] + (h+d)\left\{\ln\left[(h+d)^2 + (c+e-a)^2\right]\right. \\
& \left. - \ln\left[(h+d)^2 + (c+e)^2\right] - \ln\left[(h+d)^2 + (c-a)^2\right] + \ln\left[(h+d)^2 + c^2\right]\right\} \\
& - (b+h+d)\left\{\ln\left[(b+h+d)^2 + (c+e-a)^2\right] - \ln\left[(b+h+d)^2 + (c+e)^2\right]\right. \\
& \left. - \ln\left[(b+h+d)^2 + (c-a)^2\right] + \ln\left[(b+h+d)^2 + c^2\right]\right\} - h\left\{\ln\left[h^2 + (c+e-a)^2\right]\right. \\
& \left. - \ln\left[h^2 + (c+e)^2\right] - \ln\left[h^2 + (c-a)^2\right] + \ln\left[h^2 + c^2\right]\right\} \\
& + (b+h)\left\{\ln\left[(b+h)^2 + (c+e-a)^2\right] - \ln\left[(b+h)^2 + (c+e)^2\right]\right. \\
& \left. - \ln\left[(b+h)^2 + (c-a)^2\right] + \ln\left[(b+h)^2 + c^2\right]\right\}
\end{aligned}$$

2. 不同矩形截面永磁体 x 向磁力 F_x

当 β_1=π，β_2=π时，对式（5.6）积分得

$$F_x = -\frac{B_{r1}B_{r2}L}{\pi\mu_0}\iint\limits_{s_1 s_2}\frac{1}{r_{PM}^3}\cos 3\theta \mathrm{d}s_1\mathrm{d}s_2$$

$$= -\frac{B_{r1}B_{r2}L}{\pi\mu_0}\int_0^a\int_0^b\int_c^{c+e}\int_{b+h}^{b+h+d}\frac{\cos 3\theta \mathrm{d}x_1\mathrm{d}z_1\mathrm{d}x_2\mathrm{d}z_2}{\left[(x_2-x_1)^2+(z_2-z_1)^2\right]^{3/2}}$$

$$\cos 3\theta = -3\cos\theta + 4\cos^3\theta$$

$$= -3\frac{x_2-x_1}{\left[(x_2-x_1)^2+(z_2-z_1)^2\right]^{1/2}} + 4\frac{(x_2-x_1)^3}{\left[(x_2-x_1)^2+(z_2-z_1)^2\right]^{3/2}}$$

$$F_x = -\frac{B_{r1}B_{r2}L}{\pi\mu_0}\iint\limits_{s_1 s_2}\frac{1}{r_{PM}^3}\cos 3\theta \mathrm{d}s_1\mathrm{d}s_2$$

$$= -\frac{B_{r1}B_{r2}L}{\pi\mu_0}\int_0^a\int_0^b\int_c^{c+e}\int_{b+h}^{b+h+d}\left\{-3\frac{x_2-x_1}{\left[(x_2-x_1)^2+(z_2-z_1)^2\right]^2}\right.$$

$$\left.+4\frac{(x_2-x_1)^3}{\left[(x_2-x_1)^2+(z_2-z_1)^2\right]^3}\right\}\mathrm{d}x_1\mathrm{d}z_1\mathrm{d}x_2\mathrm{d}z_2$$

$$= -\frac{B_{r1}B_{r2}L\times 10^{-6}}{4\pi\mu_0}\omega(c) \tag{6.2}$$

$$\omega(c) = 2(h+d)\left[\arctan\left(\frac{c+e}{h+d}\right) - \arctan\left(\frac{c+e-a}{h+d}\right) + \arctan\left(\frac{c-a}{h+d}\right) - \arctan\left(\frac{c}{h+d}\right)\right]$$

$$+2(b+h+d)\left[\arctan\left(\frac{c+e-a}{b+h+d}\right) - \arctan\left(\frac{c+e}{b+h+d}\right) - \arctan\left(\frac{c-a}{b+h+d}\right)\right.$$

$$\left.+\arctan\left(\frac{c}{b+h+d}\right)\right] + 2h\left[\arctan\left(\frac{c+e-a}{h}\right) - \arctan\left(\frac{c+e}{h}\right) - \arctan\left(\frac{c-a}{h}\right)\right.$$

$$\left.+\arctan\left(\frac{c}{h}\right)\right] + 2(b+h)\left[\arctan\left(\frac{c+e}{b+h}\right) - \arctan\left(\frac{c+e-a}{b+h}\right) + \arctan\left(\frac{c-a}{b+h}\right)\right.$$

$$\left.-\arctan\left(\frac{c}{b+h}\right)\right] + (c+e-a)\left\{\ln\left[(c+e-a)^2 + (b+h+d)^2\right] - \ln\left[(c+e-a)^2\right.\right.$$

$$+(h+d)^2\Big]+\ln\Big[(c+e-a)^2+h^2\Big]-\ln\Big[(c+e-a)^2+(b+h)^2\Big]\Big\}$$
$$+(c+e)\Big\{\ln\Big[(c+e)^2+(h+d)^2\Big]-\ln\Big[(c+e)^2+(b+h+d)^2\Big]$$
$$-\ln\Big[(c+e)^2+h^2\Big]+\ln\Big[(c+e)^2+(b+h)^2\Big]\Big\}+(c-a)\Big\{\ln\Big[(c-a)^2$$
$$+(h+d)^2\Big]-\ln\Big[(c-a)^2+(b+h+d)^2\Big]-\ln\Big[(c-a)^2+h^2\Big]$$
$$+\ln\Big[(c-a)^2+(b+h)^2\Big]\Big\}+c\Big\{\ln\Big[c^2+(b+h+d)^2\Big]$$
$$-\ln\Big[c^2+(h+d)^2\Big]+\ln\left(c^2+h^2\right)-\ln\Big[c^2+(b+h)^2\Big]\Big\}$$

式（6.1）和式（6.2）为一对纵向长度为 L 的两个不同矩形横截面的永磁体磁力解析模型。适用任意磁化方向的两个不同矩形截面永磁体磁力解析模型[25,26]为

$$\begin{aligned}F_z&=k\iint\frac{1}{r_{PM}^3}\left[\sin(\beta_1+\beta_2-3\theta)\right]\mathrm{d}s_1\mathrm{d}s_2\\&=k\iint\frac{1}{r_{PM}^3}\left[\sin(\beta_1+\beta_2)\cos3\theta-\cos(\beta_1+\beta_2)\sin3\theta\right]\mathrm{d}s_1\mathrm{d}s_2\\&=k\sin(\beta_1+\beta_2)\cdot\omega(c)-k\cos(\beta_1+\beta_2)\cdot\varphi(c)\end{aligned}\tag{6.3}$$

$$\begin{aligned}F_x&=-k\iint\frac{1}{r_{PM}^3}\left[\cos(\beta_1+\beta_2-3\theta)\right]ds_1ds_2\\&=-k\iint\frac{1}{r_{PM}^1}\left[\cos(\beta_1+\beta_2)\cos3\theta+\sin(\beta_1+\beta_2)\sin3\theta\right]ds_1ds_2\\&=-k\cos(\beta_1+\beta_2)\cdot\omega(c)-k\sin(\beta_1+\beta_2)\cdot\varphi(c)\end{aligned}\tag{6.4}$$

式中，$k=\dfrac{B_{r1}B_{r2}L\times10^{-6}}{4\pi\mu_0}$。

6.1.2　ANSYS 仿真验证分析

选用 NdFeB 为永磁材料，其性能为：B_r=1.13T，H_c=800kA/m，$\mu_r=B_r/(\mu_0\times H_c)$=1.124。

1. 磁力 F_z、F_x 与图 6.1 参数的关系

图 6.2 中的 F_z（M）、F_x（M）为式（6.1）和式（6.2）磁力解析模型计算值，F_z（A）、F_x（A）为 ANSYS 仿真值。计算取永磁体长度 L=1000mm。解析计算与 ANSYS 仿真计算结果如下。

1）磁力 F_z、F_x 与图 6.1 中参数 a 的关系

取图 6.1 中永磁体参数为：$b=c=h=5\text{mm}$，$e=15\text{mm}$，$d=5\text{mm}$。将相关参数代入式（6.1）和式（6.2），得出解析模型计算结果及 ANSYS 仿真结果见表 6.1，其中δ为相对误差，磁力单位为 N，并绘制图 6.2 所示趋势对比图。由图 6.2 可以看出：磁力 F_x 随着参数 a 的增大呈先增大后减小的趋势，磁力解析模型计算结果与 ANSYS 仿真结果最大误差为 15.2%，最小误差为 1.9%，平均误差为 7.42%；磁力 F_z 随着参数 a 的增大呈单调递增的趋势，磁力解析模型计算结果与 ANSYS 仿真结果最大误差为 9.0%，最小误差为 0.3%，平均误差为 3.55%。

表 6.1　F_z、F_x 磁力解析模型计算值与仿真值 1

a/mm	F_x(M)/N	F_x(A)/N	δ_1/%	F_z(M)/N	F_z(A)/N	δ_2/%
10	393.2	378.9	3.7	118.3	109.0	8.5
11	408.5	442.6	7.7	168.4	175.1	3.8
12	416.0	404.9	2.8	219.7	231.2	4.9
13	416.0	366.3	13.5	271.2	248.8	9.0
14	408.5	394.3	3.6	322.4	318.2	1.3
15	393.2	371.0	5.9	372.5	373.8	0.3
16	369.8	377.3	1.9	420.3	423.3	0.7
17	337.8	293.0	15.2	464.1	469.1	1.0
18	297.7	271.4	9.6	501.5	518.7	3.3
19	250.8	227.3	10.3	529.8	544.9	2.7

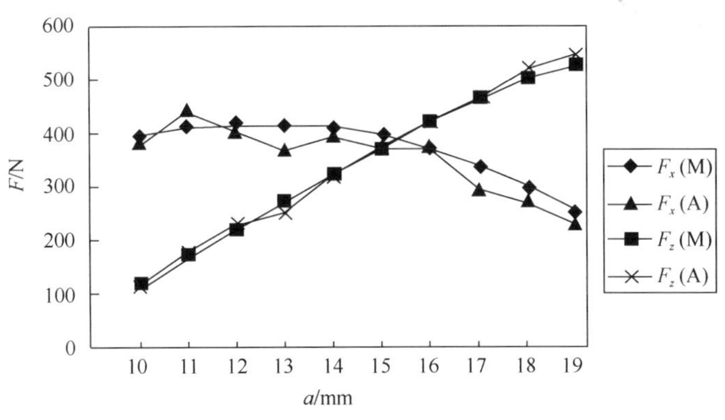

图 6.2　F_z、F_x 磁力趋势图 1

2）磁力 F_z、F_x 与图 6.1 中参数 b 的关系

取图 6.1 中永磁体参数为：$a=d=10\text{mm}$，$c=5\text{mm}$，$e=h=5\text{mm}$。将相关参数代入式（6.1）和式（6.2），得出解析模型计算结果及 ANSYS 仿真结果见表 6.2，并

绘制图 6.3 所示趋势对比图。由图 6.3 可以看出：磁力 F_x 随着参数 b 的增大呈单调递增的趋势，磁力解析模型计算结果与 ANSYS 仿真结果最大误差为 18.2%，最小误差为 1.5%，平均误差为 7.57%；磁力 F_z 随着参数 b 的增大呈单调递增的趋势，磁力解析模型计算结果与 ANSYS 仿真结果最大误差为 11.4%，最小误差为 0.2%，平均误差为 5.62%。

表 6.2　F_z、F_x 磁力解析模型计算值与仿真值 2

b/mm	F_x(M)/N	F_x(A)/N	δ_1 /%	F_z(M)/N	F_z(A)/N	δ_2 /%
2	102.2	95.2	7.3	163.2	151.7	7.5
4	163.2	138.0	18.2	272.7	281.4	3.0
6	201.0	183.2	9.7	349.1	385.2	9.3
8	225.3	228.9	1.5	404.3	403.5	0.2
10	241.5	222.0	8.7	445.3	421.3	5.6
12	252.7	238.6	5.9	476.4	427.6	11.4
14	260.6	281.2	7.3	500.6	460.3	8.7
16	266.4	288.2	7.5	519.7	488.3	6.4
18	270.7	277.8	2.5	535.0	540.4	1.0
20	274.0	295.1	7.1	547.5	565.5	3.1

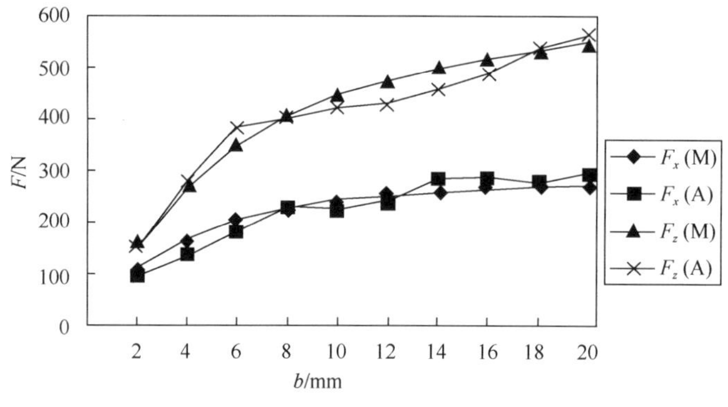

图 6.3　F_z、F_x 磁力趋势图 2

3）磁力 F_z、F_x 与图 6.1 中参数 c 的关系

取图 6.1 中永磁体参数为：$a=d=$10mm，$b=$5mm，$e=h=$5mm。将相关参数代入式（6.1）和式（6.2），得出解析模型计算结果及 ANSYS 仿真结果见表 6.3，并绘制图 6.4 所示趋势对比图。由图 6.4 可以看出：磁力 F_x 磁力解析模型计算结果与 ANSYS 仿真结果最大误差为 16.9%，最小误差为 0.7%，平均误差为 7.39%；F_z 磁力解析模型计算结果与 ANSYS 仿真结果最大误差为 15.6%，最小误差为

1.1%，平均误差为 8.77%。

表 6.3　F_z、F_x 磁力解析模型计算值与仿真值 3

c/mm	F_x(M)/N	F_x(A)/N	δ_1 /N	F_z(M)/N	F_z(A)/N	δ_2 /%
−5	−269.1	−236.1	13.9	—	—	—
−3	−292.0	−322.7	9.5	124.5	125.9	1.1
−1	−239.0	−211.0	13.2	259.6	233.6	11.1
1	−115.9	−118.3	2.0	352.9	412.6	14.4
3	39.5	40.5	2.4	372.8	360.9	3.2
5	184.2	175.3	5.0	314.2	319.0	1.5
7	275.7	289.0	4.6	194.1	176.0	10.2
9	288.6	246.7	16.9	58.0	51.7	12.1
11	238.9	240.8	0.7	−44.1	−51.4	14.2
13	168.1	159.0	5.7	−94.3	−111.8	15.6

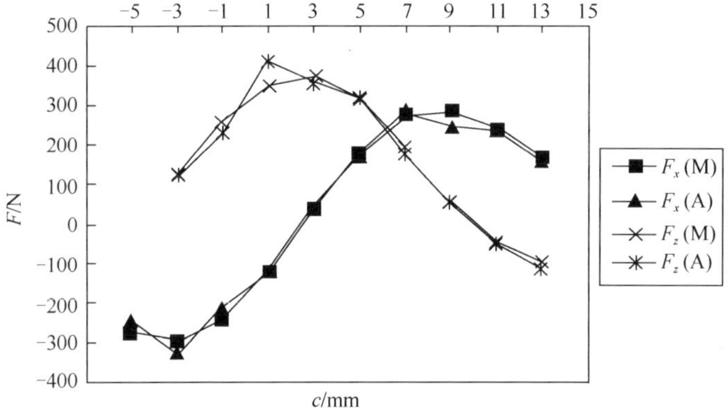

图 6.4　F_z、F_x 磁力趋势图 3

4）磁力 F_z、F_x 与图 6.1 中参数 d 的关系

取图 6.1 中永磁体参数为：a=e=10mm，c=5mm，b=h=5mm。将相关参数代入式（6.1）和式（6.2），得出解析模型计算结果及 ANSYS 仿真结果见表 6.4，并绘制图 6.5 所示趋势对比图。由图 6.5 可以看出：磁力 F_x 随着参数 d 的增大呈单调递增的趋势，其最大误差为 14.3%，最小误差为 0.4%，平均误差为 8.19%；磁力 F_z 随着参数 d 的增大呈单调递增的趋势，其最大误差为 17.0%，最小误差为 3.2%，平均误差为 7.18%。

表 6.4　F_z、F_x 磁力解析模型计算值与仿真值 4

d/mm	F_x(M)/N	F_x(A)/N	δ_1 /%	F_z(M)/N	F_z(A)/N	δ_2 /%
4	294.7	282.2	4.4	171.6	156.8	9.4
6	369.1	325.4	13.4	231.2	216.9	6.5
8	419.0	366.4	14.3	277.9	254.4	9.2
10	453.4	420.7	7.7	314.7	291.6	7.9
12	477.6	433.5	10.1	344.0	324.2	6.1
14	495.1	493.1	0.4	367.5	380.7	3.4
16	508.0	506.0	0.4	386.5	399.4	3.2
18	517.7	461.5	12.1	402.1	388.1	3.6
20	525.0	480.9	9.1	414.9	393.1	5.5
22	530.7	589.7	10.0	425.7	513.0	17.0

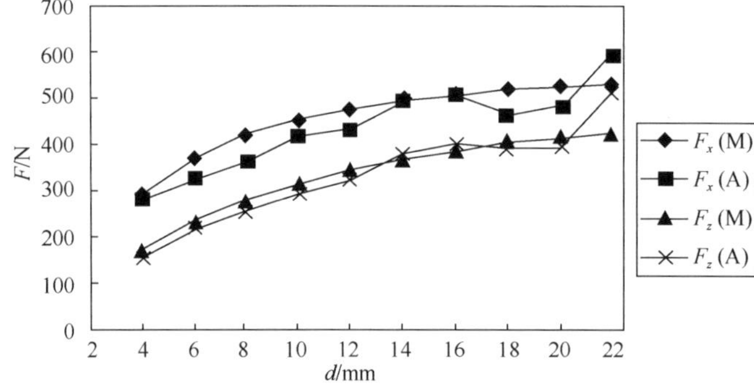

图 6.5　F_z、F_x 磁力趋势图 4

5）磁力 F_z、F_x 与图 6.1 中参数 e 的关系

取图 6.1 中永磁体参数为：a=10mm，c=0mm，b=d=h=5mm。将相关参数代入式（6.1）和式（6.2），得出解析模型计算结果及 ANSYS 仿真结果见表 6.5，并绘制图 6.6 所示趋势对比图。由图 6.6 可以看出：磁力 F_x 磁力解析模型计算结果与 ANSYS 仿真结果最大误差为 18.5%，最小误差为 1.9%，平均误差为 9.41%；磁力 F_z 随着参数 e 的增大呈增大趋势，其最大误差为 18.8%，最小误差为 4.4%，平均误差为 10.37%。

表 6.5　F_z、F_x 磁力解析模型计算值与仿真值 5

e/mm	F_x(M)/N	F_x(A)/N	δ_1 /%	F_z(M)/N	F_z(A)/N	δ_2 /%
1	−46.2	−56.7	18.5	26.6	30.0	11.3
2	−86.3	−96.5	10.5	65.1	55.2	17.9
3	−116.9	−109.2	7.0	113.2	120.1	5.7
4	−135.9	−126.6	7.3	167.7	149.9	11.8

续表

e/mm	F_x(M)/N	F_x(A)/N	δ_1 /%	F_z(M)/N	F_z(A)/N	δ_2 /%
5	−142.4	−161.2	11.6	225.4	189.7	18.8
6	−135.9	−131.8	3.1	283.0	260.5	8.6
7	−116.9	−109.2	7.0	337.5	310.1	8.8
8	−86.3	−88.0	1.9	385.6	369.0	4.4
9	−46.2	−39.2	17.8	424.2	384.8	10.2
10	0	−5.5	—	450.7	424.2	6.2

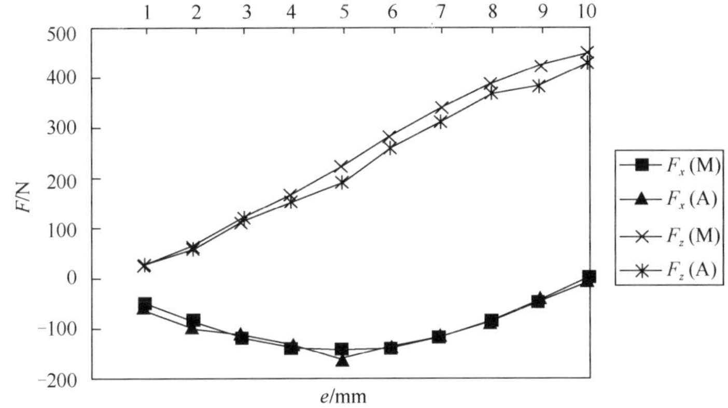

图 6.6　F_z、F_x 磁力趋势图 5

6）磁力 F_z、F_x 与图 6.1 中参数 h 的关系

取图 6.1 中永磁体参数为：a=d=10mm，c=5mm，b=e=10mm。将相关参数代入式（6.1）和式（6.2），得出解析模型计算结果及 ANSYS 仿真结果见表 6.6，并绘制趋势对比图。由图 6.7 可以看出：磁力 F_x 随着参数 h 的增大呈单调递减的趋势，其最大误差为 15.9%，最小误差为 4.4%，平均误差为 11.52%；磁力 F_z 随着参数 h 的增大呈单调递减的趋势，其最大误差为 11.5%，最小误差为 4.5%，平均误差为 7.7%。

表 6.6　F_z、F_x 磁力解析模型计算值与仿真值 6

h/mm	F_x(M)/N	F_x(A)/N	δ_1 /%	F_z(M)/N	F_z(A)/N	δ_2 /%
5	619.7	548.9	12.8	489.0	459.7	6.3
6	504.7	447.6	12.7	435.1	398.0	9.3
7	413.9	365.2	13.3	387.1	364.4	6.2
8	341.9	327.2	4.4	344.6	311.1	10.7
9	284.3	255.8	11.1	307.2	292.6	4.9
10	238.0	218.4	8.9	274.4	250.3	9.6
11	200.4	180.0	11.3	245.6	224.9	9.2
12	169.8	151.4	12.1	220.4	197.5	11.5
13	147.7	124.8	15.9	198.2	189.5	4.5
14	124.0	110.1	12.7	178.7	170.4	4.8

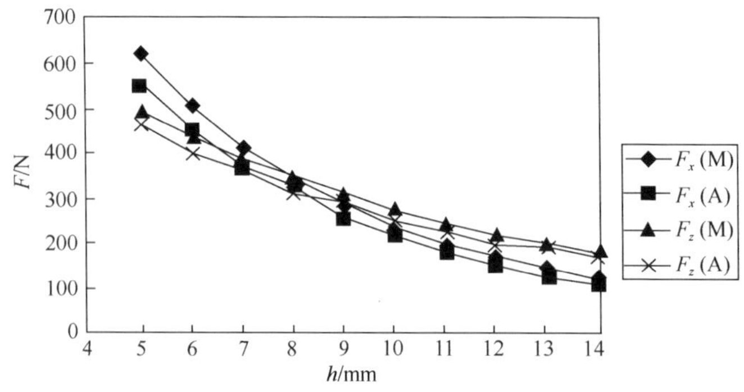

图 6.7 F_z、F_x磁力趋势图 6

2. 误差分析

ANSYS 仿真以一个永磁体截面尺寸是 10mm×5mm，另一个永磁体尺寸是 20mm×5mm 为例。当包围永磁体的空气边界选取 50mm×50mm 时，ANSYS 仿真结果得出的平均误差为 8.33%；当空气边界变为 100mm×100mm 时，ANSYS 仿真结果得出的平均误差为 6.17%；当空气边界取 150mm×150mm 时，ANSYS 仿真与解析模型计算的平均误差为 6.01%。可以看出当空气边界放大时，误差呈逐渐减小的趋势。

ANSYS 仿真网格划分按照精度由高到低分为 1～10 级。当选定空气边界为 100mm×100mm，网格划分水平为最精细的第 1 级别时，ANSYS 仿真结果得出的平均误差为 6.17%；当网格划分水平为相对粗糙的第 4 级别时，ANSYS 仿真结果得出的平均误差为 9.38%。可以看出当网格划分水平精细级别提高时，误差呈减小的趋势。

由上面分析可以看出，ANSYS 仿真中不同边界取值范围或不同精度的网格划分都会影响仿真计算的精度。当选取合适的尺寸和划分精度后平均误差都在工程误差允许的范围内。

6.1.3 不同矩形截面永磁环构成 Halbach 永磁轴承磁力模型

基于不同矩形截面的两个平行永磁体磁力解析模型，建立由不同矩形截面永磁环构成的 Halbach 永磁轴承磁力解析模型，分析 Halbach 永磁轴承磁力与轴承几何参量的关系。图 6.8 为由不同矩形截面永磁环构成的 Halbach 永磁轴承沿半径方向的剖面图，外壳及装在外壳的永磁环构成定子部分，轴及装在轴上的永磁环构成转子部分。图中标为 M 的永磁体横截面尺寸相同，标为 N 的永磁体横截面尺寸相同，但 M 与 N 的截面尺寸不同。

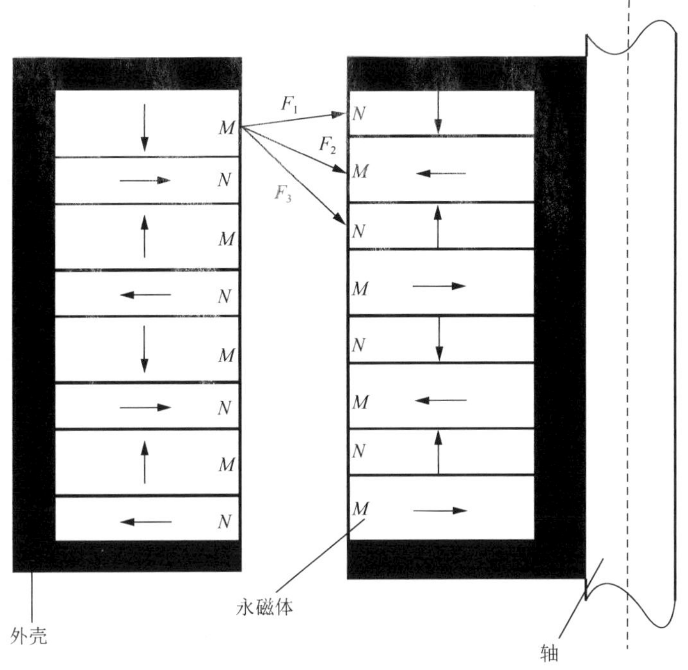

图 6.8　不同矩形截面永磁环构成的 Halbach 永磁轴承沿半径方向的剖面图

1. 不同矩形截面永磁环构成 Halbach 永磁轴承轴向磁力

为了建立由不同矩形截面永磁环构成 Halbach 永磁轴承磁力解析模型，建立图 6.9 所示坐标系，以便采用式（6.1）～式（6.4）磁力解析公式来建立由不同矩形截面永磁环构成的 Halbach 永磁轴承磁力解析模型。设内外磁环的径向厚度相同，即式（6.1）和式（6.2）中 $b=d$；内外磁环径向间隙为 h；大截面磁环轴向宽度为 a；小截面磁环轴向宽度为 e；内磁环相对外磁环向右位移距离为 c，箭头所指方向为磁体的磁化方向，两磁环径向磁力为 F_z，轴向磁力为 F_x，则

$$F_x = \sum_{i=1}^{n}\sum_{j=1}^{n} F_{xij}$$

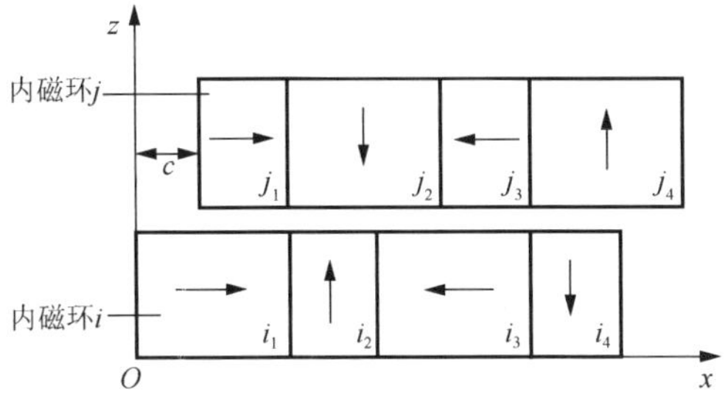

图 6.9　由不同矩形截面永磁环构成 Halbach 永磁轴承磁力解析模型的参数图

由式（6.1）和式（6.2）～式（6.4）并结合图 6.9 可得

$$F_x=-\frac{B_{r1}B_{r2}L\times10^{-6}}{4\pi\mu_0}\times\sum_{i=1}^{n}\sum_{j=1}^{n}\left[\cos\left(\beta_i+\beta_j\right)\times\omega_{ij}\left(c\right)+\sin\left(\beta_i+\beta_j\right)\times\varphi_{ij}\left(c\right)\right] \quad (6.5)$$

式中，L 为内外磁环的平均周长；n 为内（或外）磁环数，内外磁环数相等，图 6.9 中 n=4；β_i 为外磁环 i 号磁环磁化方向与 x 轴之间的夹角；β_j 为内磁环 j 号磁环磁化方向与 x 轴之间的夹角；i 号磁环与 j 号磁环的轴向偏移为 c_{ij}。

由式（6.5）可以推出图 6.9 永磁轴承轴向磁力为

$$\begin{aligned}F_x=\frac{B_{r1}B_{r2}L\times10^{-6}}{4\pi\mu_0}\Big[&-\omega_{11}(c)+\varphi_{12}(c)+\omega_{13}(c)-\varphi_{14}(c)-\varphi_{21}(c)\quad\omega_{22}(c)+\varphi_{23}(c)\\&+\omega_{24}(c)+\omega_{31}(c)-\varphi_{32}(c)-\omega_{33}(c)+\varphi_{34}(c)+\varphi_{41}(c)+\omega_{42}(c)-\varphi_{43}(c)-\omega_{44}(c)\Big]\end{aligned} \quad (6.6)$$

2. ANSYS 有限元仿真分析 Halbach 阵列叠堆永磁轴承轴向磁力

设图 6.9 磁环径向间隙为 1mm，轴向偏移量 c 为 5mm，i_1 为 10mm×10mm，j_1 为 10mm×5mm，可得各项中的参数分别如下：

$\omega_{11}(c)$ 中各个参数为 $a=b=d$=10mm，c=5mm，e=5mm，h=1mm；

$\varphi_{12}(c)$ 中各个参数为 $a=b=d=e$=10mm，c=10mm，h=1mm；

$\omega_{13}(c)$ 中各个参数为 $a=b=d$=10mm，c=20mm，e=5mm，h=1mm；

$\varphi_{14}(c)$ 中各个参数为 $a=b=d=e$=10mm，c=25mm，h=1mm；

$\varphi_{21}(c)$ 中各个参数为 $a=e$=5mm，$b=d$=10mm，c=–5mm，h=1mm；

$\omega_{22}(c)$ 中各个参数为 a=5mm，$b=d=e$=10mm，c=0mm，h=1mm；

$\varphi_{23}(c)$ 中各个参数为 $a=e$=5mm，$b=d$=10mm，c=20mm，h=1mm；

$\omega_{24}(c)$ 中各个参数为 a=5mm，$b=d=e$=10mm，c=25mm，h=1mm；

$\omega_{31}(c)$ 中各个参数为 $a=b=d$=10mm，c=–10mm，e=5mm，h=1mm；

$\varphi_{32}(c)$ 中各个参数为 $a=b=d=e$=10mm，c=–5mm，h=1mm；

$\omega_{33}(c)$ 中各个参数为 $a=b=d$=10mm，c=5mm，e=5mm，h=1mm；

$\varphi_{34}(c)$ 中各个参数为 $a=b=d=e$=10mm，c=10mm，h=1mm；

$\varphi_{41}(c)$ 中各个参数为 $a=e$=5mm，$b=d$=10mm，c=–20mm，h=1mm；

$\omega_{42}(c)$ 中各个参数为 a=5mm，$b=d=e$=10mm，c=–15mm，h=1mm；

$\varphi_{43}(c)$ 中各个参数为 $a=e$=5mm，$b=d$=10mm，c=–5mm，h=1mm；

$\omega_{44}(c)$ 中各个参数为 a=5mm，$b=d=e$=10mm，c=0mm，h=1mm。

结合式（6.1）可得 $\omega_{ij}(c)$ 与 $\varphi_{ij}(c)$ 值，见表 6.7。

表 6.7　$\omega_{ij}(c)$ 与 $\varphi_{ij}(c)$ 计算值

$\omega_{11}(c)$	$\varphi_{12}(c)$	$\omega_{13}(c)$	$\varphi_{14}(c)$	$\varphi_{21}(c)$	$\omega_{22}(c)$	$\varphi_{23}(c)$	$\omega_{24}(c)$
−8.33	7.88	−4.56	1.85	1.37	−8.33	2.54	−4.56
$\omega_{31}(c)$	$\varphi_{32}(c)$	$\omega_{33}(c)$	$\varphi_{34}(c)$	$\varphi_{41}(c)$	$\omega_{42}(c)$	$\varphi_{43}(c)$	$\omega_{44}(c)$
1.84	−9.23	−8.33	7.88	7.64	1.84	1.37	−8.33

解析计算与软件仿真分析选用稀土 NdFeB 作为永磁轴承材料，其性能为：$B_r = 1.13\text{T}$，$H_c = 800\text{kA/m}$。设置永磁轴承参数为：径向偏移量 h=1mm，轴向偏移量为 5mm，内磁环内径为 10mm，内磁环外径为 20mm，外磁环内径为 21mm，外磁环外径为 31mm，即 b=d=10mm，磁环平均长度 $L = 2\pi\sqrt{\dfrac{31^2+10^2}{2}}$ mm=144.52mm。图 6.10 中的 $F_{x_{i+j}}$ (M)为式(6.6)磁力解析模型计算值，$F_{x_{i+j}}$ (A)为 ANSYS 仿真值。解析计算与 ANSYS 仿真计算结果对比如表 6.8 所示。

表 6.8　$F_{x_{i+j}}$ 磁力解析模型计算值与仿真值

i+j	i1+j1	i1+j12	i1+j123	i1+j1234	i12+j1234	i123+j1234	i1234+j1234
$F_{x_{i+j}}$ (M)/N	97.29	189.33	136.07	114.46	172.16	490.79	682.81
$F_{x_{i+j}}$ (A)/N	94.33	170.36	151.14	123.58	157.3	461.95	651.09

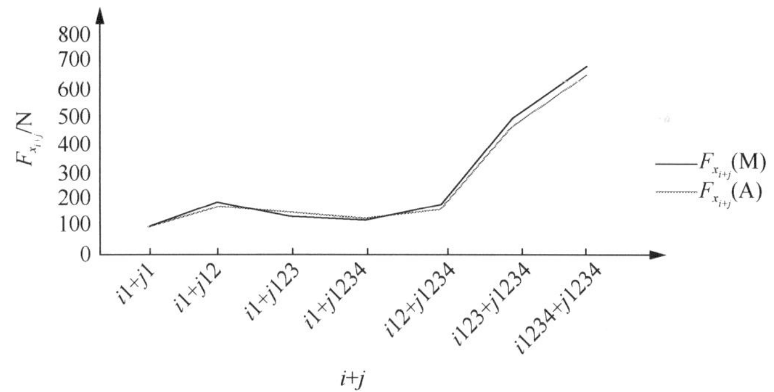

图 6.10　$F_{x_{i+j}}$ 磁体叠堆磁力趋势图

6.2　轴向叠堆永磁轴承结构及其轴向磁力解析模型

本节主要研究具有大承载力和刚度的轴向叠堆永磁轴承，并建立便于工程设计计算的轴向叠堆永磁轴承磁力数学表达式。基于两平行矩形永磁体的磁力解析模型和叠加原理，建立轴向叠堆轴向磁化和旋转磁化永磁轴承轴向承载力解析模型[27-30]。

6.2.1　轴向叠堆永磁轴承结构

将若干对双环永磁轴承轴向叠堆构成轴向叠堆永磁轴承结构，图 6.11 为反向磁化轴向叠堆永磁轴承截面图，图 6.12 为旋转磁化轴向叠堆永磁轴承截面图。

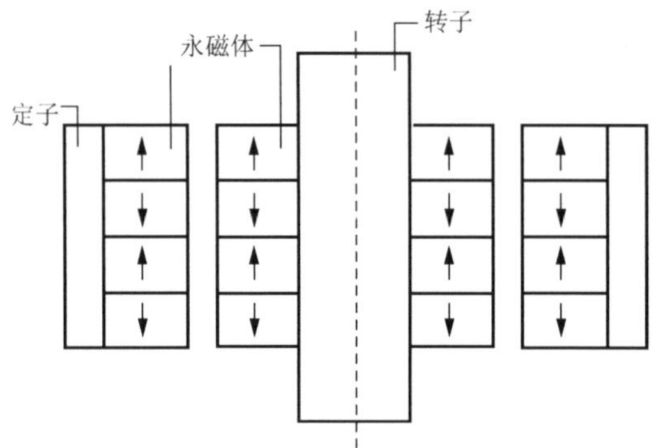

图 6.11　反向磁化轴向叠堆永磁轴承截面图

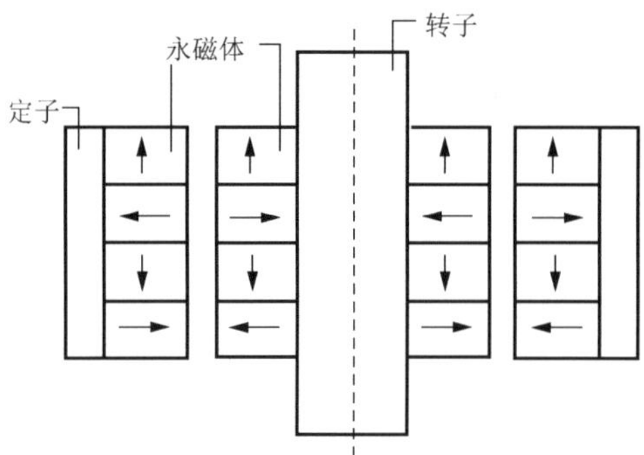

图 6.12　旋转磁化轴向叠堆永磁轴承截面图

6.2.2　轴向叠堆永磁轴承轴向磁力解析模型

1. 纵向长度为 L 的两平行矩形截面永磁体磁力解析模型

将式（5.9）改写为

$$F_z = \pm \frac{B_{r1} B_{r2} L \times 10^{-6}}{4\pi\mu_0} \phi(c) \tag{6.7}$$

式中，当 $\beta_1 + \beta_2 = \pi$（如 $\beta_1 = 0$，$\beta_2 = \pi$；$\beta_1 = \pi/2$，$\beta_2 = \pi/2$）时取“+”号，当 $\beta_1 + \beta_2 = 0$（如 $\beta_1 = 0$，$\beta_2 = 0$；$\beta_1 = \pi/2$，$\beta_2 = -\pi/2$）或 2π 时取“−”号。

$$\begin{aligned}\phi(c)=&2(d+h)\ln\left[c^2+(d+h)^2\right]-2(b+d+h)\ln\left[c^2+(b+d+h)^2\right]\\&-(d+h)\ln\left[(c+a)^2+(d+h)^2\right]+(b+d+h)\ln\left[(c+a)^2+(b+d+h)^2\right]\\&-(d+h)\ln\left[(c-a)^2+(d+h)^2\right]+(b+d+h)\ln\left[(c-a)^2+(b+d+h)^2\right]\\&-2h\ln\left(c^2+h^2\right)+h\ln\left[(c-a)^2+h^2\right]+2(b+h)\ln\left[c^2+(b+h)^2\right]\\&-(b+h)\ln\left[(c-a)^2+(b+h)^2\right]+h\ln\left[(c+a)^2+h^2\right]-(b+h)\ln\left[(c+a)^2+(b+h)^2\right]\\&+4c\left[2\arctan\left(\frac{d+h}{c}\right)-\arctan\left(\frac{b+d+h}{c}\right)-\arctan\left(\frac{h}{c}\right)\right]\\&-2(c+a)\left[2\arctan\left(\frac{d+h}{c+a}\right)-\arctan\left(\frac{b+d+h}{c+a}\right)+\arctan\left(\frac{h}{c+a}\right)\right]\\&-2(c-a)\left[2\arctan\left(\frac{d+h}{c-a}\right)-\arctan\left(\frac{b+d+h}{c-a}\right)-\arctan\left(\frac{h}{c-a}\right)\right]\end{aligned}$$

将式（5.12）改写为

$$F_x=\pm\frac{B_{r1}B_{r2}L\times10^{-6}}{4\pi\mu_0}\varphi(c)\tag{6.8}$$

式中，当 $\beta_1+\beta_2=\pi$ 时取“+”号，当 $\beta_1+\beta_2=0$ 或 2π 时取“−”号。

$$\begin{aligned}\varphi(c)=&(c-a)\ln\left[(c-a)^2+(b+h)^2\right]-2c\ln\left[c^2+(b+h)^2\right]+(c+a)\ln\left[(c+a)^2\right.\\&\left.+(d+h)^2\right]-(c+a)\ln\left[(c+a)^2+(b+d+h)^2\right]-(c+a)\ln\left[(c+a)^2+h^2\right]\\&+(c+a)\ln\left[(c+a)^2+(b+h)^2\right]+(c-a)\ln\left[(c-a)^2+(d+h)^2\right]\\&-2c\ln\left[c^2+(d+h)^2\right]-(c-a)\ln\left[(c-a)^2+(b+d+h)^2\right]\\&+2c\ln\left[c^2+(b+d+h)^2\right]-(c-a)\ln\left[(c-a)^2+h^2\right]+2c\ln(c^2+h^2)\\&+2(d+h)\left[\arctan\left(\frac{c-a}{d+h}\right)+\arctan\left(\frac{c+a}{d+h}\right)-2\arctan\left(\frac{c}{d+h}\right)\right]\\&+2(b+h)\left[\arctan\left(\frac{c-a}{b+h}\right)+\arctan\left(\frac{c+a}{b+h}\right)-2\arctan\left(\frac{c}{b+h}\right)\right]\\&-2h\left[\arctan\left(\frac{c-a}{h}\right)+\arctan\left(\frac{c+a}{h}\right)-2\arctan\left(\frac{c}{h}\right)\right]\\&+2(b+d+h)\left[2\arctan\left(\frac{c}{b+d+h}\right)-\arctan\left(\frac{c+a}{b+d+h}\right)-\arctan\left(\frac{c-a}{b+d+h}\right)\right]\end{aligned}$$

当 $\beta_1+\beta_2=\pi/2$（$\beta_1=0$，$\beta_2=\pi/2$；$\beta_1=\pi$，$\beta_2=-\pi/2$）或 $\beta_1+\beta_2=-\pi/2$（$\beta_1=0$，

$\beta_2 = -\pi/2$； $\beta_1 = -\pi$， $\beta_2 = \pi/2$ ）时：

$$F_z = \pm \frac{B_{r1} B_{r2} L \times 10^{-6}}{4\pi\mu_0} \varphi(c) \tag{6.9}$$

式中，当 $\beta_1 + \beta_2 = \pi/2$ 时取“+”号，当 $\beta_1 + \beta_2 = -\pi/2$ 时取“−”号。

$$F_x = \pm \frac{B_{r1} B_{r2} L \times 10^{-6}}{4\pi\mu_0} \phi(c) \tag{6.10}$$

式中，当 $\beta_1 + \beta_2 = -\pi/2$ 时取“+”号，当 $\beta_1 + \beta_2 = \pi/2$ 时取“−”号。

式（6.7）～式（6.10）即纵向长度为 L 的两块平行矩形截面永磁体在 z 轴和 x 轴方向的磁力解析表达式，它既可用于计算截面为矩形的一对平行永磁体间的磁力，也可用于计算截面为矩形的一对永磁环之间的磁力（即忽略磁环曲率的影响），此时取磁体纵向长度 L 近似为一对磁环的平均周长。

2. 轴向叠堆永磁轴承磁力解析模型

各种磁化方式的叠堆永磁轴承截面几何参数见图 6.13，叠堆轴承的轴向为 x 轴方向，径向为 z 轴方向。

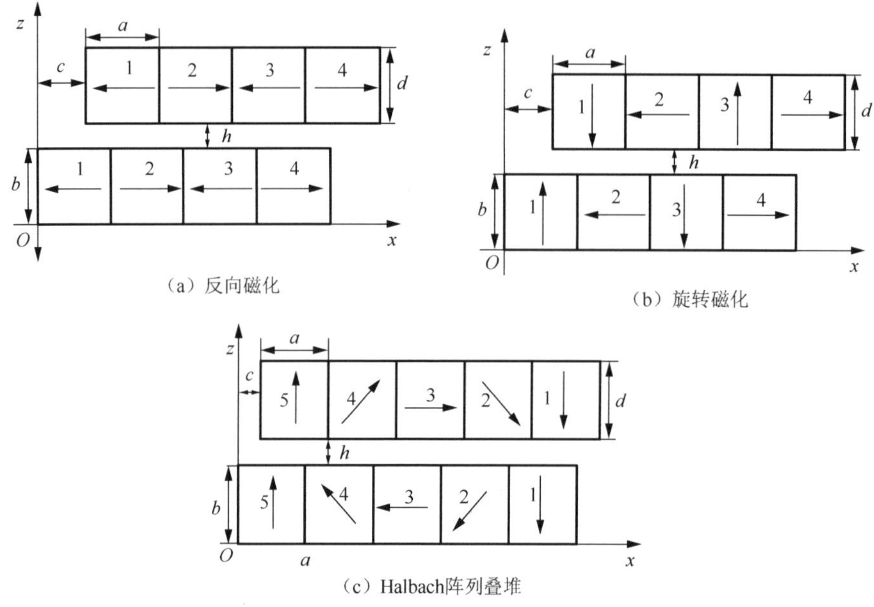

图 6.13　叠堆永磁轴承截面参数

为了便于建立叠堆永磁轴承磁力解析模型，对每个截面进行编号，定义 F_{zij} 为第 j 个内磁环对第 i 个外磁环在轴承 z 方向的磁力；F_{xij} 为第 j 个内磁环对第 i 个外磁环在轴承 x 方向的磁力；第 j 个内磁环对第 i 个外磁环的轴向距离

$c_{ij}=c+(j-i)a$；$\beta_i=\theta_0+(i-1)\theta$；$\beta_j=\theta_0-(j-1)\theta$。其中，$\theta_0$ 为磁化方向起始旋转角；θ 为每次增加的角度数。

（1）反向磁化轴向叠堆永磁轴承如图 6.13（a）所示，当 $(i+j)$ 为偶数时，轴承叠加内外磁环磁化方向为同向，即 $\beta_1+\beta_2=0$ 或 2π；当 $(i+j)$ 为奇数时，轴承叠加内外磁环磁化方向为反向，即 $\beta_1+\beta_2=\pi$。根据叠加原理可得反向磁化轴向叠堆永磁轴承在 z 轴方向总磁力为

$$F_z=\sum_{i=1}^{n}\sum_{j=1}^{n}F_{zij}=\sum_{i=1}^{n}\sum_{j=1}^{n}(-1)^{i+j+1}\frac{B_{r1}B_{r2}L\times10^{-6}}{4\pi\mu_0}\phi(c_{ij}) \tag{6.11}$$

同理可得 x 轴方向总磁力为

$$F_x=\sum_{i=1}^{n}\sum_{j=1}^{n}F_{xij}=\sum_{i=1}^{i=n}\sum_{j=1}^{j=n}(-1)^{i+j+1}\frac{B_{r1}B_{r2}L\times10^{-6}}{4\pi\mu_0}\varphi(c_{ij}) \tag{6.12}$$

（2）旋转磁化轴向叠堆永磁轴承如图 6.13（b）所示，根据叠加原理可求得 F_z 和 F_x 为

$$F_z=\frac{B_{r1}B_{r2}L\times10^{-6}}{4\pi\mu_0}\left[\sum_{i=1}^{n}(n-i-1)\Phi(c_{i1})+\sum_{j=2}^{n}(n-i-1)\Phi(c_{1j})\right] \tag{6.13}$$

$$\Phi(c_{1j})=\begin{cases}(-1)^k\phi(c_{1j}),\ 1+j=2k(k=1,\ 2,\ \cdots)\\(-1)^k\varphi(c_{1j}),\ 1+j=2k+1(k=1,\ 2,\ \cdots)\end{cases}$$

$$\Phi(c_{i1})=\begin{cases}(-1)^k\phi(c_{i1}),\ 1+i=2k(k=1,\ 2,\ \cdots)\\(-1)^{k+1}\varphi(c_{i1}),\ 1+i=2k+1(k=1,\ 2,\ \cdots)\end{cases}$$

$$F_x=\frac{B_{r1}B_{r2}L\times10^{-6}}{4\pi\mu_0}\left[\sum_{i=1}^{n}(n-i-1)\Theta(c_{i1})+\sum_{j=2}^{n}(n-i-1)\Theta(c_{1j})\right] \tag{6.14}$$

$$\Theta(c_{1j})=\begin{cases}(-1)^k\varphi(c_{1j}),\ 1+j=2k(k=1,\ 2,\ \cdots)\\(-1)^k\phi(c_{1j}),\ 1+j=2k+1(k=1,\ 2,\ \cdots)\end{cases}$$

$$\Theta(c_{i1})=\begin{cases}(-1)^k\varphi(c_{i1}),\ 1+i=2k(k=1,\ 2,\ \cdots)\\(-1)^{k+1}\phi(c_{i1}),\ 1+i=2k+1(k=1,\ 2,\ \cdots)\end{cases}$$

（3）Halbach 阵列叠堆永磁轴承如图 6.13（c）所示，根据叠加原理可得 Halbach 阵列叠堆永磁轴承 z 方向总磁力为

$$F_z=\sum_{i=1}^{n}\sum_{j=1}^{n}F_{zij}=\sum_{i=1}^{n}\sum_{j=1}^{n}\frac{B_{r1}B_{r2}L\times10^{-6}}{4\pi\mu_0}\left[\sin(\beta_i+\beta_j)\cdot\varphi(c_{ij})-\cos(\beta_i+\beta_j)\cdot\phi(c_{ij})\right] \tag{6.15}$$

同理可得 x 方向的总磁力为

$$F_x = -\sum_{i=1}^{n}\sum_{j=1}^{n} F_{xij}$$
$$= -\sum_{i=1}^{n}\sum_{j=1}^{n} \frac{B_{r1}B_{r2}L \times 10^{-6}}{4\pi\mu_0}\left[\cos\left(\beta_i + \beta_j\right)\cdot\varphi\left(c_{ij}\right) + \sin\left(\beta_i + \beta_j\right)\cdot\phi\left(c_{ij}\right)\right] \quad (6.16)$$

式（6.11）～式（6.16）既可用于计算截面为矩形的反向磁化叠堆、旋转磁化叠堆和 Halbach 阵列叠堆平行永磁体间的磁力，也可用于计算截面为矩形的叠堆永磁轴承之间的磁力，取磁体纵向长度 L 近似为磁环平均周长。式中，h 为磁环气隙宽度；c 为磁环轴向偏移量；F_z 为轴承径向承载力；F_x 为轴向承载力；磁力单位为 N；长度单位为 mm。

6.2.3 仿真验证解析模型并分析磁力与轴承几何参数的关系

计算和仿真分析选用稀土永磁材料 NdFeB 作为永磁轴承材料，其性能为：$\beta_r = 1.13\text{T}$，$H_c = 800\text{kA/m}$，$\mu_r = B_r/\mu_0 H_c = 1.124$。为了便于计算，对永磁轴承 x 方向的磁力进行验证，下面永磁轴承 x 方向为轴承的轴向。

1. 仿真验证磁力解析模型，在相同参数下比较三种磁化方式的磁力

叠堆永磁轴承模型几何参数为：磁环间气隙宽度 $h = 1\text{mm}$，磁环径向宽度 $b = d = 5\text{mm}$，单个磁环轴向长度 $a = 5\text{mm}$，内磁环内半径 $R_1 = 15\text{mm}$，内磁环外半径 $R_2 = 20\text{mm}$，外磁环内半径 $R_3 = 21\text{mm}$，外磁环外半径 $R_4 = 26\text{mm}$，叠堆磁环数 $n = 4$。按截面等分原则确定双磁环平均周长，设磁环平均周长对应的平均半径为 R_{pj}，则有：$\pi R_4^2 - \pi R_{\text{pj}}^2 = \pi R_{\text{pj}}^2 - \pi R_1^2$，可得：$R_{\text{pj}} = \sqrt{\left(R_4^2 + R_1^2\right)/2}$。则磁环平均周长为：$L = 2\pi R_{\text{pj}} = 2\pi\sqrt{\left(R_4^2 + R_1^2\right)/2} = 133.32\text{mm}$，将相关参数代入式（6.12）和式（6.14）中，同向磁化轴向叠堆永磁轴承（$\beta_1 + \beta_2 = 0$ 或 2π）的解析模型计算结果与 ANSYS 有限元仿真结果见表 6.9，对应的磁力曲线见图 6.14，由图表可以看出：同向磁化轴向叠堆永磁轴承在轴向偏移量为单个磁环轴向长度以下时，其轴向承载力随着磁环轴向偏移量的增大而增大；当轴向偏移量为单个磁环轴向长度，即 $c \approx a$ 时，轴向承载力达到最大；当轴向偏移量在单个磁环轴向长度至轴向总长度一半范围内时，轴向磁力随轴向偏移量的增大而略有减小（近似不变）。

表 6.9 同向磁化轴向叠堆永磁轴承轴向磁力模型计算值与仿真值对比表

c/mm	0	0.5	1	2	3	4	5	6	7	8	9	10
F_{xj}/N	0	25.8	47.9	78.2	94.8	103.1	106.4	107.1	106.4	104.9	103.4	101.8
F_{xf}/N	0.35	22.3	42.7	73.2	89.4	97.5	101.8	100.6	99.5	99.2	98.0	97.3

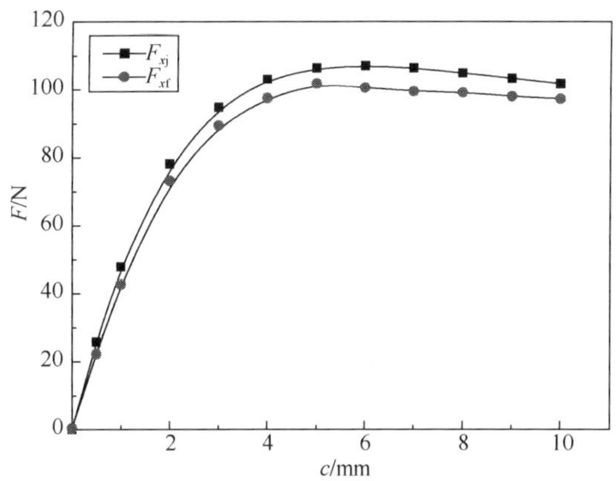

图 6.14　同向磁化轴向叠堆永磁轴承轴向承载力的模型计算值和仿真值的变化曲线

反向磁化轴向叠堆永磁轴承［图 6.13（a）］的解析模型计算结果与 ANSYS 有限元仿真结果见表 6.10，对应的磁力曲线见图 6.15，由图表可以看出：对于反向磁化轴向叠堆永磁轴承，当轴向偏移量在单个磁环轴向长度一半以下时，其轴向承载力随着磁环轴向偏移量的增大而增大；当轴向偏移量为单个磁环轴向长度一半，即 $c \approx a$ 时，轴向承载力达到最大；当轴向偏移量在单个磁环轴向长度一半至单个磁环轴向长度之间时，轴向磁力随轴向偏移量的增加而减小。

表 6.10　反向磁化轴向叠堆永磁轴承轴向磁力模型计算值与仿真值对比表

c/mm	0	0.5	1.0	1.5	2.0	2.5	3.0	3.5	4.0	4.5	5.0	5.5
F_{xj}/N	0	162.1	296.6	392.9	452.4	477.5	469.9	429.1	353.6	243.3	106.4	−32.5
F_{xf}/N	0.45	163.3	259.7	343.3	394.5	415.5	411.2	374.8	304.4	219.6	91.7	−29.3

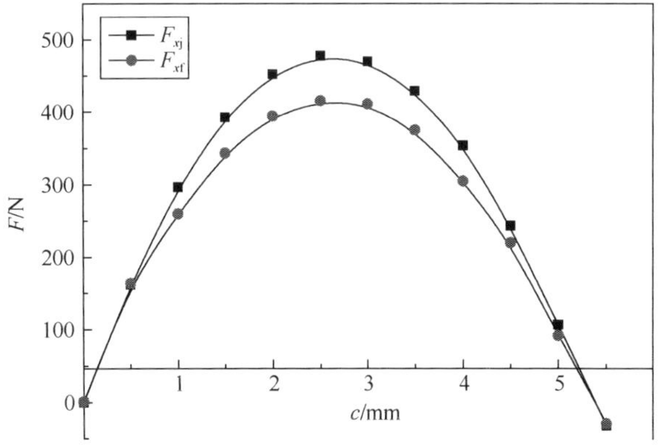

图 6.15　反向磁化轴向叠堆永磁轴承轴向承载力的模型计算值和仿真值的变化曲线

旋转磁化轴向叠堆永磁轴承［图 6.13（b）］的解析模型计算结果与 ANSYS 有限元仿真结果见表 6.11，对应的曲线见图 6.16。由图表可以看出：旋转磁化轴向叠堆永磁轴承当轴向偏移量在单个磁环轴向长度以下时，其轴向承载力随着磁环轴向偏移量的增大而增大；当轴向偏移量为单个磁环轴向长度，即 $c \approx a$ 时，轴向承载力达到最大；轴向偏移量在单个磁环轴向长度至轴向总长度一半范围内时，轴向磁力随轴向偏移的增大而减小。解析模型计算结果与 ANSYS 有限元仿真计算结果最大误差为 14%，最小误差为 6%，平均误差为 9%。

表 6.11　旋转磁化轴向叠堆永磁轴承轴向磁力模型计算值与仿真值对比表

c/mm	0	1	2	3	4	5	6	7	8	9	10
F_{xj}/N	0	212.8	439.2	590.7	682.6	687.5	586.3	440.7	282.6	115.6	−32.4
F_{xf}/N	1.5	225.6	411.2	540.6	609.5	611.8	542.1	412.5	266.4	94.3	−34.9

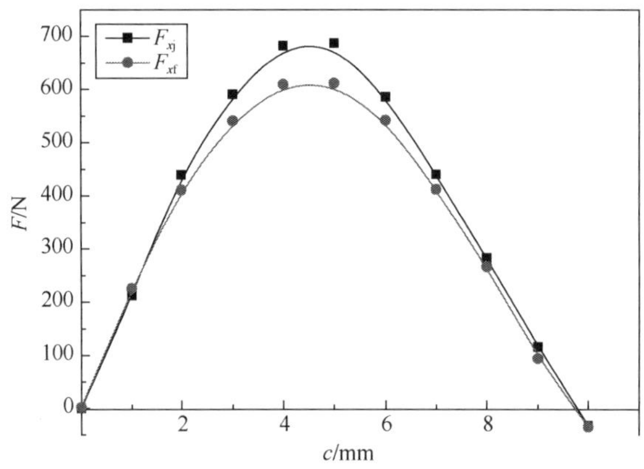

图 6.16　旋转磁化轴向叠堆永磁轴承轴向承载力的模型计算值和仿真值的变化曲线

在 ANSYS 仿真中，由 PLANE53 单元来建立永磁轴承轴对称模型，图 6.17 为旋转磁化轴向叠堆永磁轴承 ANSYS 仿真二维磁力线图。对比以上图表可以看出：在参数相同的条件下，叠堆磁环数 n=4 时，反向磁化轴向叠堆永磁轴承的最大磁力大约是同向磁化轴向叠堆永磁轴承最大磁力的 4 倍，旋转磁化轴向叠堆永磁轴承的最大磁力大约是反向磁化轴向叠堆永磁轴承最大磁力的 1.5 倍，即旋转磁化轴向叠堆永磁轴承的轴向承载力最大。

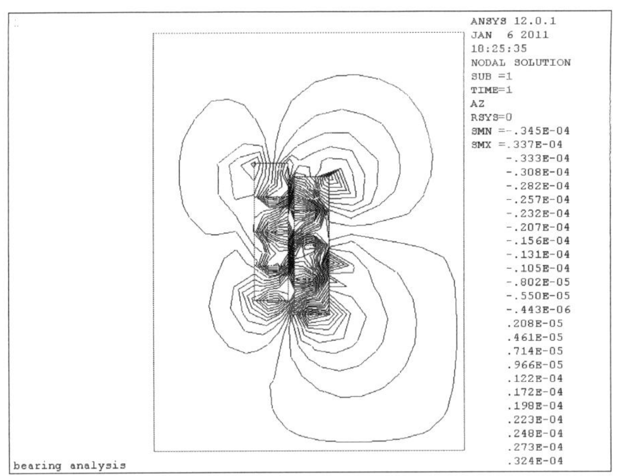

图 6.17　旋转磁化轴向叠堆永磁轴承 ANSYS 仿真二维磁力线

2. 仿真验证式（6.16），并分析轴承轴向磁力与轴向偏移量的关系

磁环尺寸为：$h=1\text{mm}$，$b=d=5\text{mm}$，$a=5\text{mm}$，$R_1=15\text{mm}$，$R_2=20\text{mm}$，$R_3=21\text{mm}$，$R_4=26\text{mm}$，初始旋转角度 $\theta_0=-\pi/2$，每次旋转度数 $\theta=\pi/2$，磁环数 $n=5$，当内磁环向 x 轴正方向偏移时会产生负的轴向磁力，为了便于分析，表 6.12 中的偏移量为 x 负方向的偏移量。解析模型计算值和 ANSYS 仿真值见表 6.12，对应曲线见图 6.18，ANSYS 仿真磁力线变化曲线见图 6.19，其最大误差为 15%，最小误差为 11%，平均误差为 12.5%。由图表可以看出：在轴向偏移大约等于单个磁环轴向长度时，即 $c\approx a$ 时，Halbach 阵列永磁轴承轴向磁力达到最大。

表 6.12　Halbach 阵列永磁轴承轴向磁力模型计算值与仿真值

c/mm	F_{xj}/N	F_{xf}/N
0	0	7.7
0.5	190.4	164.8
1	362.1	326.9
2	635.9	540.8
3	834.4	709.5
4	964.3	827.1
5	986.5	845.8
6	867.6	758.5
7	682.7	589.7
8	472.7	407.3

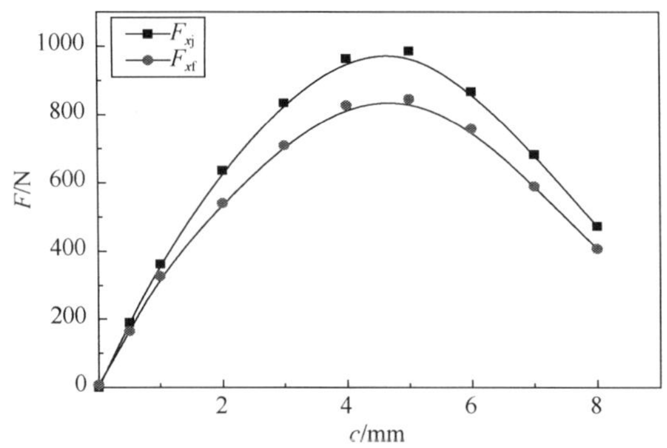

图 6.18 Halbach 阵列永磁轴承轴向磁力模型计算值与仿真值的变化曲线

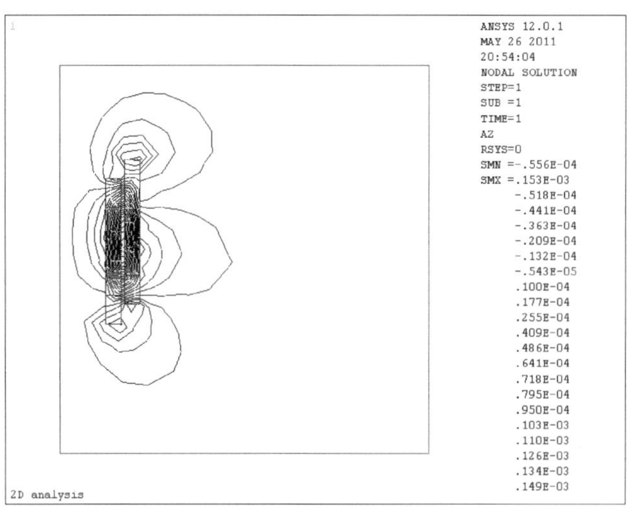

图 6.19 ANSYS 仿真二维磁力线图

3. 轴向叠堆永磁轴承轴向磁力与单个磁环轴向长度的关系

叠堆永磁轴承其他几何参数保持不变，取轴向偏移量 c=1mm，叠堆磁环数 n=4，只改变单个磁环轴向长度 a，将相关参数代入式（6.12）和式（6.14）中，解析模型计算值和 ANSYS 软件仿真值见表 6.13，对应的磁力变化曲线见图 6.20。其中 F_{xj}、F_{xf}、F_{1xj}、F_{1xf}、F_{2xj}、F_{2xf} 分别为同相磁化、反向磁化和旋转磁化轴向叠堆永磁轴承轴向磁力计算值和 ANSYS 软件仿真值。结果表明：当其他参数不变时，同向磁化轴向叠堆永磁轴承在单个磁环轴向长度增大时，其轴向磁力基本保持不变；反向磁化轴向叠堆永磁轴承的轴向磁力随着单个磁环轴向长度的增加而增大；旋转磁化轴向叠堆永磁轴承的轴向磁力在单个磁环轴向长度小于磁环径向宽度时，承载力随单个磁环轴向长度的增加而增大，当单个磁环轴向长度大约等于磁环径向宽度时，即 $d \approx a$ 时，承载力达到最大，当单个磁环轴向长度大于磁环径向宽度时，承载力随单个磁环轴向长度的增大而逐渐减小。解析模型计算结果与 ANSYS 有限元仿真计算结果最大误差为 15%，最小误差为 3%，平均误差为 8.7%。

表 6.13　轴向叠堆永磁轴承轴向磁力模型计算值和仿真值对比表 1

a/mm	1	2	3	4	5	6	7	8
F_{xj}/N	42.2	49.3	49.6	48.6	47.9	47.4	47.0	46.8
F_{xf}/N	36.3	42.7	45.7	44.9	42.7	42.1	41.5	41.2
F_{1xj}/N	9.8	99.2	191.7	257.5	300.5	327.1	342.7	351.2
F_{1xf}/N	9.5	83.1	165.6	219.8	259.7	289.4	308.2	334.5
F_{2xj}/N	30.1	156.1	207.7	218.6	217.8	201.4	189.1	177.6
F_{2xf}/N	48.1	175.9	222.7	237.9	225.6	213.2	179.2	159.4

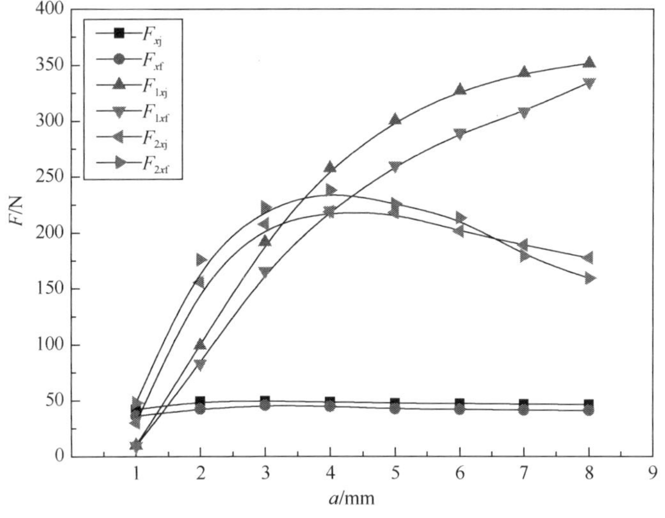

图 6.20　轴向叠堆永磁轴承轴向磁力的模型计算值和仿真值变化曲线 1

4. 轴向叠堆永磁轴承轴向磁力与径向宽度的关系

叠堆永磁轴承其他几何参数保持不变，取轴向偏移量 c=1mm，叠堆磁环数 n=4，只改变磁环径向宽度 d（d=b），将相关参数代入式（6.12）和式（6.14）中，解析模型计算值和 ANSYS 软件仿真值见表 6.14，对应磁力曲线见图 6.21。结果表明：当其他参数不变时，同向磁化、反向磁化和旋转磁化轴向叠堆永磁轴承的轴向磁力都随着磁环径向宽度的增加而增大。解析模型计算结果与 ANSYS 有限元仿真计算结果最大误差为 13%，最小误差为 3.1%，平均误差为 9%。

表 6.14　轴向叠堆永磁轴承轴向磁力模型计算值和仿真值对比表 2

d/mm	1	2	3	4	5	6	7	8
F_{xj}/N	7.4	17.8	28.0	37.9	47.9	57.8	67.5	77.3
F_{xf}/N	6.5	16.8	24.8	36.7	42.7	56.2	62.1	64.6
F_{1xj}/N	58.3	138.3	204.8	256.1	296.6	329.7	358.6	384.1
F_{1xf}/N	55.6	127.5	183.5	230.3	269.7	295.8	322.7	342.7
F_{2xj}/N	37.7	98.4	143.7	208.3	217.8	264.1	311.9	355.9
F_{2xf}/N	29.2	83.3	141.1	200.8	215.6	259.6	303.5	335.6

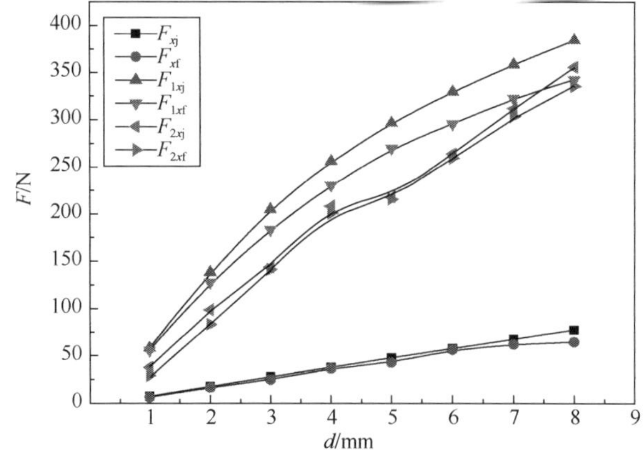

图 6.21　轴向叠堆永磁轴承轴向承载力的模型计算值和仿真值变化曲线 2

5. 反向磁化、旋转磁化轴向叠堆永磁轴承磁力与磁环数量的关系

叠堆永磁轴承其他几何参数保持不变，取轴向偏移量 c=3mm，只改变叠加磁环数量 n，将相关参数代入式（6.12）和式（6.14）中，解析模型计算值和 ANSYS 软件仿真值见表 6.15，对应曲线见图 6.22。结果表明：当单个磁环轴向长度和其他参数不变时，反向磁化和旋转磁化轴向叠堆永磁轴承的轴向磁力都随着磁环数量的增大而增大。解析模型计算结果与 ANSYS 有限元仿真计算结果最大误差为 15%，最小误差为 4%，平均误差为 9.3%。

表 6.15　轴向叠堆永磁轴承轴向磁力模型计算值和仿真值对比表 3

n	2	4	6	8	10
F_{1xj}/N	224.3	469.9	716.9	963.8	1210.6
F_{1xf}/N	203.3	422.3	642.7	859.3	1078.5
F_{2xj}/N	249.1	590.7	974.4	1165.9	1474.0
F_{2xf}/N	210.1	535.4	877.3	1213.9	1545.6

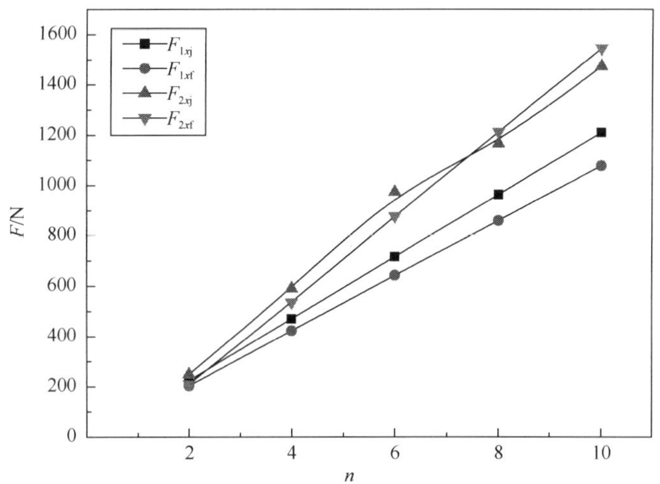

图 6.22　轴向叠堆永磁轴承轴向承载力的模型计算值和仿真值变化曲线 3

6. 轴向总长度不变，反向磁化、旋转磁化结构磁力与磁环数量的关系

取 $h=1\text{mm}$，$c=3\text{mm}$，$b=d=5\text{mm}$，$R_1=15\text{mm}$，在轴承总高度（设为 20mm）不变的情况下，改变叠加磁环数量 n，将相关参数代入式（6.12）和式（6.14）中，解析模型计算值和 ANSYS 软件仿真值见表 6.16，对应磁力曲线见图 6.23。结果表明：当轴向总长度和其他参数不变时，反向磁化和旋转磁化轴向叠堆永磁轴承的轴向磁力都随着磁环数量的增加呈先增大后减小的趋势，对于反向磁化，在单个磁环轴向高度约等于轴向偏移量的 2 倍时，即 $a\approx 2c$ 时，轴承的磁力达到最大；对于旋转磁化，在单个磁环轴向高度约等于轴向偏移量时，即 $a\approx c$ 时，轴承的磁力达到最大。解析模型计算结果与 ANSYS 有限元仿真计算结果最大误差为 14%，最小误差为 1%，平均误差为 8.5%。

表 6.16　轴向叠堆永磁轴承轴向磁力模型计算值和仿真值对比表 4

n	1	2	3	4	6	7	8	10
F_{1xj}/N	93.5	302.2	454.5	469.9	176.5	27.88	−114.4	−184.0
F_{1xf}/N	86.3	274.1	398.9	422.3	161.2	26.3	−103.7	−185.6
F_{2xj}/N	93.5	225.1	421.6	590.7	871.1	792.9	642.6	352.8
F_{2xf}/N	86.3	194.9	366.8	535.4	783.1	814.3	690.8	394.3

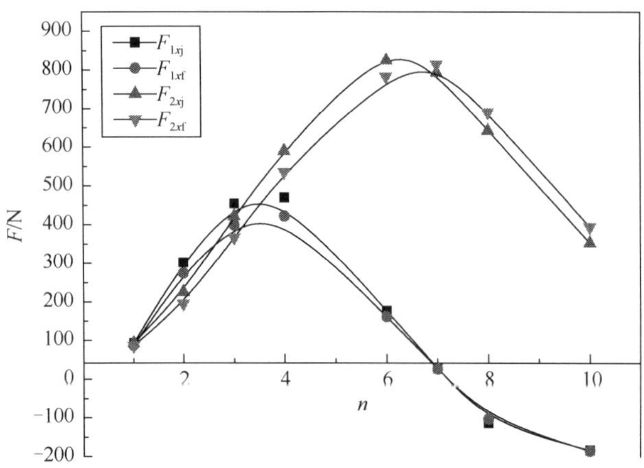

图 6.23 轴向叠堆永磁轴承轴向承载力的模型计算值和仿真值变化曲线 4

7. 在磁极数相同的情况下，分析不同旋转角度的 Halbach 阵列结构磁力与轴向偏移量的关系

取 $h=1\text{mm}$，$b=d=5\text{mm}$，$R_1=15\text{mm}$，$R_2=20\text{mm}$，$R_3=21\text{mm}$，$R_4=26\text{mm}$，轴承总长度为 45mm，磁极数为 3，初始旋转角度 $\theta_0=-\pi/2$，在总磁极数和轴承总长度不变的情况下，只改变叠堆轴承轴向偏移量，每次旋转度数分别为 $\theta=\pi/2$，$\theta=\pi/4$ 和 $\theta=\pi/8$，对应的轴承轴向磁力分别为 F_{xj}、F_{xf}、F_{1xj}、F_{1xf}、F_{2xj} 和 F_{2xf}，其几何剖面图如图 6.24 所示。

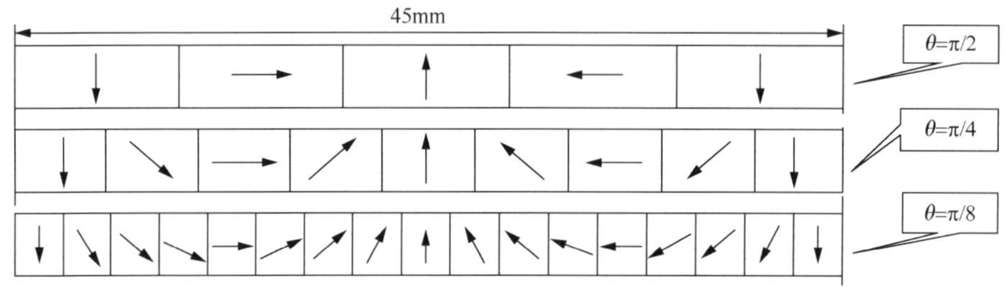

图 6.24 不同旋转角度的 Halbach 阵列剖面图

将相关参数代入式（6.16）中，解析模型计算值和 ANSYS 软件仿真值见表 6.17，对应曲线见图 6.25。其最大误差为 16%，最小误差为 12%，平均误差为 13%。由图表可以看出：在轴承总长度和磁极数不变的情况下，三种磁力都呈现先增大后减小的趋势；在偏移量较小的情况下（$c<1.5d$），旋转角度为 45° 的 Halbach 叠堆永磁轴承的磁力较大；在偏移量较大的情况下（$c>2d$），旋转角度为 22.5° 的 Halbach 叠堆永磁轴承的磁力较大。

表 6.17　Halbach 阵列永磁轴承轴向磁力模型计算值与仿真值 1

c/mm	F_{xj}/N	F_{xf}/N	F_{1xj}/N	F_{1xf}/N	F_{2xj}/N	F_{2xf}/N
1	301.7	251.9	272.7	228.9	257.1	211.8
2	518.9	462.1	494.1	406.4	483.8	415.7
3	673.0	573.8	683.2	568.4	680.7	577.9
4	792.6	658.4	858.5	724.2	836.5	707.8
5	896.5	756.7	1011.3	850.1	962.2	814.6
6	994.5	829.9	1098.5	929.2	1051.9	895.1
7	1087.5	911.3	1135.4	958.4	1106.5	945.3
7.5	1128.4	949.2	1145.6	967.2	1124.1	952.3
8	1160.0	979.5	1152.5	970.2	1133.0	962.9
8.5	1174.0	987.8	1156.0	980.5	1132.2	965.5
9	1159.8	985.2	1154.1	974.5	1123.5	953.8
10	1047.4	886.2	1116.8	946.7	1089.4	923.7
11	897.4	757.2	1023.7	871.3	1027.3	872.3
12	754.8	632.3	913.4	777.8	941.1	804.2

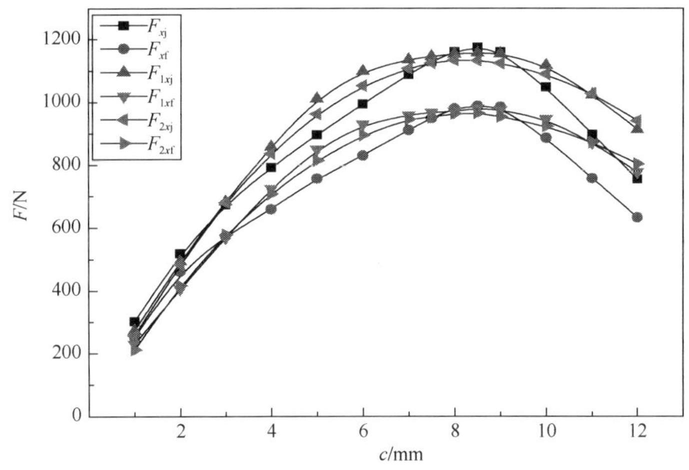

图 6.25　Halbach 阵列永磁轴承轴向磁力模型计算值与仿真值的变化曲线 1

8. 在轴承总长度和旋转角度不变的情况下，分析不同磁极数的 Halbach 阵列结构磁力与轴向偏移量的关系

叠堆永磁轴承其他几何参数保持不变，起始旋转角 $\theta_0=-\pi/2$，每次增加的角度为 $\theta=\pi/4$，轴承总长度为 45mm，磁极分别取 2 和 3，对应的模型计算值和仿真值为 F_{xj}、F_{xf}、F_{1xj}、F_{1xf}，将相关参数代入式(6.16)中，解析模型计算值和 ANSYS 软件仿真值见表 6.18，对应曲线见图 6.26。其最大误差为 17%，最小误差为 11%，平均误差为 13%。由图表可以看出：在轴承总长度和旋转角度相同的情况下，

Halbach 阵列叠堆永磁轴承磁力都随着轴向偏移量的增加呈先增大后减小的趋势；在相同的偏移量时，磁极数为 3 的结构比磁极数为 2 的结构磁力更大，最大时前者是后者的 2 倍左右。

表 6.18　Halbach 阵列永磁轴承轴向磁力模型计算值与仿真值 2

c/mm	F_{xj}/N	F_{xf}/N	F_{1xj}/N	F_{1xf}/N
1	124.3	101.9	272.7	228.9
2	211.9	175.7	494.1	406.4
3	272.6	222.4	683.2	568.4
4	319.1	258.5	858.5	724.2
5	360.4	329.9	1011.3	850.1
6	402.4	322.5	1098.5	929.2
7	448.5	374.3	1135.4	958.4
8	497.9	405.2	1152.5	970.2
9	556.2	434.8	1154.1	974.5
10	539.4	428.2	1116.8	946.7
11	521.5	407.3	1023.7	871.3
12	500.1	397.5	913.4	777.8

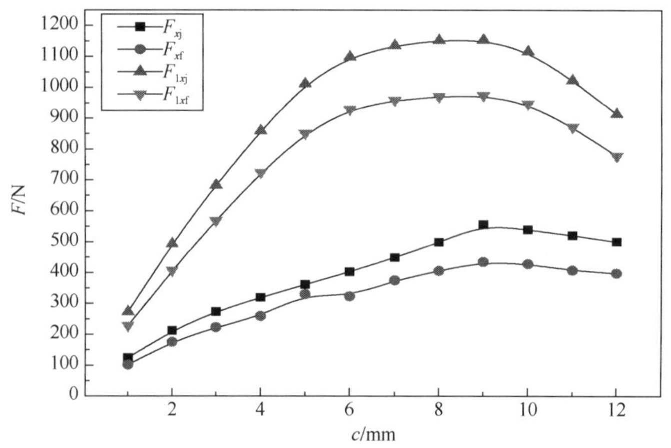

图 6.26　Halbach 阵列永磁轴承轴向磁力模型计算值与仿真值的变化曲线 2

9. 分析 Halbach 阵列叠堆永磁轴承磁力与单个磁环轴向长度的关系

叠堆永磁轴承其他几何参数保持不变，取轴向偏移量 c=3mm，起始旋转角 $\theta_0 = -\pi/2$，叠加磁环数 n=5，每次增加的角度 $\theta = \pi/4$，只改变叠加磁环的轴向长度，将相关参数代入式（6.16）中，解析模型计算值和 ANSYS 软件仿真值见表 6.19，对应曲线见图 6.27。其最大误差为 17%，最小误差为 10%，平均误差为 12%。由图表可以看出：在单个磁环轴向长度小于轴向偏移量时，Halbach 阵列叠堆永磁轴承磁力随单个磁环轴向长度的增大而增大；当单个磁环轴向长度大约等于轴向偏移量时，即 $a \approx c$ 时，承载力达到最大；当单个磁环轴向长度大于轴向偏移量时，承载力随单个磁环轴向长度的增大而减小。

表 6.19　Halbach 阵列永磁轴承轴向磁力模型计算值与仿真值 3

a/mm	F_{xj}/N	F_{xf}/N
1	105.4	92.9
2	388.4	340.8
3	463.2	400.4
4	442.9	377.8
5	398.2	343.5
6	365.8	295.8
7	321.1	275.7
8	293.7	242.3
9	272.6	245.3
10	256.3	227.4

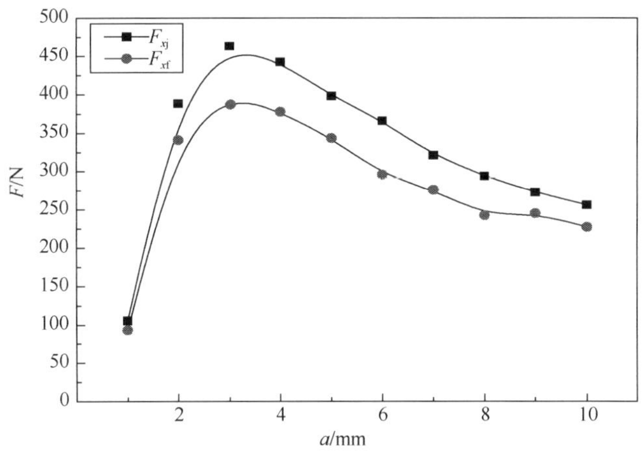

图 6.27　Halbach 阵列永磁轴承轴向磁力模型计算值与仿真值的变化曲线 3

10. 分析 Halbach 阵列叠堆永磁轴承磁力与磁环径向宽度的关系

取 $h = 1\text{mm}$，$a = 5\text{mm}$，$c = 3\text{mm}$，$R_1 = 15\text{mm}$，起始旋转角 $\theta_0 = -\pi/2$，叠加磁环数 n=5，每次增加的角度 $\theta = \pi/4$，只改变叠加磁环的径向宽度，将相关参数代入式（6.16）中，解析模型计算值和 ANSYS 软件仿真值见表 6.20，对应曲线见图 6.28。由图表可以看出：当单个磁环轴向长度、轴向偏移、磁环数量、旋转角度和磁环气隙不变时，Halbach 阵列叠堆永磁轴承轴向磁力随着磁环径向宽度的增大而增大。其最大误差为 18%，最小误差为 11%，平均误差为 13%。

表 6.20　Halbach 阵列永磁轴承轴向磁力模型计算值与仿真值 4

d/mm	F_{xj}/N	F_{xf}/N
1	27.9	23.1
2	98.4	83.1
3	191.3	158.2
4	295.2	246.5
5	404.1	337.3
6	514.3	424.8
7	624.0	523.6
8	732.1	594.1

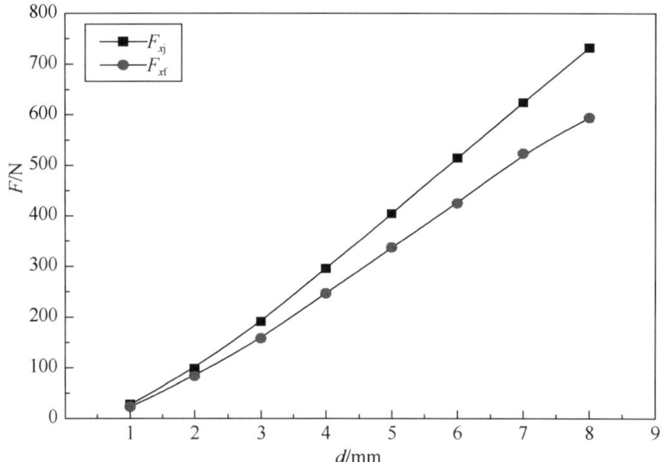

图 6.28　Halbach 阵列永磁轴承轴向磁力模型计算值与仿真值的变化曲线 4

6.3　轴向叠堆永磁轴承径向磁力解析模型

6.3.1　磁力解析模型

本节先建立轴向磁化双环嵌套永磁轴承径向磁力解析模型，基于此解析模型及叠加原理建立轴向叠堆永磁轴承径向磁力解析模型，并对轴向叠堆永磁轴承径向磁力和轴承几何参数的关系进行分析。

1. 双环永磁轴承径向磁力解析模型

双环永磁轴承主视平面图参见图 6.29，为了便于计算，将磁环平均分成 16 等份，即$\theta=\pi/8$，图中，e为轴承径向偏移量；R_2为内磁环外径；R_3为外磁环内径；O_1 为内磁环圆心；O 为外磁环圆心；θ 为每等份对应的旋转角度。在忽略磁环曲率的情况下，每一等份可以近似为两平行矩形永磁体，其受到垂直磁环切面的磁力 F_k 的计算可近似用两平行矩形永磁体的磁力解析模型式（6.9）计算，则轴承的径向承载力就等于各等份磁体在 z 方向上磁力的叠加。

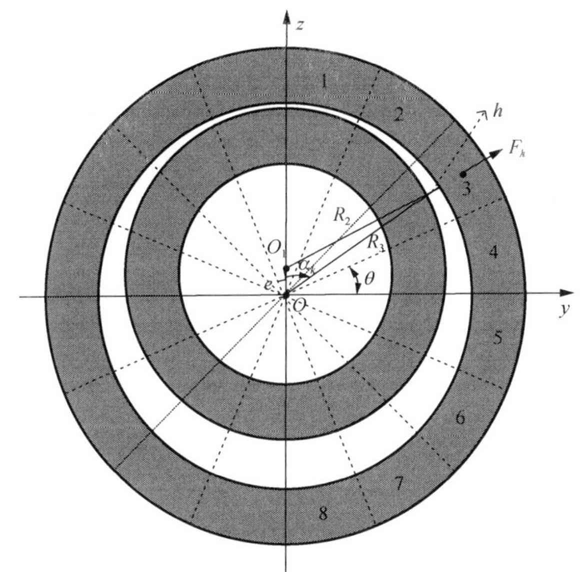

图 6.29　双环永磁轴承主视平面图

由于轴承的对称性，整个磁环的径向磁力为 z 轴右侧磁环部分径向磁力的两倍。为便于计算，将图中磁体进行标号，由几何关系可知各等份的磁环气隙为

$$h_k = \sqrt{R_3^2 + e^2 - 2eR_3 \cos\alpha_k} - R_2 \tag{6.17}$$

式中，$\alpha_k = \dfrac{\theta}{2} + (k-1)\theta$。

磁环径向总承载力为

$$F_z = \pm 2\sum_{k=1}^{k=8}\left(F_k \cos\alpha_k\right) = \pm 2\sum_{k=1}^{k=8}\left[\frac{B_{r1}B_{r2}L\times 10^{-6}}{4\pi\mu_0}\phi(c,\ h_k)\cos\alpha_k\right] \tag{6.18}$$

式中，当 $\beta_1+\beta_2=\pi$ 时取“+”号，当 $\beta_1+\beta_2=0$ 或 2π 时取“−”号。

$$F_x = \pm\sum_{k=1}^{k=8}F_k = \pm\sum_{k=1}^{k=8}\left[\frac{B_{r1}B_{r2}L\times 10^{-6}}{4\pi\mu_0}\varphi(c,\ h_k)\right] \tag{6.19}$$

式（6.18）和式（6.19）中磁体纵向长度 L 近似为磁环平均周长的 1/16。式中，h 为磁环气隙宽度；c 为磁环轴向偏移量；F_z 为轴承径向承载力；F_x 为轴承径向承载力。

2. 轴向叠堆永磁轴承径向磁力解析模型

叠堆永磁轴承每一等份的截面参数如图 6.30 所示，其中（a）为叠堆永磁轴承第 k 等份磁体三维图，（b）中箭头为磁化方向，轴承的轴向为 x 轴方向，径向为 z 轴方向。

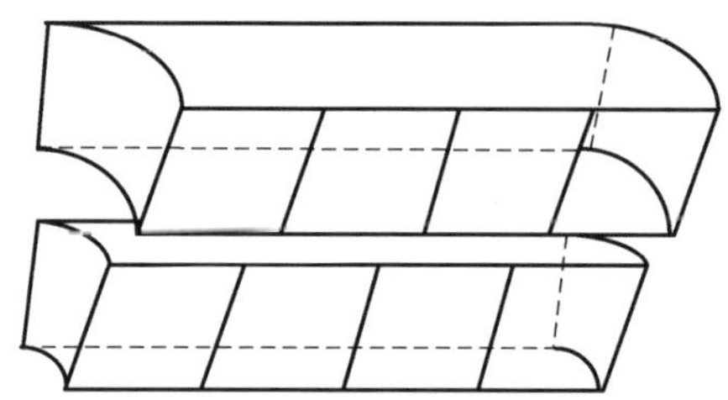

（a）叠堆永磁轴承第k等份磁体三维图

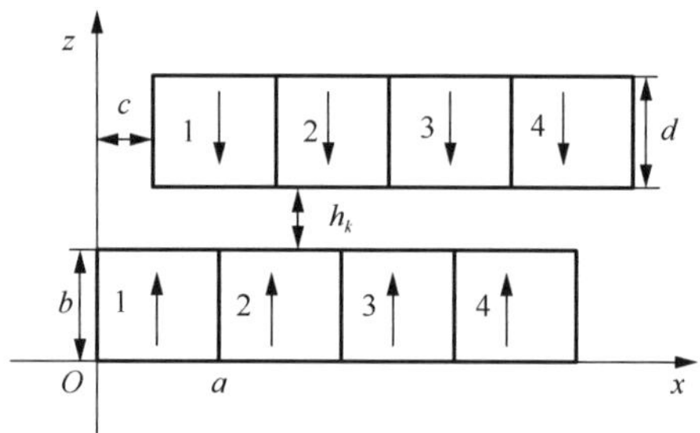

（b）堆叠永磁轴承平面图

图 6.30　堆叠永磁轴承截面参数

为了便于建立叠堆永磁轴承磁力解析模型，对其截面进行编号，定义 F_{zij} 为第 i 个内磁环对第 j 个外磁环在轴承 z 方向（径向）的磁力；F_{xij} 为第 i 个内磁环对第 j 个外磁环在轴承 x 方向（轴向）的磁力；第 j 个内磁环对第 i 个外磁环的轴向距离 $c_{ij}=c+(j-i)a$；h_k 为对应每一等份的平均气隙。则叠堆结构永磁体第 k 块磁体之间 z 方向的磁力 F_{zk} 为

$$F_{zk}=\sum_{i=1}^{i=n}\sum_{j=1}^{j=n}F_{zij}=\sum_{i=1}^{i=n}\sum_{j=1}^{j=n}(-1)^{i+j+1}\frac{B_{r1}B_{r2}L\times 10^{-6}}{4\pi\mu_0}\phi\left(c_{ij},\ h_k\right) \tag{6.20}$$

同理可得图 6.30（a）叠堆结构永磁体第 k 块磁体 x 方向的 F_{xk} 总磁力为

$$F_{xk}=\sum_{i=1}^{i=n}\sum_{j=1}^{j=n}F_{xij}=\sum_{i=1}^{i=n}\sum_{j=1}^{j=n}(-1)^{i+j+1}\frac{B_{r1}B_{r2}L\times 10^{-6}}{4\pi\mu_0}\varphi\left(c_{ij},\ h_k\right) \tag{6.21}$$

根据叠加原理可得永磁体在 z 方向上的总磁力为

$$F_z=2\sum_{k=1}^{k=8}F_{zk}\cos\alpha_k=2\sum_{k=1}^{k=8}\sum_{i=1}^{i=n}\sum_{j=1}^{j=n}(-1)^{i+j+1}\frac{B_{r1}B_{r2}L\times 10^{-6}}{4\pi\mu_0}\phi\left(c_{ij},\ h_k\right)\cos\alpha_k \tag{6.22}$$

x 方向上的总磁力为式（6.23）的 2 倍：

$$F_x = \sum_{k=1}^{k=8} F_{xk} = \sum_{k=1}^{k=8}\sum_{i=1}^{i=n}\sum_{j=1}^{j=n}(-1)^{i+j+1}\frac{B_{r1}B_{r2}L\times10^{-6}}{4\pi\mu_0}\varphi\left(c_{ij},\ h_k\right) \tag{6.23}$$

式（6.22）为轴向叠堆永磁轴承径向磁力解析表达式，L 和 α 选取根据永磁环的平均等份数计算得出，本节选择16等份即 L 为永磁轴承磁环平均周长的1/16，$\theta=\pi/8$，h 为内外磁环气隙，c 为磁环在 x 轴方向偏移量，d 为单个磁体高度，a 为单个磁体长度。

6.3.2　ANSYS 有限元仿真验证解析模型

本节计算分析选用稀土 NdFeB 作为永磁轴承材料，其性能为：$B_r=1.13\text{T}$，$H_c=800\text{kA/m}$，$\mu_r=B_r/(\mu_0 H_c)=1.124$。为便于计算，对永磁体 z 方向的磁力进行验证，永磁轴承 z 方向为轴承的径向。

1. 用前面试验数据和 ANSYS 仿真验证式（6.18）磁力模型

单环永磁轴承模型几何参数轴向偏移量 c=0，磁环径向宽度 b=d=6mm，单个磁环轴向长度 a=12mm，内磁环内半径 R_1=13mm，内磁环外半径 R_2=19mm，外磁环内半径 R_3=20mm，外磁环外半径 R_4=26mm。按截面等分原则确定双磁环平均周长，设磁环平均周长对应的平均半径为 R_{pj}，则有 $\pi R_4^2-\pi R_{pj}^2=\pi R_{pj}{}^2-\pi R_1^2$，可得 $R_{pj}=\sqrt{\left(R_4{}^2+R_1{}^2\right)/2}$。磁环平均周长为 $C=2\pi R_{pj}=2\pi\sqrt{\left(R_4{}^2+R_1{}^2\right)/2}=129.15\text{mm}$，则 $L=\frac{1}{16}C=8.07\text{mm}$。将相关参数代入式（6.14）中，$e$ 为轴承径向偏移量，F_{zj}、F_{zf}、F_{zts} 分别为模型计算值、ANSYS 仿真值和试验数据。其结果见表 6.21，对应的曲线见图 6.31。

表 6.21　单环永磁轴承径向磁力理论值和仿真试验值对比表

e/mm	0.05	0.10	0.15	0.20	0.22	0.25	0.30	0.35	0.385	0.40	0.435	0.45
F_{zj}/N	1.48	2.96	4.45	5.95	6.54	7.45	8.96	10.42	11.55	12.0	13.10	13.55
F_{zf}/N	1.14	2.29	3.52	4.63	5.08	6.14	7.21	7.81	8.43	9.60	11.8	12.0
F_{zts}/N	1.32	2.63	3.91	4.52	5.12	6.13	7.10	7.62	8.12	8.24	8.80	9.61

在本节三维 ANSYS 仿真中，由 SOLID96 单元来建立永磁轴承轴对称模型。由图表可以看出：单环永磁轴承径向磁力随着磁环径向偏移量的增加而增大。仿真值和试验值都与理论模型计算值很接近，平均误差在 10%以内，能满足工程应用的要求。

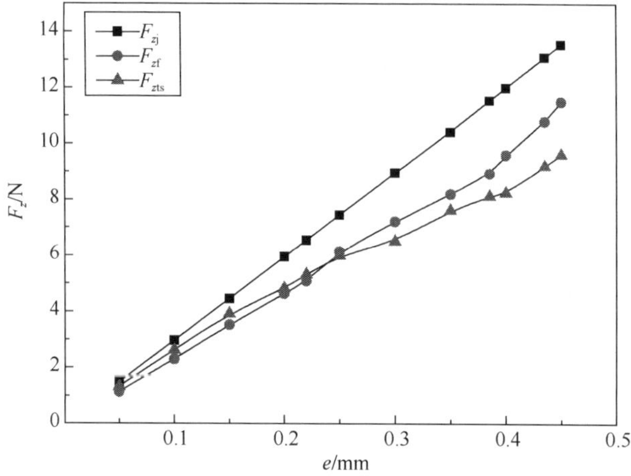

图 6.31　单环永磁轴承径向磁力理论值和仿真试验值变化曲线图

2. 用 ANSYS 仿真验证叠堆永磁轴承验证式（6.22）磁力模型

取几何参数：$c=0$，磁环径向宽度$b=d=5\text{mm}$，$a=5\text{mm}$，$R_1=15\text{mm}$，$R_2=20\text{mm}$，$R_3=21\text{mm}$，$R_4=26\text{mm}$，$n=4$，磁化方式为轴向同向磁化。磁环平均周长为：$C=2\pi R_{pj}=2\pi\sqrt{\left(R_4^{\ 2}+R_1^{\ 2}\right)/2}=133.32\text{mm}$，则$L=\dfrac{1}{16}C=8.3\text{mm}$。将相关参数代入式（6.22）中，理论计算结果和仿真结果见表 6.22，变化曲线图见图 6.32。

表 6.22　叠堆永磁轴承径向磁力理论值和仿真试验值对比表 1

e/mm	0	0.1	0.2	0.3	0.4	0.5	0.6	0.7	0.8
F_{zj}/N	0	2.6	5.3	7.9	10.7	13.5	16.4	19.5	22.7
F_{zf}/N	0.3	2.2	4.4	7.1	9.6	13.4	15.4	17.2	20.2

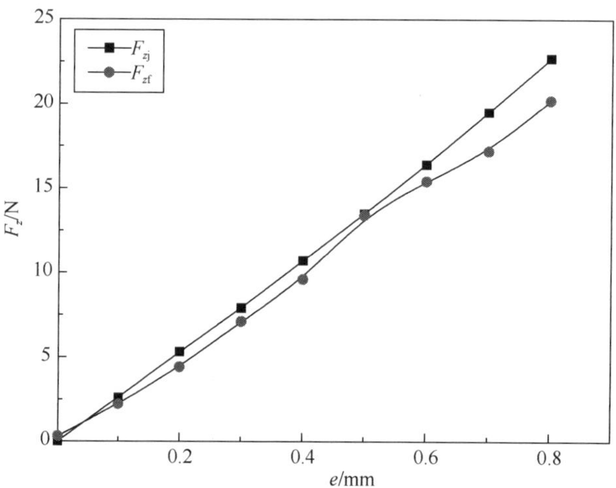

图 6.32　叠堆永磁轴承径向磁力理论值和仿真试验值变化曲线图 1

由图表可以看出：轴向同向磁化叠堆永磁轴承径向磁力随着磁环径向偏移量的增加而增大。仿真值与理论模型计算值验证了解析模型的正确性，且其误差在允许的范围之内，最小误差为 1%，最大误差为 12%，平均误差为 6%。

3. 反向磁化叠堆永磁轴承径向磁力与径向偏移量的关系

取 c=0，其他几何参数保持不变，只改变轴承径向偏移量，磁化方式为轴向反向磁化。将相关参数代入式（6.22）中，仿真结果见表 6.23，变化曲线见图 6.33，最大误差为 15%，最小误差为 4%，平均误差为 8.3%。由图表可以看出：反向叠堆永磁轴承径向磁力随着径向偏移量的增加而增大，在相同偏移量的情况下，反向磁化产生的磁力比同向磁化产生的磁力大很多。

表 6.23　叠堆永磁轴承径向磁力理论值和仿真试验值对比表 2

e/mm	0.1	0.2	0.3	0.4	0.5	0.6	0.7	0.8
F_{zj}/N	16.9	316.0	51.3	68.9	87.1	105.9	125.7	146.8
F_{zf}/N	15.5	31.3	47.6	63.4	78.3	99.1	114.3	132.1

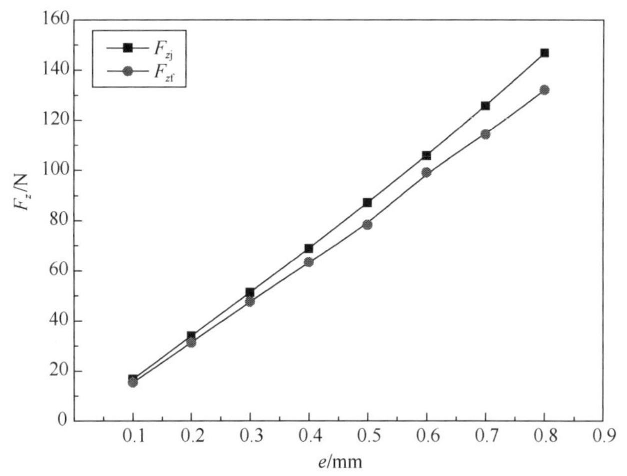

图 6.33　叠堆永磁轴承径向磁力理论值和仿真试验值变化曲线图 2

4. 反向磁化叠堆永磁轴承径向磁力与单个磁环轴向长度的关系

取 c=0，e=0.3mm，其他参数保持不变，只改变轴承单个磁环轴向长度，磁化方式为轴向反向磁化。将相关参数代入式（6.22）中，理论计算结果和仿真结果见表 6.24，变化曲线图见图 6.34，最大误差为 11%，最小误差为 4%，平均误差为 8%。由图表可以看出：反向磁化叠堆永磁轴承径向磁力随着单个磁环轴向长度的增加而增加，当单个磁环轴向长度大于磁环径向宽度时，轴承径向磁力增加速度逐渐变慢。

表 6.24　叠堆永磁轴承径向磁力理论值和仿真试验值对比表 3

a/mm	1	2	3	4	5	6	7	8	9	10
F_{zj}/N	6.3	22.4	35.8	45.2	51.3	55.1	57.3	58.5	59.0	59.3
F_{zf}/N	5.9	20.1	32.5	40.3	47.6	49.6	53.5	53.2	53.1	53.0

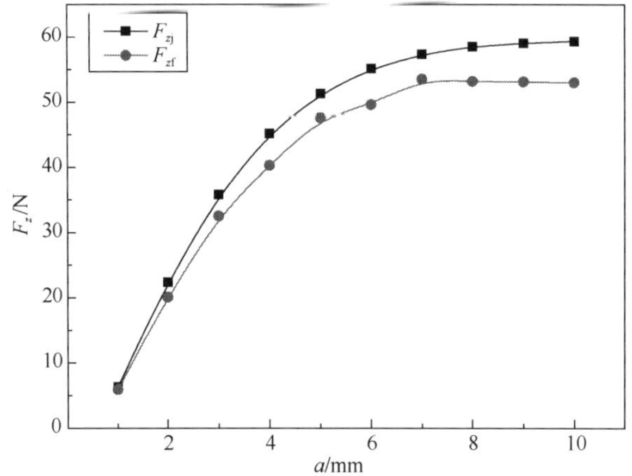

图 6.34　叠堆永磁轴承径向磁力理论值和仿真试验值变化曲线图 3

5. 反向磁化叠堆永磁轴承径向磁力与磁环径向宽度的关系

取 c=0，e=0.3mm，其他参数保持不变，只改变轴承叠堆磁环径向宽度 d(d=b)，磁化方式为轴向反向磁化。将相关参数代入式（6.22）中，理论计算结果和仿真结果见表 6.25，变化曲线图见图 6.35，最大误差为 12%，最小误差为 6%，平均误差为 9%。由图表可以看出：在其他参数不变的情况下，反向磁化轴向叠堆永磁轴承径向磁力随着磁环径向宽度的增加而增大。

表 6.25　叠堆永磁轴承径向磁力理论值和仿真试验值对比表 4

d/mm	1	2	3	4	5	6	7	8
F_{zj}/N	11.5	25.2	35.8	44.5	51.3	56.9	61.7	66.1
F_{zf}/N	10.4	24.3	33.1	41.8	46.5	52.3	56.9	59.5

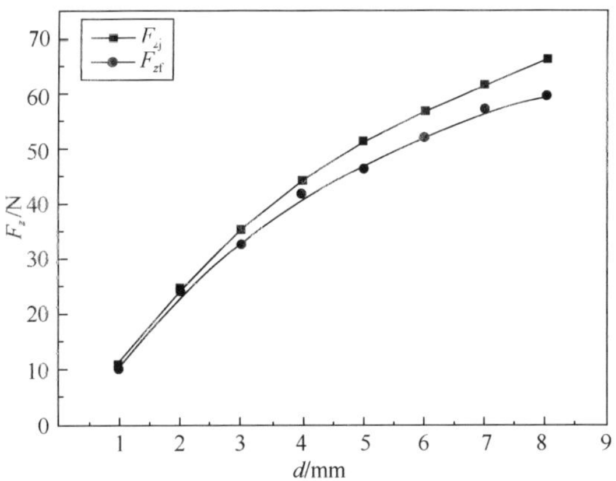

图 6.35　叠堆永磁轴承径向磁力理论值和仿真试验值变化曲线图 4

6.4　轴向叠堆永磁轴承刚度解析模型

6.4.1　刚度解析模型

反向磁化叠堆永磁轴承截面参数见图 6.36。

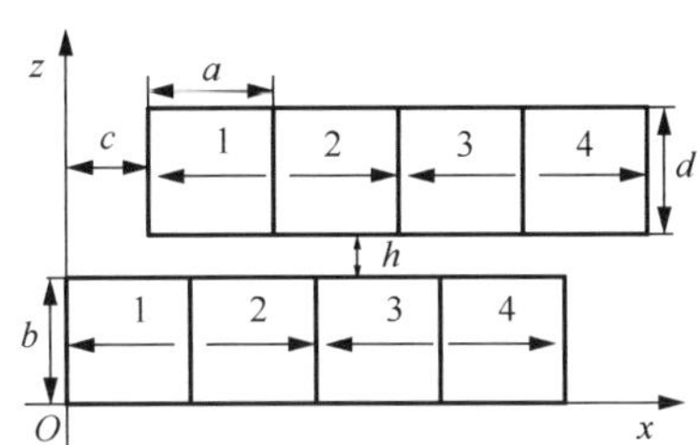

图 6.36　反向磁化叠堆永磁轴承截面参数

设永磁轴承径向刚度和轴向刚度分别为 K_r 和 K_a，由式（6.11）和式（6.12）刚度的定义可知：

$$K_a = K_x = \frac{\partial F_x}{\partial c} = \sum_{i=1}^{n}\sum_{j=1}^{n}\frac{\partial F_{xij}}{\partial c_{ij}} = \sum_{i=1}^{i=n}\sum_{j=1}^{j=n}(-1)^{i+j+1}\frac{B_{r1}B_{r2}L\times 10^{-6}}{4\pi\mu_0}g(c_{ij}) \quad (6.24)$$

式中，

$$g(c) = \frac{\partial \varphi(c)}{\partial c}$$

$$
\begin{aligned}
&=2(c-a)^2\left[\frac{1}{(c-a)^2+(b+h)^2}+\frac{1}{(c-a)^2+(d+h)^2}-\frac{1}{(c-a)^2+(b+d+h)^2}\right.\\
&\left.\quad-\frac{1}{(c-a)^2+h^2}\right]+2(c+a)^2\left[\frac{1}{(c+a)^2+(b+h)^2}+\frac{1}{(c+a)^2+(d+h)^2}\right.\\
&\left.\quad-\frac{1}{(c+a)^2+(b+d+h)^2}-\frac{1}{(c+a)^2+h^2}\right]-4c^2\left[\frac{1}{c^2+(b+h)^2}+\frac{1}{c^2+(d+h)^2}\right.\\
&\left.\quad-\frac{1}{c^2+(b+d+h)^2}-\frac{1}{c^2+h^2}\right]+\ln\left[(c\quad a)^2+(b+h)^2\right]+\ln\left[(c-a)^2+(d+h)^2\right]\\
&\quad-\ln\left[(c-a)^2+(b+d+h)^2\right]-\ln\left[(c-a)^2+h^2\right]+\ln\left[(c+a)^2+(b+h)^2\right]\\
&\quad+\ln\left[(c+a)^2+(d+h)^2\right]-\ln\left[(c+a)^2+(b+d+h)^2\right]-\ln\left[(c+a)^2+h^2\right]\\
&\quad-2\ln\left[c^2+(b+h)^2\right]+\ln\left[c^2+(d+h)^2\right]-\ln\left[c^2+(b+d+h)^2\right]-\ln(c^2+h^2)\\
&\quad+2(b+h)^2\left[\frac{1}{(b+h)^2+(c-a)^2}+\frac{1}{(b+h)^2+(c+a)^2}-\frac{2}{(b+h)^2+c^2}\right]\\
&\quad+2(d+h)^2\left[\frac{1}{(c-a)^2+(d+h)^2}+\frac{1}{(c+a)^2+(d+h)^2}-\frac{2}{c^2+(d+h)^2}\right]\\
&\quad-2(b+d+h)^2\left[\frac{1}{(b+d+h)^2+(c-a)^2}+\frac{1}{(b+d+h)^2+(c+a)^2}-\frac{2}{(b+d+h)^2+c^2}\right]\\
&\quad-2h^2\left[\frac{1}{h^2+(c-a)^2}+\frac{1}{h^2+(c+a)^2}-\frac{2}{h^2+c^2}\right]
\end{aligned}
$$

根据恩肖（Earnshaw）定理，反向磁化轴向叠堆永磁轴承径向刚度为

$$K_{\mathrm{r}}=-\frac{1}{2}K_{\mathrm{a}} \tag{6.25}$$

因此，对于轴向反向叠堆永磁轴承，其径向刚度为

$$K_{\mathrm{r}}=-\frac{1}{2}K_{\mathrm{a}}=\sum_{i=1}^{n}\sum_{j=1}^{n}-\frac{1}{2}\frac{\partial F_{xij}}{\partial c_{ij}}=\sum_{i=1}^{i=n}\sum_{j=1}^{j=n}(-1)^{i+j}\frac{B_{\mathrm{r1}}B_{\mathrm{r2}}L\times 10^{-6}}{8\pi\mu_0}g\left(c_{ij}\right) \tag{6.26}$$

对于旋转磁化轴向叠堆永磁轴承［图 6.37（b）］，其磁环数量是反向磁化轴向叠堆永磁轴承［图 6.37（a）］磁环的 2 倍，即在相同的轴向高度下，后者单个磁环高度是前者单个磁环高度的 1/2。旋转磁化结构的刚度是反向磁化结构刚度的 1.8 倍。

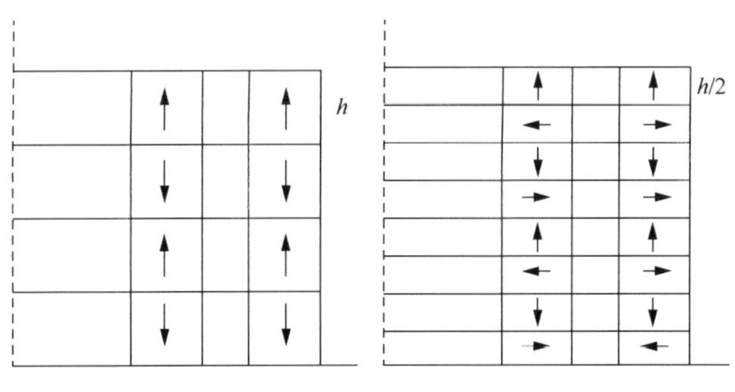

（a）反向磁化轴向叠堆　　（b） 旋转磁化轴向叠堆

图 6.37 反向磁化和旋转磁化轴向叠堆永磁轴承沿半径方向剖面图

6.4.2 ANSYS 有限元仿真验证刚度解析模型

本书仿真选用具有线性退磁曲线的稀土永磁材料 NdFeB、牌号为 NNF35M 的一对永磁环，其主要参数为：B_r=1.231T，H_c=917.53kA/m，μ_r=1.067，$(BH)_{max}$=283kJ/m^3，工作温度不超过 100℃。为了便于分析计算，下面只对永磁轴承的轴向刚度进行分析验证。

1. 验证式（6.24）

叠堆永磁轴承模型几何参数为：磁环间气隙宽度 $h=1\text{mm}$，磁环径向宽度 $b=d=5\text{mm}$，单个磁环轴向长度 $a=5\text{mm}$，内磁环内半径 $R_1=15\text{mm}$，内磁环外半径 $R_2=20\text{mm}$，外磁环内半径 $R_3=21\text{mm}$，外磁环外半径 $R_4=26\text{mm}$，反向磁化叠堆磁环数 $n=4$（轴承总高度相同，旋转磁化 $n=8$）。按截面等分原则确定双磁环平均周长，设磁环平均周长对应的平均半径为 R_{pj}，则有：$\pi R_4^2-\pi R_{pj}^2=\pi R_{pj}^2-\pi R_1^2$，可得：$R_{pj}=\sqrt{\left(R_4^2+R_1^2\right)/2}$。磁环平均周长为：$L=2\pi R_{pj}=2\pi\sqrt{\left({R_4}^2+{R_1}^2\right)/2}=133.32\text{mm}$，将相关参数代入式（6.24）中，其轴向刚度的解析模型计算结果与 ANSYS 有限元仿真结果见表 6.26，对应的曲线见图 6.38，K_{aj}、K_{af}、K_{rj} 和 K_{rf} 分别为反向磁化轴向刚度与径向刚度的计算值和仿真值。由图表可以看出：轴向叠堆反向磁化永磁轴承轴向刚度随着轴向偏移量的增加逐渐减小。解析模型计算结果与 ANSYS 有限元仿真计算结果最大误差为 13%，最小误差为 6%，平均误差为 8%。

表 6.26 轴向叠堆永磁轴承轴向刚度计算值与仿真值对比表

c/mm	0	0.5	0.7	1.0	1.3	1.5	1.7	2.0	2.3	2.5
K_{aj}	240.9	214.6	188.2	158.9	119.6	100.1	75.3	45.3	13.8	−5.8
K_{af}	216.2	196.9	171.2	146.9	107.6	92.3	68.3	42.1	13.1	−5.2

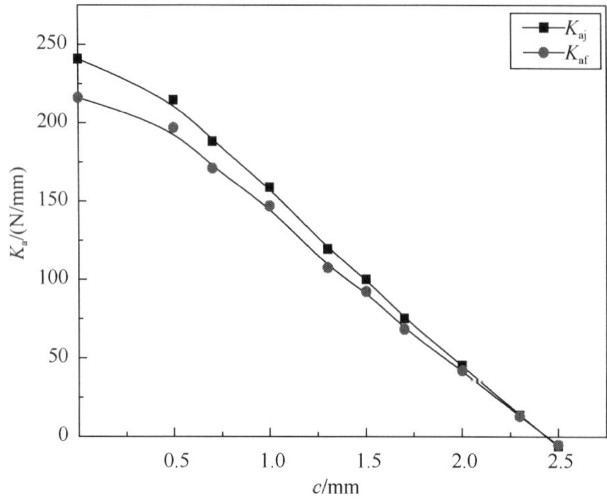

图 6.38　轴向叠堆永磁轴承轴向刚度计算值与仿真值变化曲线图

在 ANSYS 仿真中，由 PLANE53 单元来建立永磁轴承轴对称模型，图 6.39 为旋转磁化轴向叠堆永磁轴承的磁力线分布图。

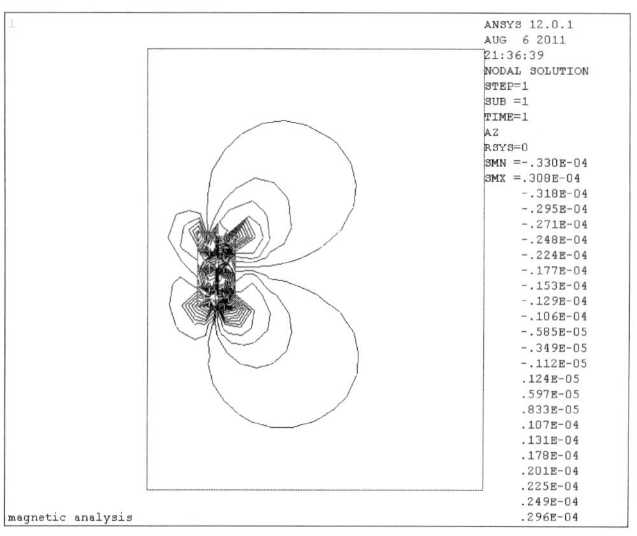

图 6.39　永磁轴承二维 ANSYS 仿真磁力线图

2. 反向磁化叠堆永磁轴承的轴向刚度和径向刚度与轴承径向宽度的关系

取 a=5mm，h=1mm，c=1mm，n=4，R_1=15mm，只改变磁环径向宽度 d（b=d），将相关参数代入式（6.24）和式（6.26）中，解析模型计算值和 ANSYS 软件仿真值见表 6.27，对应曲线见图 6.40。结果表明：反向磁化叠堆永磁轴承轴向和径向刚度都随着轴承径向宽度的增加逐渐增大。解析模型计算结果与 ANSYS 有限元仿真计算结果最大误差为 12%，最小误差为 6%，平均误差为 9%。

表 6.27　轴向叠堆永磁轴承轴向和径向刚度模型计算值和仿真值对比表 1

b/mm	1	2	3	4	5	6	7	8
K_{aj}	−22.9	33.4	82.9	122.6	154.2	180.3	202.7	222.7
K_{af}	−20.8	31.1	74.6	108.6	140.3	158.4	185.5	199.6
K_{rj}	−11.4	16.7	41.5	66.3	77.1	90.1	101.3	111.3
K_{rf}	−10.1	14.9	37.4	60.1	72.4	81.6	92.9	98.7

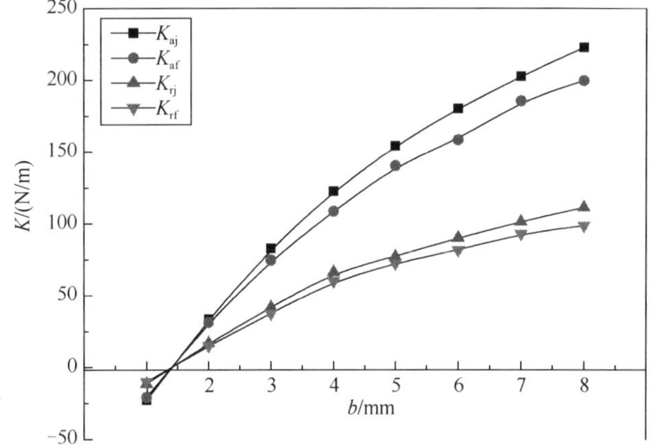

图 6.40　轴向叠堆永磁轴承轴向和径向刚度计算值与仿真值变化曲线图 1

3. 反向磁化叠堆结构的轴向刚度和径向刚度与单个磁环轴向长度的关系

取 $b=d=5$mm，$h=1$mm，$c=1$mm，$n=4$，$R_1=15$mm，只改变单个磁环轴向长度 a，将相关参数代入式（6.24）和式（6.26）中，解析模型计算值和 ANSYS 软件仿真值见表 6.28，对应曲线见图 6.41。结果表明：反向磁化叠堆永磁轴承轴向和径向刚度都随着单个磁环轴向长度的增加而增大。解析模型计算结果与 ANSYS 有限元仿真计算结果最大误差为 11%，最小误差为 7%，平均误差为 8%。

表 6.28　轴向叠堆永磁轴承轴向和径向刚度模型计算值和仿真值对比表 2

a/mm	1	2	3	4	5	6	7	8
K_{aj}	−29.1	−0.7	70.6	122.4	154.2	171.5	179.1	180.4
K_{af}	−26.5	−0.63	65.7	117.8	141.2	154.2	159.3	163.8
K_{rj}	−14.5	−0.35	35.3	66.2	77.1	85.7	89.5	90.2
K_{rf}	−13.2	−0.32	32.8	58.9	70.8	77.1	79.6	81.3

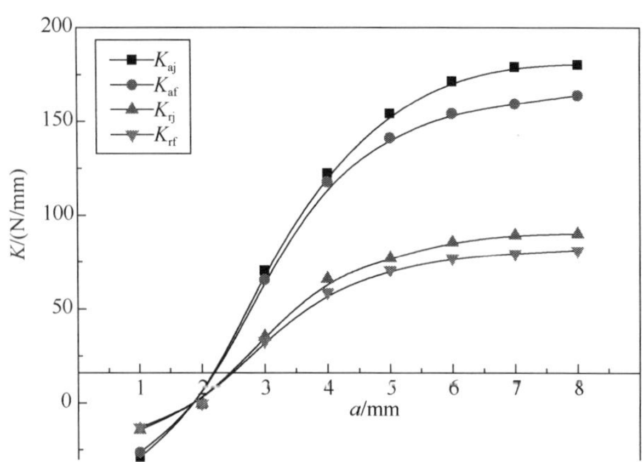

图 6.41　轴向叠堆永磁轴承轴向和径向刚度计算值与仿真值变化曲线图 2

纵观以上分析结果，模型计算值和仿真值基本吻合，其误差主要是由于忽略了磁环曲率的影响，取磁体纵向长度 L 近似为磁环平均周长造成的，若用本书刚度解析模型计算平行永磁体（磁浮轨道）之间的刚度，误差会更小。在实际应用中的偏移量会很小，本书仿真验证时轴向偏移量的取值偏大，是为了便于分析模型刚度与其几何参数的变化关系。本书的解析模型计算简单且计算精度较高，能够满足工程设计的要求。

第 7 章　特殊截面永磁体构成的永磁轴承磁力解析模型

7.1　截面为矩形和直角三角形的永磁体磁力模型

Halbach 永磁体排列方式将不同磁化方向的永磁体按照一定的顺序排列，使得阵列一边的磁场显著增强，另一边的磁场显著削弱。横截面为矩形的永磁体虽然容易制造，但由矩形截面永磁体构成 Halbach 永磁导轨时，由于磁场在磁体接缝处不能顺畅过渡，直接影响其承载力。采用横截面为三角形或梯形永磁体构成 Halbach 永磁导轨时，当磁力线经过三角形或梯形永磁体两个腰斜面接缝时更能顺畅过渡，可实现汇集磁能于永磁导轨工作间隙，达到提高其承载力及刚度的目的。梯形截面永磁体可视为由两个直角三角形截面和一个矩形截面永磁体构成。两个梯形截面永磁体的磁力解析计算，涉及两个直角三角形截面永磁体磁力计算、两个矩形截面永磁体磁力计算及截面为矩形和直角三角形永磁体间的磁力解析计算。因此，建立设计计算精度高、计算量小且便于结构参数优化的矩形和直角三角形截面的两永磁体磁力解析模型就具有基础性、实用性和必要性。

7.1.1　磁力解析式

纵向长度为 L 的矩形截面和直角三角形截面永磁体的 4 种布置方式如图 7.1 所示，参数在图中标注，箭头为磁化矢量方向。

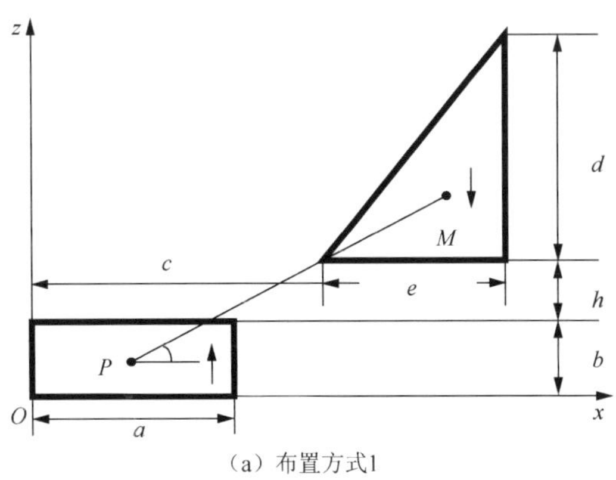

（a）布置方式1

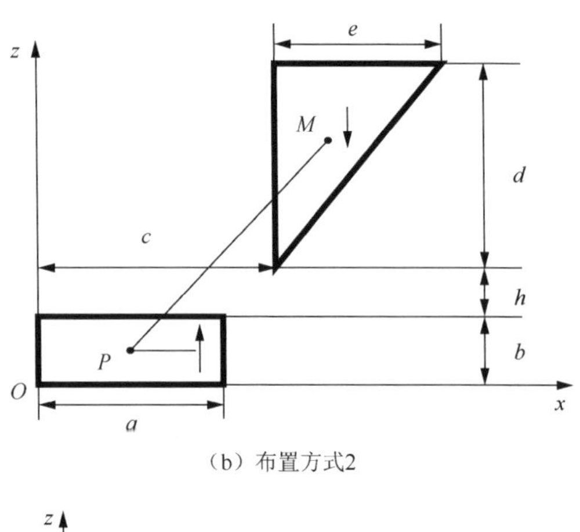

（b）布置方式2

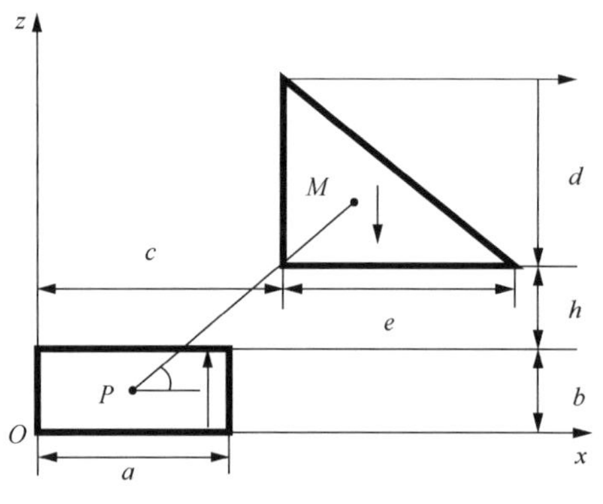

（c）布置方式3

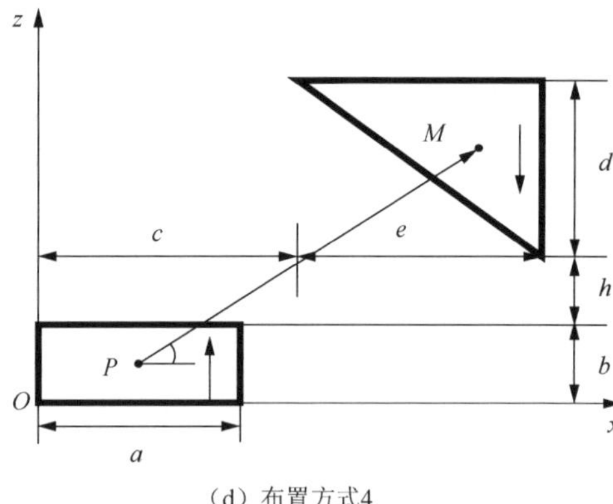

（d）布置方式4

图 7.1　截面为矩形和直角三角形永磁体几何结构和参数

根据图 7.1 及式（5.5）和式（5.6），对式（5.5）积分（取$\beta_1+\beta_2=0$）可得两永磁体在 z 轴方向的磁力 F_z。

$$F_z=-\frac{B_{r1}B_{r2}L}{\pi\mu_0}\times10^{-6}\int_0^a\int_0^b\int_c^{c+e}\int_{b+h+fg-fx_2}^{b+h+n}\frac{\sin3\theta}{\left[(x_2-x_1)^2+(z_2-z_1)^2\right]^{3/2}}\mathrm{d}z_2\mathrm{d}x_2\mathrm{d}z_1\mathrm{d}x_1$$

$$F_z=-B_{r1}B_{r2}L\times10^{-6}/(\pi\mu_0)\times\left[\pm\Phi(n,g,f)\right] \tag{7.1}$$

将$\Phi(n，g，f)$表示如下：

$$\begin{aligned}
\Phi(n，g，f)=&\left[a/\left(2\times\left(1+f^2\right)\right)\times\arctan\left(\left(h-f\times(c+e-g)\right)/(c+e-a)\right)\right]\\
&+\left[\left(-h+f\times(c+e-g)-f\times(c+e-a)\right)/\left(4\times\left(1+f^2\right)\right)\times\ln\left((c+e-a)^2\right.\right.\\
&\left.\left.+\left(-h+f\times(c+e-g)\right)^2\right)\right]+\left[\left(h-f\times(c+e-g)+f\times(c+e)\right)/\left(4\times\left(1+f^2\right)\right)\right.\\
&\left.\times\ln\left((c+e)^2+\left(-h+f\times(c+e-g)\right)^2\right)\right]+\left[\left(-(c+e)-f\times\left(-h+f\times(c+e-g)\right)\right)\right.\\
&\left./\left(2\times\left(1+f^2\right)\right)\times\arctan\left((a-c-e)/\left(h-f\times(c+e-g)\right)\right)\right]\\
&+\left[\left(c+e+f\times\left(-h+f\times(c+e-g)\right)\right)/\left(2\times\left(1+f^2\right)\right)\right.\\
&\left.\times\arctan\left((-c-e)/\left(h-f\times(c+e-g)\right)\right)\right]+\left[-a/\left(2\times\left(1+f^2\right)\right)\right.\\
&\left.\times\arctan\left(\left(b+h-f\times(c+e-g)\right)/(c+e-a)\right)\right]\\
&+\left[\left(b+h-f\times(c+e-g)+f\times(c+e-a)\right)/\left(4\times\left(1+f^2\right)\right)\times\ln\left((c+e-a)^2\right.\right.\\
&\left.\left.+\left(-(b+h)+f\times(c+e-g)\right)^2\right)\right]+\left[\left(-(b+h)+f\times(c+e-g)\right.\right.\\
&\left.\left.-f\times(c+e)\right)/\left(4\times\left(1+f^2\right)\right)\times\ln\left((c+e)^2+\left(-(b+h)+f\times(c+e-g)\right)^2\right)\right]\\
&+\left[\left(c+e+f\times\left(-(b+h)+f\times(c+e-g)\right)\right)/\left(2\times\left(1+f^2\right)\right)\right.\\
&\left.\times\arctan\left(a-(c+e)\right)/\left(b+h-f\times(c+e-g)\right)\right]+\left[\left(-(c+e)-f\times\left(-(b+h)+f\right.\right.\right.\\
&\left.\left.\left.\times(c+e-g)\right)\right)/\left(2\times\left(1+f^2\right)\right)\times\arctan\left(\left(-(c+e)\right)/\left(b+h-f\times(c+e-g)\right)\right)\right]\\
&+\left[-a/\left(2\times\left(1+f^2\right)\right)\times\arctan\left(\left(h-f\times(c-g)\right)/(c-a)\right)\right]+\left[\left(h-f\times(c-g)+f\times(c-a)\right)\right.\\
&\left./\left(4\times\left(1+f^2\right)\right)\times\ln\left((c-a)^2+\left(-h+f\times(c-g)\right)^2\right)\right]+\left[\left(-h+f\times(c-g)-f\times c\right)\right.\\
&\left./\left(4\times\left(1+(d/e)^2\right)\right)\times\ln\left(c^2+\left(-h+f\times(c-g)\right)^2\right)\right]+\left[\left(c+f\times\left(-h+f\times(c-g)\right)\right)\right.\\
&\left./\left(2\times\left(1+f^2\right)\right)\times\arctan\left((a-c)/\left(h-f\times(c-g)\right)\right)\right]+\left[\left(-c-f\times\left(-h+f\times(c-g)\right)\right)\right.\\
&\left./\left(2\times\left(1+f^2\right)\right)\times\arctan\left(-c/\left(h-f\times(c-g)\right)\right)\right]+\left[a/\left(2\times\left(1+f^2\right)\right)\times\arctan\left((b+h-f\right.\right.\\
&\left.\left.\times(c-g))/(c-a)\right)\right]+\left[\left(-(b+h)+f\times(c-g)-f\times(c-a)\right)/\left(4\times\left(1+f^2\right)\right)\right.\\
&\left.\times\ln\left((c-a)^2+\left(-(b+h)+f\times(c-g)\right)^2\right)\right]+\left[\left(b+h-f\times(c-g)+f\times c\right)/\left(4\times\left(1+f^2\right)\right)\right.\\
&\left.\times\ln\left(c^2+\left(-(b+h)+f\times(c-g)\right)^2\right)\right]+\left[\left(-c-f\times\left(-(b+h)+f\times(c-g)\right)\right)/\left(2\times\left(1+f^2\right)\right)\right.
\end{aligned}$$

$$\times\arctan\left((a-c)/\left(b+h-f\times(c-g)\right)\right)\Big]+\Big[\left(c+f\times\left(-(b+h)+f\times(c-g)\right)\right)$$
$$/\left(2\times\left(1+f^2\right)\right)\times\arctan\left(-c/\left(b+h-f\times(c-g)\right)\right)\Big]+\big[-a/2\times\arctan\left((h+n)/(c+e-a)\right)\big]$$
$$+\Big[(h+n)/4\times\ln\left((c+e-a)^2+(h+n)^2\right)\Big]+\Big[-(h+n)/4\times ln\left((c+e)^2+(h+n)^2\right)\Big]$$
$$+\big[(c+e)/2\times\arctan\left((a-c-e)/(h+n)\right)\big]+\big[-(c+e)/2\times\arctan\left((-c-e)/(h+n)\right)\big]$$
$$+\big[a/2\times\arctan\left((b+h+n)/(c+e-a)\right)\big]+\Big[-(b+h+n)/4\times\ln\Big((c+e-a)^2+(b+h$$
$$+n)^2\Big)\Big]+\Big[(b+h+n)/4\times\ln\left((c+e)^2+(b+h+n)^2\right)\Big]+\Big[-(c+e)/2\times\arctan\Big((a-c-e)$$
$$/(b+h+n)\Big)\Big]+\big[(c+e)/2\times\arctan\left((-c-e)/(b+h+n)\right)\big]+\Big[a/2\times\arctan\Big((h+n)$$
$$/(c-a)\Big)\Big]+\Big[-(h+n)/4\times\ln\left((c-a)^2+(h+n)^2\right)\Big]+\Big[(h+n)/4\times\ln\left(c^2+(h+n)^2\right)\Big]$$
$$+\big[-c/2\times\arctan\left((a-c)/(h+n)\right)\big]+\big[c/2\times\arctan\left(-c/(h+n)\right)\big]+\Big[-a/2\times\arctan\Big((b+h$$
$$+n)/(c-a)\Big)\Big]+\Big[(b+h+n)/4\times\ln\left((c-a)^2+(b+h+n)^2\right)\Big]+\Big[-(b+h+n)\ /4\times\ln\Big(c^2$$
$$+(b+h+n)^2\Big)\Big]+\big[c/2\times\arctan\left((a-c)/(b+h+n)\right)\big]+\big[-c/2\times\arctan\left(-c/(b+h+n)\right)\big]$$
$$\tag{7.2}$$

对应图 7.1 中（a）、（b）、（c）、（d）四种结构，两永磁体轴向磁力分别如下：

$$F_{z(\mathrm{a})}=-K\left[-\varPhi\left(0,c,-\frac{d}{e}\right)\right]$$
$$F_{z(\mathrm{b})}=-K\varPhi\left(d,\ c,-\frac{d}{e}\right)$$
$$F_{z(\mathrm{c})}=-K\left[-\varPhi\left(0,\ c+e,\frac{d}{e}\right)\right]$$
$$F_{z(\mathrm{d})}=-K\varPhi\left(d,\ c+e,\frac{d}{e}\right)$$
$$K=\frac{B_{\mathrm{r1}}B_{\mathrm{r2}}L}{\pi\mu_0}\times10^{-6}$$

$$F_x=-\frac{B_{\mathrm{r1}}B_{\mathrm{r2}}L}{\pi\mu_0}\times10^{-6}\int_0^b\int_0^a\int_c^{c+e}\int_{b+h}^{b+h+d}\int_{g+f(b+h)-fz_2}^{c+m}\frac{\cos3\theta}{\left[\left(x_2-x_1\right)^2+\left(z_2-z_1\right)^2\right]^{3/2}}\mathrm{d}x_2\mathrm{d}z_2\mathrm{d}x_1\mathrm{d}z_1$$

$$F_x=-B_{\mathrm{r1}}B_{\mathrm{r2}}L\times10^{-6}/\pi\mu_0\times\left[\pm\varPsi\left(m,\ g,\ f\right)\right]\tag{7.3}$$

将$\varPsi\left(m,\ g,\ f\right)$表示如下：

$$
\begin{aligned}
\Psi(m,\ g,\ f)=&\left[-(h+d)/2\times\arctan\left((c+m-a)/(h+d)\right)\right]\\
&+\left[(b+h+d)/2\times\arctan\left((c+m-a)/(b+h+d)\right)\right]+\left[-(c+m-a)/4\right.\\
&\left.\times\ln\left((h+d)^2+(c+m-a)^2\right)\right]+\left[(c+m-a)/4\times\ln\left((b+h+d)^2+(c+m-a)^2\right)\right]\\
&+\left[(h+d)/2\times\arctan\left((c+m)/(h+d)\right)\right]+\left[-(b+h+d)/2\times\arctan\left((c+m)/(b+h+d)\right)\right]\\
&+\left[(c+m)/4\times\ln\left((h+d)^2+(c+m)^2\right)\right]+\left[-(c+m)/4\times\ln\left((b+h+d)^2+(c+m)^2\right)\right]\\
&+\left[h/2\times\arctan\left((c+m-a)/h\right)\right]+\left[-(b+h)/2\times\arctan\left((c+m-a)/(b+h)\right)\right]\\
&+\left[(c+m-a)/4\times\ln\left(h^2+(c+m-a)^2\right)\right]+\left[-(c+m-a)/4\times\ln\left((b+h)^2+(c+m-a)^2\right)\right]\\
&+\left[-h/2\times\arctan\left((c+m)/h\right)\right]+\left[(b+h)/2\times\arctan\left((c+m)/(b+h)\right)\right]\\
&+\left[-(c+m)/4\times\ln\left(h^2+(c+m)^2\right)\right]+\left[(c+m)/4\times\ln\left((b+h)^2+(c+m)^2\right)\right]\\
&+\left[(h+d)/\left(2\times\left(1+f^2\right)\right)\times\arctan\left((g-f\times d-a)/(h+d)\right)\right]\\
&+\left[-(b+h+d)/\left(2\times\left(1+f^2\right)\right)\times\arctan\left((g-f\times d-a)/(b+h+d)\right)\right]\\
&+\left[\left(g-f\times d-a+f\times(h+d)\right)/\left(4\times\left(1+f^2\right)\right)\times\ln\left((h+d)^2\right.\right.\\
&\left.\left.+(g-f\times d-a)^2\right)\right]+\left[\left(-(g-f\times d-a)-f\times(b+h+d)\right)/\left(4\times\left(1+f^2\right)\right)\right]\\
&\times\ln\left((b+h+d)^2+(g-f\times d-a)^2\right)+\left[-(h+d)/\left(2\times\left(1+f^2\right)\right)\right.\\
&\left.\times\arctan\left((g-f\times d)/(h+d)\right)\right]+\left[(b+h+d)/\left(2\times\left(1+f^2\right)\right)\right.\\
&\left.\times\arctan\left((g-f\times d)/(b+h+d)\right)\right]+\left[\left(-(g-f\times d)-f\times(h+d)\right)/\left(4\times\left(1+f^2\right)\right)\right.\\
&\left.\times\ln\left((h+d)^2+(g-f\times d)^2\right)\right]+\left[\left((g-f\times d)+f\times(b+h+d)\right)/\left(4\times\left(1+f^2\right)\right)\right.\\
&\left.\times\ln\left((b+h+d)^2+(g-f\times d)^2\right)\right]+\left[\left(-f\times(g-f\times d-a)\right)/\left(2\times\left(1+f^2\right)\right)\right.\\
&\left.\times\arctan\left(-(h+d)/(g-f\times d-a)\right)\right]+\left[\left(f\times(g-f\times d-a)\right)/\left(2\times\left(1+f^2\right)\right)\right.\\
&\left.\times\arctan\left(-(b+h+d)/(g-f\times d-a)\right)\right]+\left[\left(f\times(g-f\times d)\right)/\left(2\times\left(1+f^2\right)\right)\right.\\
&\left.\times\arctan\left(-(h+d)/(g-f\times d)\right)\right]+\left[-\left(f\times(g-f\times d)\right)/\left(2\times\left(1+f^2\right)\right)\right.\\
&\left.\times\arctan\left(-(b+h+d)/(g-f\times d)\right)\right]+\left[-h/\left(2\times\left(1+f^2\right)\right)\right.\\
&\left.\times\arctan\left((g-a)/h\right)\right]+\left[(b+h)/\left(2\times\left(1+f^2\right)\right)\times\arctan\left((g-a)/(b+h)\right)\right]\\
&+\left[\left(-(g-a)-f\times h\right)/\left(4\times\left(1+f^2\right)\right)\times\ln\left(h^2+(g-a)^2\right)\right]\\
&+\left[\left((g-a)+f\times(b+h)\right)/\left(4\times\left(1+f^2\right)\right)\times\ln\left((b+h)^2+(g-a)^2\right)\right]\\
&+\left[h/\left(2\times\left(1+f^2\right)\right)\times\arctan(g/h)\right]+\left[-(b+h)/\left(2\times\left(1+f^2\right)\right)\right.
\end{aligned}
$$

$$
\begin{aligned}
&\times\arctan\left(g/(b+h)\right)\ \Big]+\left[\left(g+f\times h\right)/\left(4\times\left(1+f^2\right)\right)\times\ln\left(h^2+g^2\right)\right]\\
&+\left[\left(-g-f\times(b+h)\right)/\left(4\times\left(1+f^2\right)\right)\times\ln\left((b+h)^2+g^2\right)\right]\\
&+\left[\left(f\times(g-a)\right)/\left(2\times\left(1+f^2\right)\right)\times\arctan\left(-h/(g-a)\right)\right]\\
&+\left[-\left(f\times(g-a)\right)/\left(2\times\left(1+f^2\right)\right)\times\arctan\left(-(b+h)/(g-a)\right)\right]\\
&+\left[-\left(f\times g\right)/\left(2\times\left(1+f^2\right)\right)\times\arctan\left(-h/g\right)\right]\\
&+\left[\left(f\times g\right)/\left(2\times\left(1+f^2\right)\right)\times\arctan\left(-(b+h)/g\right)\right]
\end{aligned}
\tag{7.4}
$$

对应图 7.1 中（a）、（b）、（c）、（d）四种结构，两永磁体轴向磁力分别如下：

$$
\begin{aligned}
&F_{x(\mathrm{a})}=-K\Psi\left(e,\ c,-\frac{e}{d}\right)\\
&F_{x(\mathrm{b})}=-K\left[-\Psi\left(0,\ c,-\frac{e}{d}\right)\right]\\
&F_{x(\mathrm{c})}=-K\left[-\Psi\left(0,\ c+e,\frac{e}{d}\right)\right]\\
&F_{x(\mathrm{d})}=-K\Psi\left(e,\ c+e,\frac{e}{d}\right)\\
&K=\frac{B_{\mathrm{r1}}B_{\mathrm{r2}}L}{\pi\mu_0}\times 10^{-6}
\end{aligned}
$$

适用任意磁化方向的两永磁体磁力解析模型为

$$
\begin{aligned}
F_z&=K\iint\frac{1}{r_{PM}^3}\sin\left(\beta_1+\beta_2-3\theta\right)\mathrm{d}S_1\mathrm{d}S_2\\
&=K\iint\frac{1}{r_{PM}^3}\left[\sin\left(\beta_1+\beta_2\right)\cos\left(3\theta\right)-\cos\left(\beta_1+\beta_2\right)\sin\left(3\theta\right)\right]\mathrm{d}S_1\mathrm{d}S_2\\
&=K\sin\left(\beta_1+\beta_2\right)\left[\pm\Psi\left(m,\ g,\ f\right)\right]-K\cos\left(\beta_1+\beta_2\right)\left[\pm\Phi\left(n,\ g,\ f\right)\right]
\end{aligned}
\tag{7.5}
$$

$$
\begin{aligned}
F_x&=-K\iint\frac{1}{r_{PM}^3}\cos\left(\beta_1+\beta_2-3\theta\right)\mathrm{d}S_1\mathrm{d}S_2\\
&=-K\iint\frac{1}{r_{PM}^3}\left[\cos\left(\beta_1+\beta_2\right)\cos\left(3\theta\right)+\sin\left(\beta_1+\beta_2\right)\sin\left(3\theta\right)\right]\mathrm{d}S_1\mathrm{d}S_2\\
&=-K\cos\left(\beta_1+\beta_2\right)\left[\pm\Psi\left(m,\ g,\ f\right)\right]-K\sin\left(\beta_1+\beta_2\right)\left[\pm\Phi\left(n,\ g,\ f\right)\right]
\end{aligned}
\tag{7.6}
$$

式（7.1）～式（7.6）为一对纵向长度为 L 的横截面为矩形和直角三角形的两永磁体磁力解析模型，以上解析模型永磁体参数应满足：$c>a$ 或 $h>0$[31-33]。

7.1.2　仿真验证磁力解析模型并分析磁力与相关参数关系

本节选用 NdFeB 为永磁轴承材料，其性能为：B_r=1.13T，H_c=800kA/m，μ_r= B_r/（μ_0 ×H_c）=1.124。

1. 各永磁结构 x 向磁力与参数 a 的关系

取永磁结构的参数为 b=d=15mm，c=5mm，e=10mm，h=2mm，磁体长度 L=1000mm，当且仅当参数 a 变化时，将几何参量代入式（7.3）中，磁力模型计算结果及 ANSYS 仿真结果分别见表 7.1 和图 7.2。

表 7.1　永磁模型 x 向磁力计算值与仿真值 1

a/mm		2	4	6	8	10	12	14	16
$F_{(a)}(x)$/N	F_x(M)	−120.1	−340.0	−683.7	−1001.3	−1179.1	−1184.5	−990.0	−646.7
	F_x(A)	−122.7	−297.0	−597.8	−895.5	−1029.3	−1012.0	−864.0	−562.7
$F_{(b)}(x)$/N	F_x(M)	−129.7	−275.6	−365.0	−341.5	−258.9	−158.3	−58.7	31.1
	F_x(A)	−132.0	−250.3	−336.6	−300.0	−218.2	−130.3	−41.0	52.9
$F_{(c)}(x)$/N	F_x(M)	−187.4	−476.9	−820.1	−1014.7	−1009.3	−831.5	−513.8	−170.1
	F_x(A)	−168.5	−416.4	−745.7	−897.5	−879.5	−708.3	−478.2	−172.9
$F_{(d)}(x)$/N	F_x(M)	−62.3	−138.8	−228.6	−328.2	−428.8	−511.4	−534.9	−445.5
	F_x(A)	−53.9	−128.3	−222.4	−302.2	−384.9	−468.5	−494.0	−406.1

表中 $F_{(a)}(x)$、$F_{(b)}(x)$、$F_{(c)}(x)$、$F_{(d)}(x)$计算结果分别与图 7.2 中的（a）、（b）、（c）、（d）相对应，F_x(M)为磁力解析模型的计算值，F_x(A)为 ANSYS 的仿真值。ANSYS 计算采用 PLANE53 单元仿真。

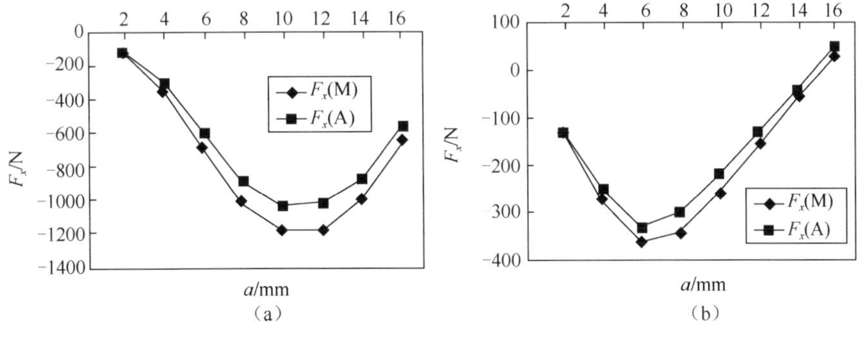

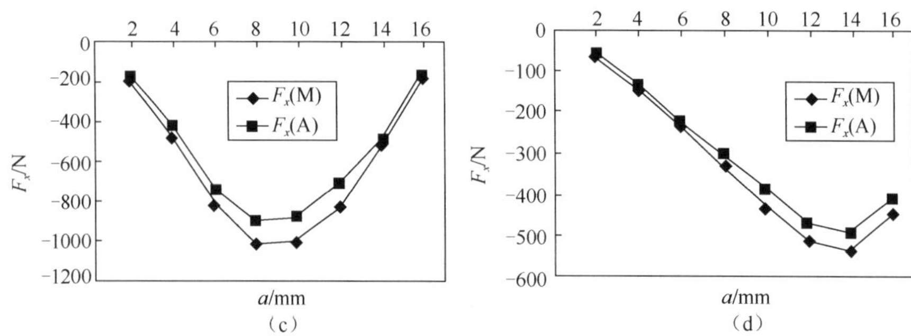

图 7.2　F_x与 a 的磁力解析模型计算值与仿真值

由图可以看出：磁力 F_x 随着参数 a 的增大呈先增大后减小的趋势。其最大误差为 15.5%，最小误差为 1.6%，平均误差为 6.2%。

2. 各永磁结构 x 向磁力与参数 b 的关系

取永磁结构的参数为 a=e=10mm，c=5mm，d=15mm，h=2mm，L=1000mm，当且仅当参数 b 变化时，将几何参量代入式(7.3)中，磁力模型计算结果及 ANSYS 仿真结果分别见表 7.2 和图 7.3。由图可以看出：磁力 F_x 随着参数 b 的增大呈单调递增趋势，增大到最大后趋于平缓。其最大误差为 16.7%，最小误差为 0.76%，平均误差为 4.9%。

表 7.2　永磁模型 x 向磁力计算值与仿真值 2

b/mm		5	8	11	14	17	20	23	26
$F_{(a)}(x)$/N	F_x(M)	−799.4	−993.0	−1100.6	−1164.0	−1203.3	−1228.8	−1246.0	−1258.0
	F_x(A)	−704.5	−848.1	−947.9	−1005.1	−1039.4	−1062.2	−1083.6	−1089.9
$F_{(b)}(x)$/N	F_x(M)	−171.6	−214.7	−239.7	−255.1	−265.1	−271.9	−276.7	−280.1
	F_x(A)	−148.9	−187.9	−206.9	−223.6	−213.9	−214.6	−227.0	−241.8
$F_{(c)}(x)$/N	F_x(M)	−715.1	−871.0	−952.7	−998.6	−1026.0	−1043.1	−1054.4	−1062.0
	F_x(A)	−637.9	−743.4	−819.0	−867.0	−890.3	−907.3	−923.0	−922.5
$F_{(d)}(x)$/N	F_x(M)	−255.9	−336.7	−387.6	−420.5	−442.5	−457.6	−468.3	−476.1
	F_x(A)	−222.2	−286.0	−342.4	−390.9	−392.5	−420.9	−432.1	−429.1

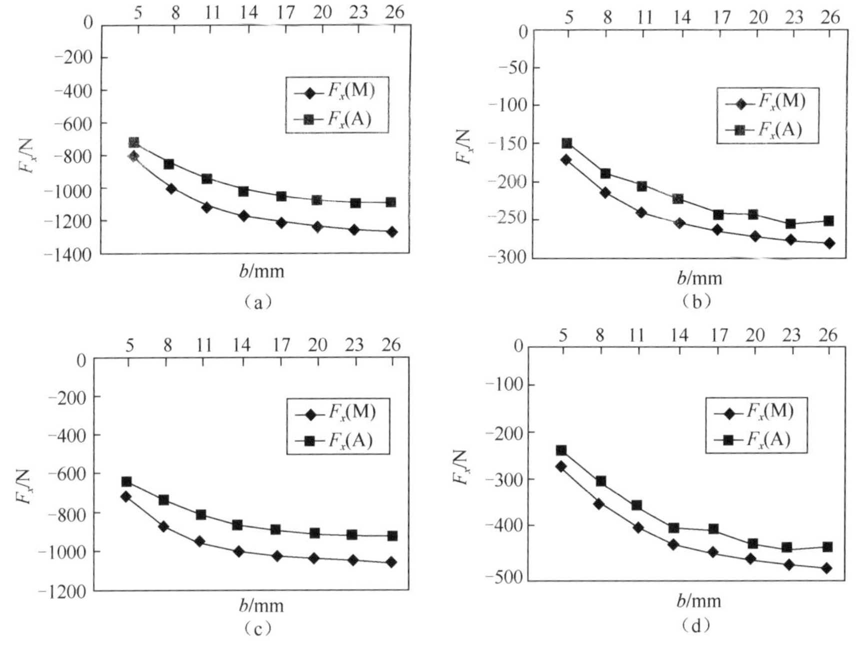

图 7.3　F_x 与 b 的磁力解析模型计算值与仿真值

3. 各永磁结构 x 向磁力与参数 c 的关系

取永磁结构的参数为 a=e=10mm，b=d=15mm，h=2mm，L=1000mm，当且仅当参数 c 变化时，将几何参量代入式（7.3）中，磁力模型计算结果及 ANSYS 仿真结果分别见表 7.3 和图 7.4。由图可以看出：磁力 $F_{(b)}(x)$随着参数 c 的增大在正值的时候呈单调递减的趋势，减到负值之后呈单调递增的趋势；$F_{(d)}(x)$呈缓慢增大的趋势；$F_{(a)}(x)$和 $F_{(c)}(x)$呈先增大后减小的趋势。其最大误差为 15.5%，最小误差为 0.4%，平均误差为 3.3%。

表 7.3　永磁模型 x 向磁力计算值与仿真值 3

c/mm		1	2	3	4	5	6	7	8
$F_{(a)}(x)$/N	F_x(M)	−649.9	−899.7	−1064.5	−1154.1	−1179.1	−1148.1	−1067.3	−943.2
	F_x(A)	−576.4	−781.0	−921.6	−1012.6	−1029.3	−998.0	−939.8	−831.9
$F_{(b)}(x)$/N	F_x(M)	216.9	95.4	−28.6	−148.0	−258.9	−358.4	−442.6	−506.4
	F_x(A)	233.4	95.8	−8.2	−115.3	−218.2	−313.7	−396.0	−461.0
$F_{(c)}(x)$/N	F_x(M)	−36.9	−368.6	−644.0	−857.3	−1009.3	−1101.1	−1132.6	−1102.6
	F_x(A)	−60.7	−340.4	−561.9	−760.2	−879.5	−966.9	−1017.7	−969.5
$F_{(d)}(x)$/N	F_x(M)	−396.1	−435.7	−449.1	−444.8	−428.8	−405.4	−377.4	−346.9
	F_x(A)	−346.0	−387.6	−428.4	−391.7	−384.9	−356.8	−350.8	−330.2

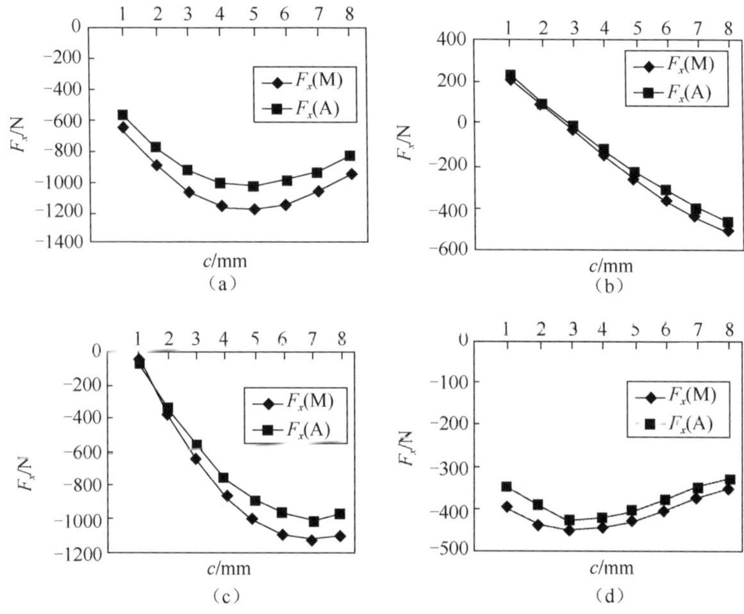

图 7.4 F_x 与 c 的磁力解析模型计算值与仿真值

4. 各永磁结构 x 向磁力与参数 d 的关系

取永磁结构的参数为 $a=e=10$mm，$b=15$mm，$c=5$mm，$h=2$mm，$L=1000$mm，当且仅当参数 d 变化时，将几何参量代入式(7.3)中，磁力模型计算结果及 ANSYS 仿真结果分别见表 7.4 和图 7.5。由图可以看出：磁力 $F_{(b)}(x)$和 $F_{(d)}(x)$随着参数 d 的增大而减小；$F_{(a)}(x)$和 $F_{(c)}(x)$呈单调递增的趋势。其最大误差为 18.3%，最小误差为 1.3%，平均误差为 12.0%。

表 7.4 永磁模型 x 向磁力计算值与仿真值 4

d/mm		5	8	11	14	17	20	23	26
$F_{(a)}(x)$/N	F_x(M)	−638.8	−870.8	−1032.6	−1148.1	−1232.6	−1295.8	−1344.2	−1381.8
	F_x(A)	−560.6	−753.1	−889.2	−996.5	−1070.0	−1123.6	−1170.3	−1209.0
$F_{(b)}(x)$/N	F_x(M)	−332.2	−336.9	−307.7	−271.0	−235.9	−204.9	−178.6	−156.3
	F_x(A)	−293.0	−291.6	−255.7	−228.9	−199.1	−175.8	−156.6	−148.6
$F_{(c)}(x)$/N	F_x(M)	−566.3	−755.8	−887.1	−982.9	−1055.7	−1112.9	−1159.1	−1197.0
	F_x(A)	−487.3	−654.0	−766.7	−855.6	−924.5	−970.3	−1011.9	−1044.9
$F_{(d)}(x)$/N	F_x(M)	−404.7	−451.8	−453.2	−436.2	−412.8	−387.9	−363.7	−341.0
	F_x(A)	−367.0	−393.4	−428.1	−383.7	−383.2	−369.8	−351.4	−316.9

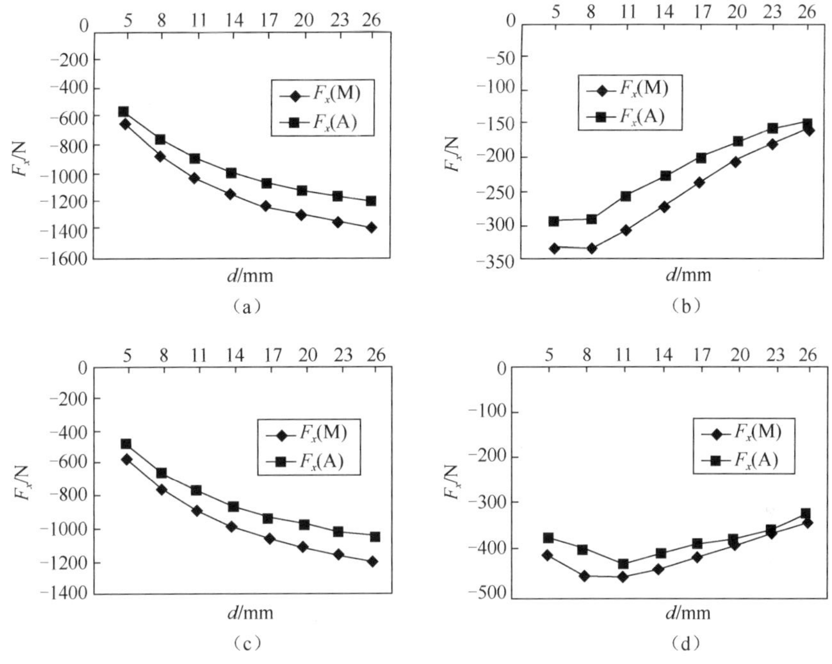

图 7.5　F_x 与 d 的磁力解析模型计算值与仿真值

5. 各永磁结构 x 向磁力与参数 e 的关系

取永磁结构的参数为 a=10mm，b=d=15mm，c=5mm，h=2mm，L=1000mm，当且仅当参数 e 变化时，将几何参量代入式(7.3)中，磁力模型计算结果及 ANSYS 仿真结果分别见表 7.5 和图 7.6。由图可以看出：磁力 $F_{(b)}(x)$随着参数 e 的增大而增大；$F_{(a)}(x)$、$F_{(c)}(x)$、$F_{(d)}(x)$呈单调递增的趋势最后趋于平稳。图中最大误差为 6.20%，最小误差为 0.3%，平均误差为 9.2%。

表 7.5　永磁模型 x 向磁力计算值与仿真值 5

e/mm		2	4	6	8	10	12	14	16
$F_{(a)}(x)$/N	F_x(M)	−83.2	−342.3	−719.7	−1013.4	−1179.1	−1254.9	−1271.9	−1251.2
	F_x(A)	−60.6	−328.1	−620.2	−895.2	−1029.3	−1084.2	−1092.5	−1083.6
$F_{(b)}(x)$/N	F_x(M)	12.0	−47.1	−102.7	−174.9	−258.9	−350.3	−444.6	−538.6
	F_x(A)	−10.4	−42.5	−81.1	−137.0	−218.2	−305.1	−362.5	−457.9
$F_{(c)}(x)$/N	F_x(M)	55.4	−237.6	−536.1	−810.2	−1009.3	−1153.1	−1259.5	−1340.2
	F_x(A)	−28.1	−236.9	−465.1	−713.6	−879.5	−1003.6	−1085.1	−1152.8
$F_{(d)}(x)$/N	F_x(M)	39.8	−151.9	−286.4	−378.1	−428.8	−452.1	−457.0	−449.6
	F_x(A)	−29.6	−155.6	−277.9	−368.7	−384.9	−407.1	−372.1	−406.8

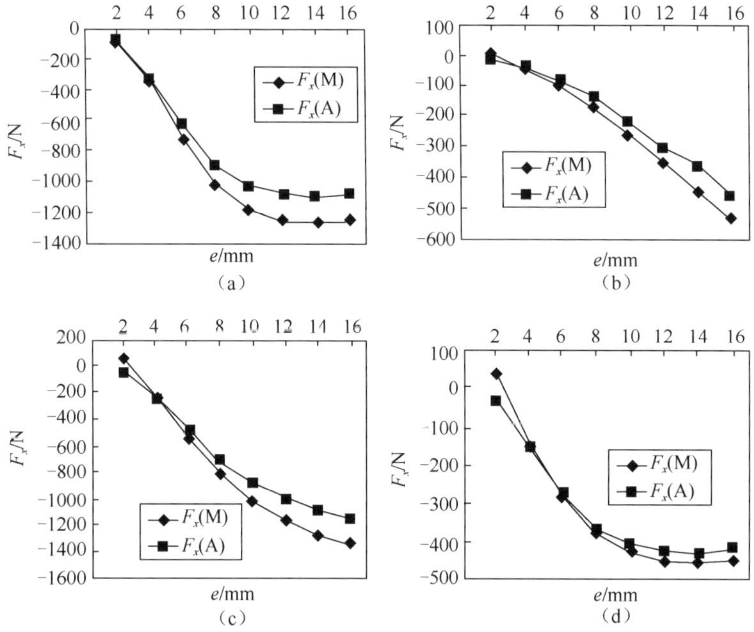

图 7.6　F_x 与 e 的磁力解析模型计算值与仿真值

6. 各永磁结构 x 向磁力与参数 h 的关系

取永磁结构的参数为 $a=e=10$mm，$b=d=15$mm，$c=5$mm，$L=1000$mm，当且仅当参数 h 变化时，将几何参量代入式（7.3）中，磁力模型计算结果及 ANSYS 仿真结果分别见表 7.6 和图 7.7。由图可以看出：磁力 F_x 随着参数 h 的增大呈单调递减趋势，最后趋于平稳。图中最大误差为 14.8%，最小误差为 1.7%，平均误差为 10.1%。

表 7.6　永磁模型 x 向磁力计算值与仿真值 6

e/mm		1	3	5	7	9	11	13	15
$F_{(a)}(x)$/N	F_x(M)	−1461.1	−953.0	−631.6	−429.4	−300.0	−214.8	−157.4	−117.7
	F_x(A)	−1251.8	−835.8	−535.6	−336.5	−230.2	−189.0	−144.7	−104.0
$F_{(b)}(x)$/N	F_x(M)	−317.8	−211.4	−143.5	−100.4	−72.3	−53.5	−40.4	−31.2
	F_x(A)	−264.0	−171.4	−137.1	−108.1	−80.0	−42.3	−30.7	−30.1
$F_{(c)}(x)$/N	F_x(M)	−1282.9	−795.5	−502.9	−328.0	−220.9	−153.3	−109.3	−79.8
	F_x(A)	−1100.8	−700.0	−423.8	−258.8	−200.0	−132.6	−130.7	−74.4
$F_{(d)}(x)$/N	F_x(M)	−495.9	−369.0	−272.1	−201.8	−151.3	−114.9	−88.5	−69.0
	F_x(A)	−458.3	−326.3	−267.2	−198.5	−143.2	−111.2	−69.8	−50.8

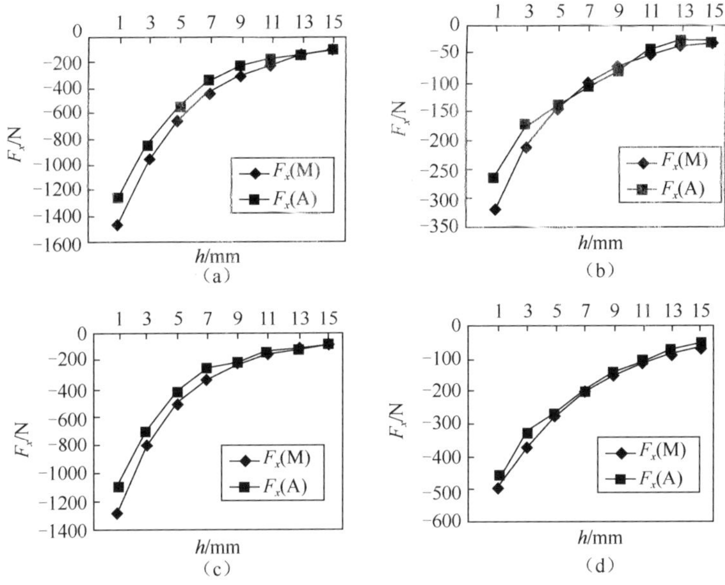

图 7.7　F_x 与 h 的磁力解析模型计算值与仿真值

7. 各永磁结构 z 向磁力与参数 a 的关系

取永磁结构的参数为：$b=d=15$mm，$c=5$mm，$e=10$mm，$h=2$mm，$L=1000$mm，当且仅当参数 a 变化时，将几何参量代入（7.1）中，磁力模型计算结果及 ANSYS 仿真结果分别见表 7.7 和图 7.8。

表 7.7　永磁模型 z 向磁力计算值与仿真值1

a/mm		2	4	6	8	10	12	14	16
$F_{(a)}(z)$/N	F_z(M)	118.1	227.4	212.6	−14.6	−371.6	−780.0	−1152.6	−1336.7
	F_z(A)	106.4	198.5	173.0	−21.2	−309.1	−670.2	−980.3	−1127.0
$F_{(b)}(z)$/N	F_z(M)	−21.4	−112.0	−295.4	−483.4	−617.0	−699.2	−741.8	−756.0
	F_z(A)	−26.3	−115.2	−285.0	−452.2	−563.3	−616.6	−658.5	−659.3
$F_{(c)}(z)$/N	F_z(M)	79.7	93.3	−90.8	−463.4	−871.8	−1228.8	−1456.0	−1470.9
	F_z(A)	79.0	100.7	−85.8	−406.5	−736.2	−1029.8	−1232.9	−1227.9
$F_{(d)}(z)$/N	F_z(M)	17.1	22.2	8.0	−34.6	−116.8	−250.4	−438.4	−621.8
	F_z(A)	24.9	17.1	9.1	−24.9	−105.9	−220.0	−389.9	−540.9

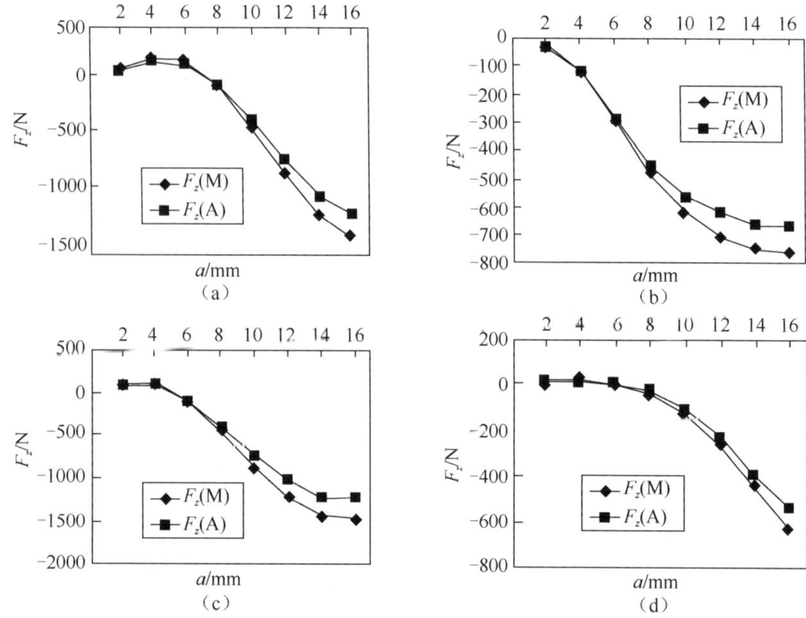

图 7.8　F_z 与 a 的磁力解析模型计算值与仿真值

由图可以看出：磁力 $F_{(a)}(z)$、$F_{(c)}(z)$、$F_{(d)}(z)$随着参数 a 的增大在正值部分先增大后减小，减小到负值之后呈先增大后减小的趋势，最后趋于平稳；$F_{(b)}(z)$单调递增最后趋于平稳。其最大误差为 16.1%，最小误差为 0.9%，平均误差为 7.1%。由图可以看出：磁力 F_z 随着参数 b 的增大而单调递增，最后趋于平稳。图中最大误差为 17.5%，最小误差为 0.25%，平均误差为 3.6%。

8. 各永磁结构 z 向磁力与参数 b 的关系

取永磁结构的参数为 a=e=10mm，c=5mm，d=15mm，h=2mm，L=1000mm，当且仅当参数 b 变化时，将几何参量代入式（7.1），磁力模型计算结果及 ANSYS 仿真结果分别见表 7.8 和图 7.9。

表 7.8　永磁模型 z 向磁力计算值与仿真值 2

b/mm		5	8	11	14	17	20	23	26
$F_{(a)}(z)$/N	F_z(M)	−141.9	−232.6	−303.5	−357.0	−397.0	−427.4	−450.7	−468.9
	F_z(A)	−113.1	−197.2	−250.8	−298.9	−337.1	−376.8	−398.5	−411.8
$F_{(b)}(z)$/N	F_z(M)	−377.9	−487.1	−557.1	−604.5	−638.2	−663.0	−681.8	−696.3
	F_z(A)	−336.1	−440.8	−517.4	−567.5	−574.9	−624.9	−622.7	−643.5
$F_{(c)}(z)$/N	F_z(M)	−504.3	−670.1	−778.9	−852.6	−904.3	−941.5	−969.2	−990.2
	F_z(A)	−414.1	−561.0	−654.3	−730.9	−779.8	−812.2	−836.5	−854.5
$F_{(d)}(z)$/N	F_z(M)	−15.5	−49.6	−81.7	−108.9	−131.0	−148.9	−163.3	−175.0
	F_z(A)	−11.7	−56.4	−83.8	−113.2	−124.0	−132.9	−150.1	−156.3

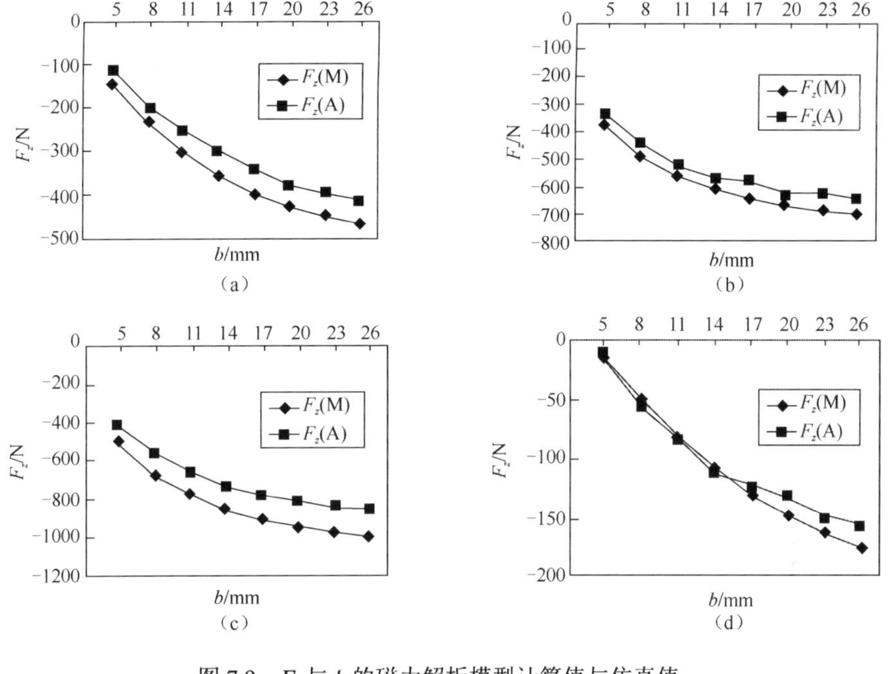

图 7.9　F_z 与 b 的磁力解析模型计算值与仿真值

9. 各永磁结构 z 向磁力与参数 c 的关系

取永磁结构的参数为 $a=e=10$mm，$b=d=15$mm，$h=2$mm，$L=1000$mm，当且仅当参数 c 变化时，将几何参量代入式（7.1）中，磁力模型计算结果及 ANSYS 仿真结果分别见表 7.9 和图 7.10。由图可以看出：磁力 F_z 随着参数 c 的增大在负值部分逐渐减小，到达正值之后逐渐增大。图中最大误差为 14.8%，最小误差为 1.8%，平均误差为 6.8%。

表 7.9　永磁模型 z 向磁力计算值与仿真值 3

c/mm		1	2	3	4	5	6	7	8
$F_{(a)}(z)$/N	F_z(M)	−1380.1	−1156.9	−898.2	−631.3	−371.6	−129.2	87.1	267.1
	F_z(A)	−1182.7	−992.1	−766.2	−535.2	−309.1	−112.9	81.6	234.5
$F_{(b)}(z)$/N	F_z(M)	−629.8	−669.6	−677.8	−659.1	−617.0	−553.8	−470.7	−369.5
	F_z(A)	−561.3	−588.3	−603.0	−596.7	−563.3	−507.4	−429.6	−352.8
$F_{(c)}(z)$/N	F_z(M)	−1549.3	−1466.2	−1308.5	−1104.2	−871.8	−624.3	−372.8	−130.4
	F_z(A)	−1327.6	−1244.5	−1109.9	−934.9	−736.2	−526.8	−322.1	−101.5
$F_{(d)}(z)$/N	F_z(M)	−460.6	−360.3	−267.5	−186.2	−116.8	−58.6	−10.8	28.0
	F_z(A)	−396.8	−303.9	−246.9	−162.9	−105.9	−39.8	−2.3	24.2

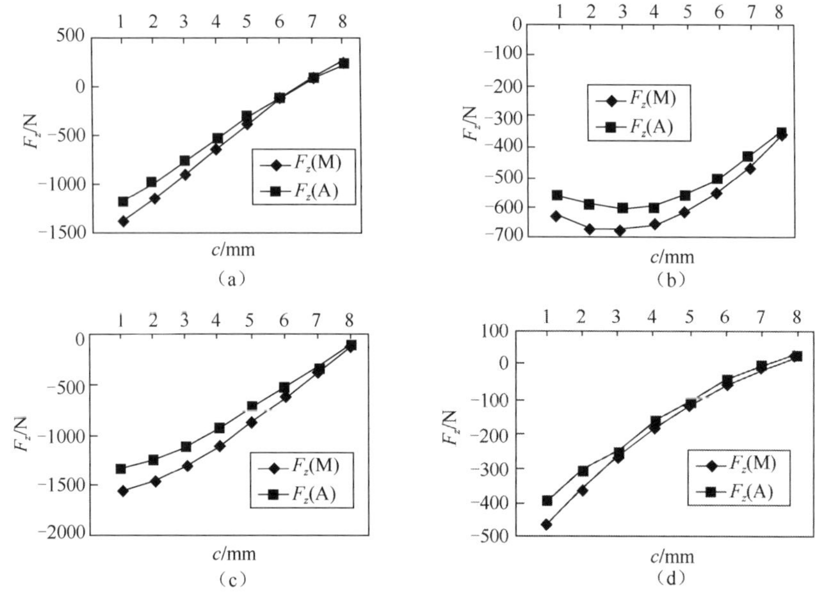

图 7.10　F_z 与 c 的磁力解析模型计算值与仿真值

10. 各永磁结构 z 向磁力与参数 d 的关系

取永磁结构的参数为 $a=e=10\text{mm}$，$b=15\text{mm}$，$c=5\text{mm}$，$h=2\text{mm}$，$L=1000\text{mm}$，当且仅当参数 d 变化时，将几何参量代入式(7.1)中，磁力模型计算结果及 ANSYS 仿真结果分别见表 7.10 和图 7.11。由图可以看出：磁力 $F_{(b)}(z)$随着参数 c 的增大先增大后减小，最后趋于稳定；$F_{(a)}(z)$、$F_{(c)}(z)$、$F_{(d)}(z)$逐渐增大。图中最大误差为 14.6%，最小误差为 4.0%，平均误差为 12.7%。

表 7.10　永磁模型 z 向磁力计算值与仿真值 4

d/mm		5	8	11	14	17	20	23	26
$F_{(a)}(z)$/N	F_z(M)	−44.0	−144.0	−247.0	−342.2	−426.9	−501.1	−566.0	−622.6
	F_z(A)	−42.2	−115.6	−207.1	−284.3	−363.4	−424.9	−481.9	−531.6
$F_{(b)}(z)$/N	F_z(M)	−475.9	−575.7	−613.7	−619.3	−608.4	−589.3	−566.5	−542.6
	F_z(A)	−416.9	−506.9	−550.7	−561.0	−552.8	−549.3	−521.6	−465.6
$F_{(c)}(z)$/N	F_z(M)	−512.1	−667.7	−773.7	−850.6	−909.1	−955.1	−992.3	−1022.9
	F_z(A)	−426.8	−556.2	−650.0	−717.9	−771.4	−814.2	−846.8	−873.0
$F_{(d)}(z)$/N	F_z(M)	−7.7	−52.0	−86.9	−110.9	−126.1	−135.3	−140.2	−142.3
	F_z(A)	−24.4	−46.2	−90.5	−94.0	−112.1	−127.6	−122.9	−124.0

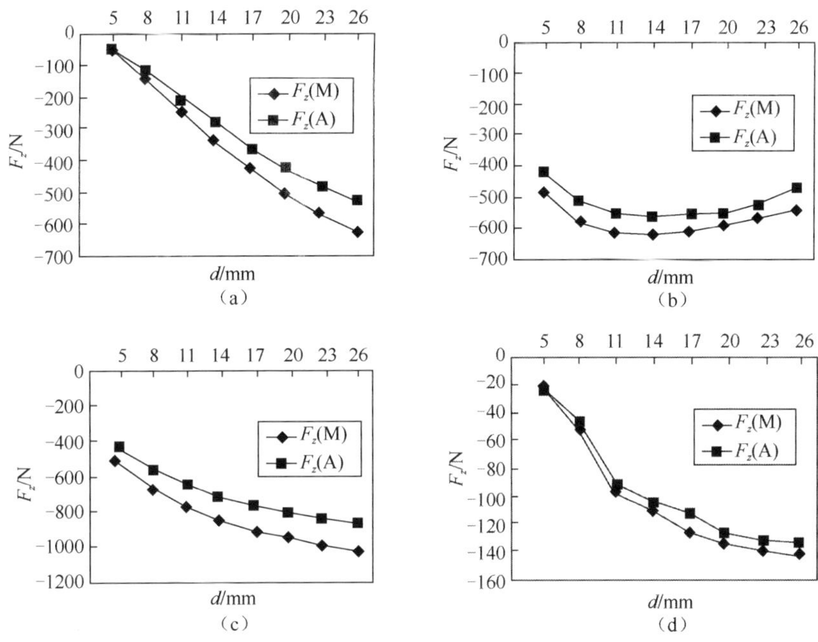

图 7.11　F_z 与 d 的磁力解析模型计算值与仿真值

11. 各永磁结构 z 向磁力与参数 e 的关系

取永磁结构的参数为 a=10mm，b=d=15mm，c=5mm，h=2mm，L=1000mm，当且仅当参数 e 变化时，将几何参量代入式(7.1)中，磁力模型计算结果及 ANSYS 仿真结果分别见表 7.11 和图 7.12。由图可以看出：磁力 $F_{(a)}(z)$ 和 $F_{(d)}(z)$ 随着参数 c 的增大在负值部分先增大后减小，到达正值后逐渐增大；$F_{(b)}(z)$ 呈单调递增趋势；$F_{(c)}(z)$ 先增大后减小。图中最大误差为 14.7%，最小误差为 0.8%，平均误差为 9.2%。

表 7.11　永磁模型 z 向磁力计算值与仿真值 5

e/mm		2	4	6	8	10	12	14	16
$F_{(a)}(z)$/N	F_z(M)	−346.7	−623.8	−694.9	−563.8	−371.6	−179.7	−7.5	139.0
	F_z(A)	−322.7	−556.0	−595.6	−485.6	−309.1	−145.7	−6.4	132.7
$F_{(b)}(z)$/N	F_z(M)	−143.9	−282.0	−409.2	−521.6	−617.0	−694.6	−754.9	−799.4
	F_z(A)	−181.7	−255.6	−389.0	−475.1	−563.3	−639.7	−685.4	−723.2
$F_{(c)}(z)$/N	F_z(M)	−352.5	−674.6	−868.2	−902.6	−871.8	−821.9	−768.1	−716.0
	F_z(A)	−335.0	−646.5	−812.7	−871.5	−846.2	−788.8	−700.7	−671.2
$F_{(d)}(z)$/N	F_z(M)	−138.1	−231.2	−235.8	−182.8	−116.8	−52.3	5.7	55.6
	F_z(A)	−139.2	−218.7	−215.3	−174.1	−105.9	−37.3	−4.8	63.9

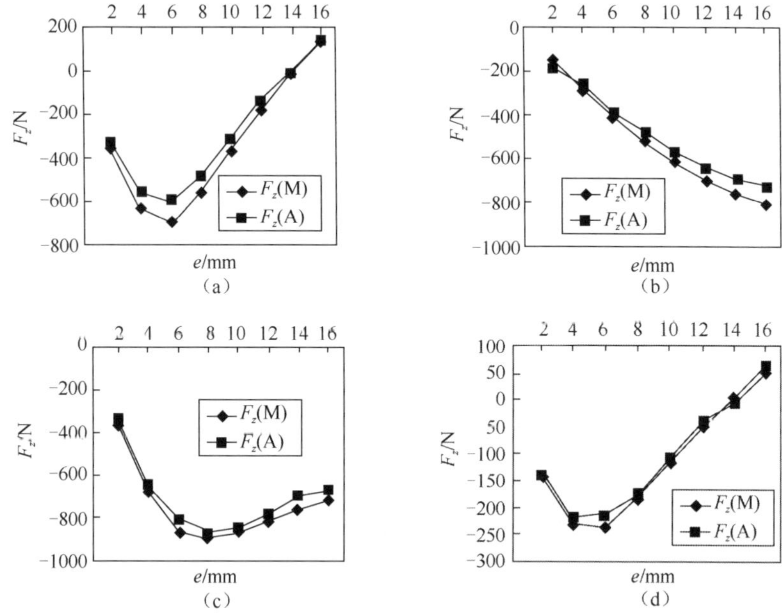

图 7.12　F_z与 e 的磁力解析模型计算值与仿真值

12. 各永磁结构 z 向磁力与参数 h 的关系

取永磁结构的参数为 $a=e=10$mm，$b=d=15$mm，$c=5$mm，$L=1000$mm，当且仅当参数 h 变化时，将几何参量代入式（7.1）中，磁力模型计算结果及 ANSYS 仿真结果分别见表 7.12 和图 7.13。由图可以看出：磁力 $F_{(a)}(z)$和 $F_{(d)}(z)$随着参数 h 的增大先增大后减小，最后趋于平缓；$F_{(b)}(z)$和 $F_{(c)}(z)$呈单调递减趋势。图中最大误差为 16.7%，最小误差为 0.1%，平均误差为 10.6%，全部都在工程允许的误差范围内。

表 7.12　永磁模型 z 向磁力计算值与仿真值 6

h/mm		1	3	5	7	9	11	13	15
$F_{(a)}(z)$/N	F_z(M)	−357.5	−368.3	−333.2	−285.5	−239.1	−198.9	−165.4	−138.1
	F_z(A)	−312.7	−338.5	−315.0	−260.9	−208.0	−186.5	−151.5	−123.5
$F_{(b)}(z)$/N	F_z(M)	−733.7	−521.3	−379.9	−285.1	−219.8	−173.3	−139.2	−113.7
	F_z(A)	−651.7	−477.9	−342.0	−257.0	−203.9	−147.0	−109.9	−93.1
$F_{(c)}(z)$/N	F_z(M)	−1000.9	−757.6	−572.8	−437.2	−338.2	−265.5	−211.3	−170.5
	F_z(A)	−841.3	−647.5	−503.2	−386.4	−321.8	−245.5	−207.6	−159.3
$F_{(d)}(z)$/N	F_z(M)	−90.3	−131.9	−140.3	−133.4	−120.7	−106.7	−93.3	−81.3
	F_z(A)	−85.4	−113.6	−132.7	−116.0	−111.9	−100.2	−88.5	−73.4

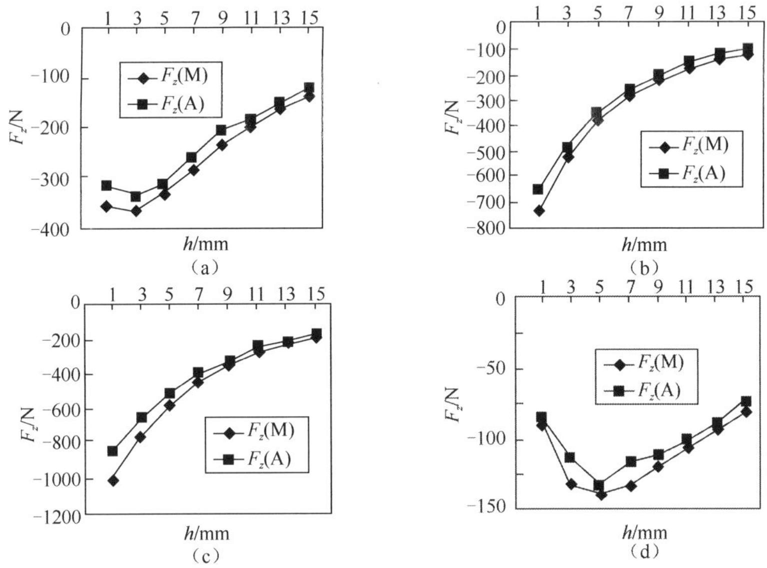

图 7.13　F_z 与 h 的磁力解析模型计算值与仿真值

7.1.3　误差分析

由于该模型存在个别奇异点（即在积分过程中分母为零的点），因此，接近奇异点的参数计算误差偏大；其次，ANSYS 仿真所施加的边界范围及条件大小不同也影响了仿真计算的精度，但总体来看平均误差都在工程误差允许的范围内。

7.2　截面为直角三角形的永磁体磁力解析模型

当由矩形截面永磁环构成具有大承载力的 Halbach 永磁轴承时，由于磁场在磁环接缝处不能顺畅过渡，将会影响 Halbach 永磁轴承的承载力。当由横截面为直角三角形的永磁体构成 Halbach 永磁轴承时，由于磁场在磁环接缝处能顺畅过渡，可实现汇集磁能于永磁轴承工作间隙，达到提高其承载力及刚度的目的。因此，研究两个横截面为直角三角形的永磁体间的磁力具有基础性和实用性。因此，本节基于磁荷法和虚位移法给出的永磁体磁力数值积分公式，推导出适用于四种不同磁化方式的两平行矩形永磁体的磁力解析模型。

7.2.1　磁力解析模型

纵向长度为 L 的直角边平行的四组直角三角形截面永磁体的参数如图 7.14 所示，参数 a、b、d、e 为直角三角形永磁体几何尺寸，参数 c、h 为直角三角形永磁体相对位置参数，P_i、M_j分别为两个三角形截面内任意一点。

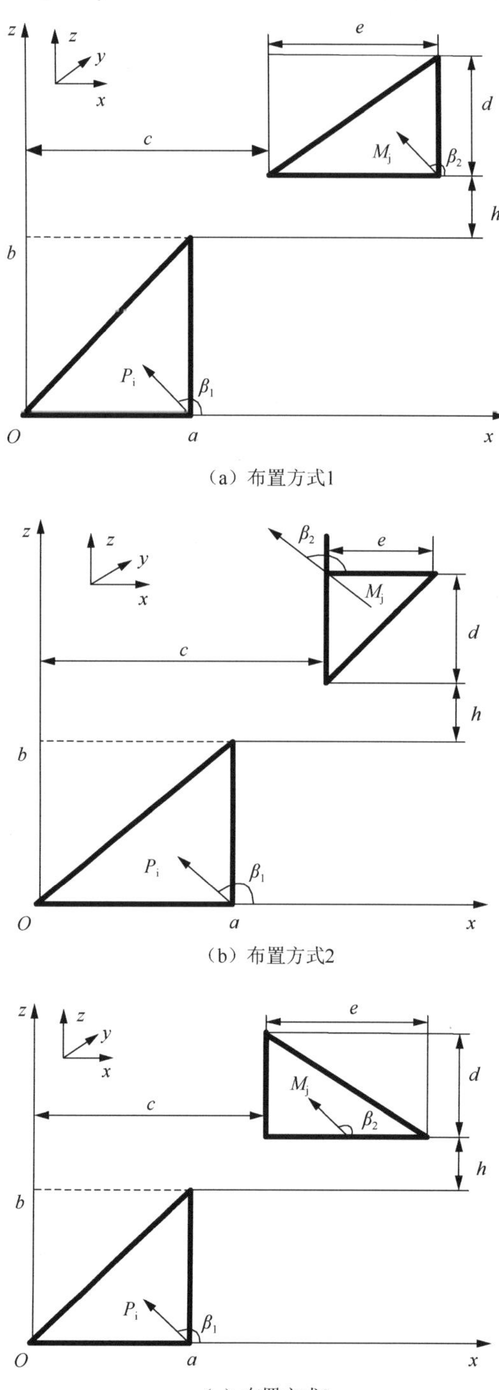

（a）布置方式1

（b）布置方式2

（c）布置方式3

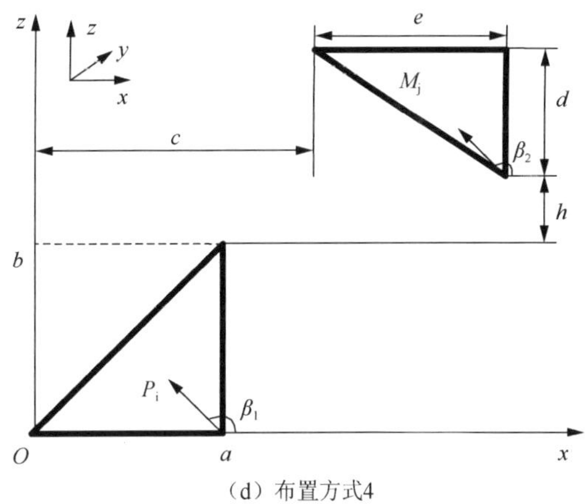

（d）布置方式4

图 7.14　一对直角三角形截面永磁体几何结构和参数

（1）根据式（5.5）和式（5.6），由图 7.14（a）积分得 z 方向的磁力 F_{z1} 为

$$F_{z1}=\frac{B_{r1}B_{r2}L}{\pi\mu_0}\int_0^a\int_0^{\frac{b}{a}x_1}\int_c^{c+e}\int_{b+h}^{b+h+\frac{d}{e}x_2-\frac{dc}{e}}\frac{\sin\left(\beta_1+\beta_2-3\theta\right)\mathrm{d}z_2\mathrm{d}x_2\mathrm{d}z_1\mathrm{d}x_1}{\left[\left(x_2-x_1\right)^2+\left(z_2-z_1\right)^2\right]^{3/2}}$$

$$=\frac{B_{r1}B_{r2}L}{\pi\mu_0}\int_0^a\int_0^{\frac{b}{a}x_1}\int_c^{c+e}\int_{b+h}^{b+h+\frac{d}{e}x_2-\frac{dc}{e}}\frac{\left[\sin\left(\beta_1+\beta_2\right)\cos\left(3\theta\right)-\cos\left(\beta_1+\beta_2\right)\sin\left(3\theta\right)\right]\mathrm{d}z_2\mathrm{d}x_2\mathrm{d}z_1\mathrm{d}x_1}{\left[\left(x_2-x_1\right)^2+\left(z_2-z_1\right)^2\right]^{3/2}}$$

$$\cos3\theta=-3\cos\theta+4\cos^3\theta=\frac{-3\left(x_2-x_1\right)}{\left[\left(x_2-x_1\right)^2+\left(z_2-z_1\right)^2\right]^{1/2}}+\frac{4\left(x_2-x_1\right)^3}{\left[\left(x_2-x_1\right)^2+\left(z_2-z_1\right)^2\right]^{3/2}}$$

$$\sin3\theta=3\sin\theta-4\sin^3\theta=\frac{3\left(z_2-z_1\right)}{\left[\left(x_2-x_1\right)^2+\left(z_2-z_1\right)^2\right]^{1/2}}-\frac{4\left(z_2-z_1\right)^3}{\left[\left(x_2-x_1\right)^2+\left(z_2-z_1\right)^2\right]^{3/2}}$$

由图 7.14（a）积分得 x 方向的磁力 F_{x1} 为

$$F_{x1}=-\frac{B_{r1}B_{r2}L}{\pi\mu_0}\int_0^a\int_0^{\frac{b}{a}x_1}\int_c^{c+e}\int_{b+h}^{b+h+\frac{d}{e}x_2-\frac{dc}{e}}\frac{\cos\left(\beta_1+\beta_2-3\theta\right)\mathrm{d}z_2\mathrm{d}x_2\mathrm{d}z_1\mathrm{d}x_1}{\left[\left(x_2-x_1\right)^2+\left(z_2-z_1\right)^2\right]^{3/2}}$$

$$=-\frac{B_{r1}B_{r2}L}{\pi\mu_0}\int_0^a\int_0^{\frac{b}{a}x_1}\int_c^{c+e}\int_{b+h}^{b+h+\frac{d}{e}x_2-\frac{dc}{e}}\frac{\left[\cos\left(\beta_1+\beta_2\right)\cos\left(3\theta\right)+\sin\left(\beta_1+\beta_2\right)\sin\left(3\theta\right)\right]\mathrm{d}z_2\mathrm{d}x_2\mathrm{d}z_1\mathrm{d}x_1}{\left[\left(x_2-x_1\right)^2+\left(z_2-z_1\right)^2\right]^{3/2}}$$

（2）根据式（5.5）和式（5.6），由图 7.14（b）积分得 z 方向的磁力 F_{z2} 为

$$F_{z2}=\frac{B_{r1}B_{r2}L}{\pi\mu_0}\int_0^a\int_0^{\frac{b}{a}x_1}\int_c^{c+e}\int_{b+h+\frac{d}{e}x_2-\frac{dc}{e}}^{b+h+d}\frac{\sin\left(\beta_1+\beta_2-3\theta\right)\mathrm{d}z_2\mathrm{d}x_2\mathrm{d}z_1\mathrm{d}x_1}{\left[\left(x_2-x_1\right)^2+\left(z_2-z_1\right)^2\right]^{3/2}}$$

$$=\frac{B_{r1}B_{r2}L}{\pi\mu_0}\int_0^a\int_0^{\frac{b}{a}x_1}\int_c^{c+e}\int_{b+h+\frac{d}{e}x_2-\frac{dc}{e}}^{b+h+d}\frac{\left[\sin(\beta_1+\beta_2)\cos(3\theta)-\cos(\beta_1+\beta_2)\sin(3\theta)\right]dz_2dx_2dz_1dx_1}{\left[(x_2-x_1)^2+(z_2-z_1)^2\right]^{3/2}}$$

由图 7.14（b）积分得 x 方向的磁力 F_{x2} 为

$$F_{x2}=-\frac{B_{r1}B_{r2}L}{\pi\mu_0}\int_0^a\int_0^{\frac{b}{a}x_1}\int_c^{c+e}\int_{b+h+\frac{d}{e}x_2-\frac{dc}{e}}^{b+h+d}\frac{\cos(\beta_1+\beta_2-3\theta)dz_2dx_2dz_1dx_1}{\left[(x_2-x_1)^2+(z_2-z_1)^2\right]^{3/2}}$$

$$=-\frac{B_{r1}B_{r2}L}{\pi\mu_0}\int_0^a\int_0^{\frac{b}{a}x_1}\int_c^{c+e}\int_{b+h+\frac{d}{e}x_2-\frac{dc}{e}}^{b+h+d}\frac{\left[\cos(\beta_1+\beta_2)\cos(3\theta)+\sin(\beta_1+\beta_2)\sin(3\theta)\right]dz_2dx_2dz_1dx_1}{\left[(x_2-x_1)^2+(z_2-z_1)^2\right]^{3/2}}$$

（3）根据式（5.5）和式（5.6），由图 7.14（c）积分得 z 方向的磁力 F_{z3} 为

$$F_{z3}=\frac{B_{r1}B_{r2}L}{\pi\mu_0}\int_0^a\int_0^{\frac{b}{a}x_1}\int_c^{c+e}\int_{b+h}^{b+h+d-\frac{d}{e}x_2+\frac{dc}{e}}\frac{\sin(\beta_1+\beta_2-3\theta)dz_2dx_2dz_1dx_1}{\left[(x_2-x_1)^2+(z_2-z_1)^2\right]^{3/2}}$$

$$=\frac{B_{r1}B_{r2}L}{\pi\mu_0}\int_0^a\int_0^{\frac{b}{a}x_1}\int_c^{c+e}\int_{b+h}^{b+h+d-\frac{d}{e}x_2+\frac{dc}{e}}\frac{\left[\sin(\beta_1+\beta_2)\cos(3\theta)-\cos(\beta_1+\beta_2)\sin(3\theta)\right]dz_2dx_2dz_1dx_1}{\left[(x_2-x_1)^2+(z_2-z_1)^2\right]^{3/2}}$$

由图 7.14（c）积分得 x 方向的磁力 F_{x3} 为

$$F_{x3}=-\frac{B_{r1}B_{r2}L}{\pi\mu_0}\int_0^a\int_0^{\frac{b}{a}x_1}\int_c^{c+e}\int_{b+h}^{b+h+d-\frac{d}{e}x_2+\frac{dc}{e}}\frac{\cos(\beta_1+\beta_2-3\theta)dz_2dx_2dz_1dx_1}{\left[(x_2-x_1)^2+(z_2-z_1)^2\right]^{3/2}}$$

$$=-\frac{B_{r1}B_{r2}L}{\pi\mu_0}\int_0^a\int_0^{\frac{b}{a}x_1}\int_c^{c+e}\int_{b+h}^{b+h+d-\frac{d}{e}x_2+\frac{dc}{e}}\frac{\left[\cos(\beta_1+\beta_2)\cos(3\theta)+\sin(\beta_1+\beta_2)\sin(3\theta)\right]dz_2dx_2dz_1dx_1}{\left[(x_2-x_1)^2+(z_2-z_1)^2\right]^{3/2}}$$

（4）根据式（5.5）和式（5.6），由图 7.14（d）积分得 z 方向的磁力 F_{z4} 为

$$F_{z4}=\frac{B_{r1}B_{r2}L}{\pi\mu_0}\int_0^a\int_0^{\frac{b}{a}x_1}\int_c^{c+e}\int_{b+h+d-\frac{d}{e}x_2+\frac{dc}{e}}^{b+h+d}\frac{\sin(\beta_1+\beta_2-3\theta)dz_2dx_2dz_1dx_1}{\left[(x_2-x_1)^2+(z_2-z_1)^2\right]^{3/2}}$$

$$=\frac{B_{r1}B_{r2}L}{\pi\mu_0}\int_0^a\int_0^{\frac{b}{a}x_1}\int_c^{c+e}\int_{b+h+d-\frac{d}{e}x_2+\frac{dc}{e}}^{b+h+d}\frac{\left[\sin(\beta_1+\beta_2)\cos(3\theta)-\cos(\beta_1+\beta_2)\sin(3\theta)\right]dz_2dx_2dz_1dx_1}{\left[(x_2-x_1)^2+(z_2-z_1)^2\right]^{3/2}}$$

由图 7.14（d）积分得 x 方向的磁力 F_{x4} 为

$$F_{x4}=-\frac{B_{r1}B_{r2}L}{\pi\mu_0}\int_0^a\int_0^{\frac{b}{a}x_1}\int_c^{c+e}\int_{b+h+d-\frac{d}{e}x_2+\frac{dc}{e}}^{b+h+d}\frac{\cos(\beta_1+\beta_2-3\theta)dz_2dx_2dz_1dx_1}{\left[(x_2-x_1)^2+(z_2-z_1)^2\right]^{3/2}}$$

$$=-\frac{B_{r1}B_{r2}L}{\pi\mu_0}\int_0^a\int_0^{\frac{b}{a}x_1}\int_c^{c+e}\int_{b+h+d-\frac{d}{e}x_2+\frac{dc}{e}}^{b+h+d}\frac{\left[\cos(\beta_1+\beta_2)\cos(3\theta)+\sin(\beta_1+\beta_2)\sin(3\theta)\right]dz_2dx_2dz_1dx_1}{\left[(x_2-x_1)^2+(z_2-z_1)^2\right]^{3/2}}$$

上面的式子可归纳为

对式（5.5）积分（取 $\beta_1+\beta_2=0$），可得两永磁体在 z 轴的磁力

$$
\begin{aligned}
F_z &= \frac{B_{r1}B_{r2}L}{\pi\mu_0}\iint\frac{1}{r_{PM}^3}(\beta_1+\beta_2-\sin 3\theta)\mathrm{d}S_1\mathrm{d}S_2 \\
&= -\frac{B_{r1}B_{r2}L}{\pi\mu_0}\iint\frac{1}{r_{PM}^3}\sin 3\theta\mathrm{d}S_1\mathrm{d}S_2 \\
&= -\frac{B_{r1}B_{r2}L}{\pi\mu_0}\int_0^a\int_0^{\frac{b}{a}x_1}\int_c^{c+e}\int_{Mx_2-MN+b+h}^{b+h+y}\frac{\sin 3\theta}{\left[(x_2-x_1)^2+(z_2-z_1)^2\right]^{3/2}}\mathrm{d}z_2\mathrm{d}x_2\mathrm{d}z_1\mathrm{d}x_1
\end{aligned}
\tag{7.7}
$$

$$F_z=-B_{r1}B_{r2}L\times10^{-6}/\pi\mu_0\times\left[\pm\Phi(y,\ M,\ N)\right]$$

$$
\begin{aligned}
\Phi(y,M,N)=&\Big[\big(M\times\big(c+e+l\times\big(b+h+M\times(c+e-N)\big)\big)-\big(b+h+M\times(c+e-N)-l\times(c+e)\big)\big) \\
&/(4\times m\times n)-(M\times a)/(4\times m)\Big]\times\ln\big((c+e-a)^2+\big(h+M\times(c+e-N)\big)^2\big)-\Big[\big(\big(b+h+M \\
&\times(c+e-N)-l\times(c+e)\big)\times\big(c+e+l\times\big(b+h+M\times(c+e-N)\big)\big)\big)/\big(2\times m\times n\times|b+h+M \\
&\times(c+e-N)-l\times(c+e)|\big)+\big(M\times|b+h+M\times(c+e-N)-l\times(c+e)|\big)/(2\times m\times n)\Big] \\
&\times\arctan\big(\big(n\times a-\big(c+e+l\times\big(b+h+M\times(c+e-N)\big)\big)\big)/|b+h+M\times(c+e-N)-l\times(c+e)|\big) \\
&+\Big[\big(\big(b+h+M\times(c+e-N)-l\times(c+e)\big)-M\times\big(c+e+l\times\big(b+h+M\times(c+e-N)\big)\big)\big) \\
&/(4\times m\times n)+\big(M\times(c+e)-\big(b+h+M\times(c+e-N)\big)\big)/(4\times m)\Big]\times\ln\big((c+e)^2+\big(b+h+M \\
&\times(c+e-N)\big)^2\big)+\Big[\big(\big(b+h+M\times(c+e-N)-l\times(c+e)\big)\times\big(c+e+l\times\big(b+h+M\times(c+e \\
&-N)\big)\big)\big)/\big(2\times m\times n\times|b+h+M\times(c+e-N)-l\times(c+e)|\big)+M\times|b+h+M\times(c+e-N)-l \\
&\times(c+e)|\big)/(2\times m\times n)\Big]\times\arctan\big(\big(-\big(c+e+l\times\big(b+h+M\times(c+e-N)\big)\big)\big)/|b+h+M\times(c+e \\
&-N)-l\times(c+e)|\big)-a/(2\times m)\times\arctan\big(\big(b+h+M\times(c+e-N)\big)/(c+e-N)+\big(\big(b+h+M \\
&\times(c+e-N)\big)-M\times(c+e-a)\big)/(4\times m)\times\ln\big((c+e-a)^2+\big(b+h+M\times(c+e-N)\big)^2\big) \\
&+\Big[\big((c+e)\times\big(b+h+M\times(c+e-N)\big)\big)/\big(2\times m\times|b+h+M\times(c+e-N)|\big)+\big(M\times|b+h+M \\
&\times(c+e-N)|\big)/(2\times m)\Big]\times\arctan\big(\big(a-(c+e)\big)/|b+h+M\times(c+e-N)|\big)+\Big[\big(\big(b+\big(h+M \\
&\times(c-N)\big)-l\times c\big)\times\big(c+l\times\big(b+\big(h+M\times(c-N)\big)\big)\big)\big)/\big(2\times m\times n\times|b+\big(h+M\times(c-N)\big)-l \\
&\times c|+\big(M\times|b+\big(h+M\times(c-N)\big)-l\times c|\big)/(2\times m\times n)\Big]\times\arctan\big(\big(n\times a-\big(c+l\times\big(b+\big(h+M \\
&\times(c-N)\big)\big)\big)\big)/|b+\big(h+M\times(c-N)\big)-l\times c|\big)+\big(b\times\big(c+l\times\big(b+\big(h+M\times(c-N)\big)\big)\big)+M \\
&\times b\times\big(b+\big(h+M\times(c-N)\big)-l\times c\big)\big)/(4\times a\times m\times n)\times\ln\big(c^2+\big(b+\big(h+M\times(c-N)\big)\big)^2\big)
\end{aligned}
$$

$$-\left[\left(\left(b+\left(h+M\times(c-N)\right)-l\times c\right)\times\left(c+l\times\left(b+\left(h+M\times(c-N)\right)\right)\right)\right)\Big/\left(2\times m\times n\times\left|b+\left(h+M\times(c-N)\right)-l\times c\right|\right)+\left(M\times\left|b+\left(h+M\times(c-N)\right)-l\times c\right|\right)\Big/(2\times m\times n)\right]\times\arctan\left(\left(-\left(c+l\times\left(b+\left(h+M\times(c-N)\right)\right)\right)\right)\Big/\left|b+\left(h+M\times(c-N)\right)-l\times c\right|\right)-a/2\times\arctan\left((b+h+y)/(c-a)\right)$$
$$+(b+h+y)/4\times\ln\left((c-a)^2+(b+h+y)^2\right)+c\times(b+h+y)/\left(2\times|b+h+y|\right)\times\arctan\left((a-c)/|b+h+y|\right)-c\times(b+h+y)/\left(2\times|b+h+y|\right)\times\arctan\left((-c)/|b+h+y|\right)+a/(2\times m)$$
$$\times\arctan\left(\left(b+\left(h+M\times(c-N)\right)\right)/(c-a)\right)+\left(-\left(b+\left(h+M\times(c-N)\right)\right)-M\times(a-c)\right)/(4\times m)\times\ln\left((c-a)^2+\left(b+\left(h+M\times(c-N)\right)\right)^2\right)-\left[\left(c\times\left(b+\left(h+M\times(c-N)\right)\right)\right)\Big/\left(2\times m\times\left|b+\left(h+M\times(c-N)\right)\right|\right)+\left(M\times\left|b+\left(h+M\times(c-N)\right)\right|\right)\Big/(2\times m)\right]$$
$$\times\arctan\left((a-c)\Big/\left|b+\left(h+M\times(c-N)\right)\right|\right)+\left[\left(c\times\left(b+\left(h+M\times(c-N)\right)\right)\right)\Big/\left(2\times m\times\left|b+\left(h+M\times(c-N)\right)\right|\right)+\left(M\times\left|b+\left(h+M\times(c-N)\right)\right|\right)\Big/(2\times m)\right]\times\arctan\left((-c)\Big/\left|b+\left(h+M\times(c-N)\right)\right|\right)-a/2\times\arctan\left((h+y)/(c+e-a)\right)+\left(b+h+y-l\times(c+e)\right)$$
$$/(4\times n)\times\ln\left((c+e-a)^2+(h+y)^2\right)+\left(\left(b+h+y-l\times(c+e)\right)\times\left(c+e+l\times(b+h+y)\right)\right)\Big/\left(2\times n\times\left|b+h+y-l\times(c+e)\right|\right)\times\arctan\left(\left(n\times a-\left(c+e+l\times(b+h+y)\right)\right)\Big/\left|b+h+y-l\times(c+e)\right|\right)+\left(l\times\left(l\times(b+h+y)+(c+e)\right)\right)/(4\times n)\times\ln\left((c+e)^2+(b+h+y)^2\right)$$
$$-\left(\left(b+h+y-l\times(c+e)\right)\times\left((c+e)+l\times(b+h+y)\right)\right)\Big/\left(2\times n\times\left|b+h+y-l\times(c+e)\right|\right)\times\arctan\left(\left(-\left((c+e)+l\times(b+h+y)\right)\right)\Big/\left|b+h+y-l\times(c+e)\right|\right)+a/2\times\arctan\left((b+h+y)/(c+e-a)\right)-(b+h+y)/4\times\ln\left((c+e-a)^2+(b+h+y)^2\right)-(c+e)\times(b+h+y)$$
$$/\left(2\times|b+h+y|\right)\times\arctan\left(\left(a-(c+e)\right)/|b+h+y|\right)+(c+e)\times(b+h+y)/\left(2\times|b+h+y|\right)\times\arctan\left(\left(-(c+e)\right)/|b+h+y|\right) \tag{7.8}$$

式中，$1=b/a$； $m=1+M^2$； $n=1+(b/a)^2$；取 $K=\dfrac{B_{r1}B_{r2}L}{\pi\mu_0}$，对应图 7.14 中（a)、（b)、（c)、（d）四种结构，两永磁体 z 向磁力 F_z 如下：

$$F_{z(a)}=-K\left[-\Phi\left(0,\frac{d}{e},\ c\right)\right]$$

$$F_{z(b)}=-K\left[-\Phi\left(d,\frac{d}{e},\ c\right)\right]$$

$$F_{z(\mathrm{c})} = -K\left[-\Phi\left(0, -\frac{d}{e},\ c+e\right)\right]$$

$$F_{z(\mathrm{d})} = -K\left[-\Phi\left(d, -\frac{d}{e},\ c+e\right)\right]$$

对式（5.6）积分（取$\beta_1+\beta_2=0$），可得两永磁体在 x 轴的磁力 F_x 为

$$\begin{aligned}F_x &= -\frac{B_{\mathrm{r1}}B_{\mathrm{r2}}L}{\pi\mu_0}\iint\frac{1}{r_{PM}^3}\left(\beta_1+\beta_2-\cos 3\theta\right)\mathrm{d}S_1\mathrm{d}S_2\\ &= -\frac{B_{\mathrm{r1}}B_{\mathrm{r2}}L}{\pi\mu_0}\iint\frac{\cos 3\theta}{r_{PM}^3}\mathrm{d}S_1\mathrm{d}S_2\\ &= -\frac{B_{\mathrm{r1}}B_{\mathrm{r2}}L}{\pi\mu_0}\int_0^b\int_{\frac{a}{b}z_1}^{a}\int_{b+h}^{b+h+d}\int_{Wz_2-W(b+h)+G}^{c+m}\frac{\cos 3\theta}{\left[\left(x_2-x_1\right)^2+\left(z_2-z_1\right)^2\right]^{3/2}}\mathrm{d}x_2\mathrm{d}z_2\mathrm{d}x_1\mathrm{d}z_1\end{aligned} \tag{7.9}$$

$$F_x = -B_{\mathrm{r1}}B_{\mathrm{r2}}L\times 10^{-6}/\pi\mu_0\times\left[\pm\Psi\left(m,\ W,\ G\right)\right]$$

$$\begin{aligned}\Psi(m,W,G) = &\Big[\big(W\times(b+h+d+s\times(W\times d+G))-(W\times d+G-s\times(b+h+d))\big)/(4\times u\times v)+(G-a-W\\ &\times(b+h))/(4\times u)\Big]\times\ln\left((h+d)^2+(W\times d+G-a)^2\right)+\Big[\big((W\times d+G-a)\times(b+h+d)\big)/(2\times u\\ &\times|W\times d+G-a|)+\big(W\times|W\times d+G-a|\big)/(2\times u)\Big]\times\arctan\big((b-(b+h+d))/|W\times d+G-a|\big)\\ &+\big(-(G-a)+W\times(b+h)\big)/(4\times u)\times\ln\left((b+h+d)^2+(W\times d+G-a)^2\right)-\Big[\big((W\times d+G-a)\\ &\times(b+h+d)\big)/(2\times u\times|W\times d+G-a|)+\big(W\times|W\times d+G-a|\big)/(2\times u)\Big]\times\arctan\big((-(b+h+d))\\ &/|W\times d+G-a|\big)-\Big[\big((W\times d+G-s\times(b+h+d))\times(b+h+d+s\times(W\times d+G))\big)/(2\times u\times v\\ &\times|W\times d+G-s\times(b+h+d)|)+\big(W\times|W\times d+G-s\times(b+h+d)|\big)/(2\times u\times v)\times\arctan\big((v\times b\\ &-(b+h+d+s\times(W\times d+G)))/|W\times d+G-s\times(b+h+d)|\big)+\Big[\big(W\times d+G-s\times(b+h+d)\big)\\ &-\big(W\times(b+h+d+s\times(W\times d+G))\big)\Big]/(4\times u\times v)\times\ln\left((b+h+d)^2+(W\times d+G)^2\right)\\ &+\Big[\big((W\times d+G-s\times(b+h+d))\times(b+h+d+s\times(W\times d+G))\big)/(2\times u\times v\times|W\times d+G-s\\ &\times(b+h+d)|)+\big(W\times|W\times d+G-s\times(b+h+d)|\big)/(2\times u\times v)\Big]\times\arctan\big((-(b+h+d+s\\ &\times(W\times d+G)))/|W\times d+G-s\times(b+h+d)|\big)-\Big[\big((G-s\times(b+h))\times(b+h+s\times G)\big)/(2\times u\times v\\ &\times|G-s\times(b+h)|)+\big(W\times|G-s\times(b+h)|\big)/(2\times u\times v)\Big]\times\arctan\big((-(b+h+s\times G))/|G-s\\ &\times(b+h)|\big)+\Big[\big(c+m-s\times(b+h+d)\big)/(4\times v)-(c+m-a)/4\Big]\times\ln\left((h+d)^2+(c+m-a)^2\right)\\ &-\big((c+m-a)\times(b+h+d)\big)/(2\times|c+m-a|)\times\arctan\big((b-(b+h+d))/|c+m-a|\big)+(c+m\\ &-a)/4\times\ln\left((b+h+d)^2+(c+m-a)^2\right)+\big((c+m-a)\times(b+h+d)\big)/(2\times|c+m-a|)\\ &\times\arctan\big((-(b+h+d))/|c+m-a|\big)+\big((c+m-s\times(b+h+d))\times(b+h+d+s\times(c+m))\big)\\ &/(2\times v\times|c+m-s\times(b+h+d)|)\times\arctan\big((v\times b-(b+h+d+s\times(c+m)))/|c+m-s\end{aligned}$$

$$\times(b+h+d)|)-(c+m-s\times(b+h+d))/(4\times v)\times\ln((b+h+d)^2+(c+m)^2)-((c+m-s\times(b+h+d))\times(b+h+d+s\times(c+m)))/(2\times v\times|c+m-s\times(b+h+d)|)\times\arctan((-(b+h+d+s\times(c+m)))/|c+m-s\times(b+h+d)|)+[(c+m-a)/4-(c+m-s\times(b+h))/(4\times v)]\times\ln(h^2+(c+m-a)^2)+((c+m-a)\times(b+h))/(2\times|c+m-a|)\times\arctan((b-(b+h))/|c+m-a|)-(c+m-a)/4\times\ln((b+h)^2+(c+m-a)^2)-((c+m-a)\times(b+h))/(2\times|c+m-a|)\times\arctan((-(b+h))/|c+m-a|)-((c+m-s\times(b+h))\times(b+h+s\times(c+m)))/(2\times v\times|c+m-s\times(b+h)|)\times\arctan((v\times b-(b+h+s\times(c+m)))/|c+m-s\times(b+h)|)+(c+m-s\times(b+h))/(4\times v)\times\ln((b+h)^2+(c+m)^2)+((c+m-s\times(b+h))\times(b+h+s\times(c+m)))/(2\times v\times|c+m-s\times(b+h)|)\times\arctan((-(b+h+s\times(c+m)))/|c+m-s\times(b+h)|) \tag{7.10}$$

式中，$s=a/b$；$u=1+W^2$；$v=1+(a/b)^2$。

取$K=\dfrac{B_{r1}B_{r2}L}{\pi\mu_0}$，对应图 7.14 中（a）、（b）、（c）、（d）四种结构，两永磁体 x 向磁力 F_x 如下：

$$F_{x(a)}=-K\left[\Psi\left(e,\frac{e}{d},\ c\right)\right]$$

$$F_{x(b)}=-K\left[-\Psi\left(0,\frac{e}{d},\ c\right)\right]$$

$$F_{x(c)}=-K\left[-\Psi\left(0,-\frac{e}{d},\ c+e\right)\right]$$

$$F_{x(d)}=-K\left[\Psi\left(e,-\frac{e}{d},\ c+e\right)\right]$$

适用于任意磁化方向的两永磁体磁力解析模型为

$$\begin{aligned}F_z&=K\times\iint\frac{1}{r_{PM}^3}\times\sin(\beta_1+\beta_2-3\theta)\mathrm{d}S_1\mathrm{d}S_2\\&=K\times\iint\frac{1}{r_{PM}^3}\left[\sin(\beta_1+\beta_2)\cos(3\theta)-\cos(\beta_1+\beta_2)\sin(3\theta)\right]\mathrm{d}S_1\mathrm{d}S_2\\&=K\times\sin(\beta_1+\beta_2)\times\left[\pm\Psi(m,\ W,\ G)\right]-K\times\cos(\beta_1+\beta_2)\times\left[\pm\Phi(y,\ M,\ N)\right]\end{aligned} \tag{7.11}$$

$$
\begin{aligned}
F_x &= -K \times \iint \frac{1}{r_{PM}^3} \times \cos\left(\beta_1 + \beta_2 - 3\theta\right) \mathrm{d}S_1 \mathrm{d}S_2 \\
&= -K \times \iint \frac{1}{r_{PM}^3} \left[\cos\left(\beta_1 + \beta_2\right)\cos\left(3\theta\right) + \sin\left(\beta_1 + \beta_2\right)\sin\left(3\theta\right)\right] \mathrm{d}S_1 \mathrm{d}S_2 \\
&= -K \times \cos\left(\beta_1 + \beta_2\right) \times \left[\pm \Psi\left(m,\ W,\ G\right)\right] - K \times \sin\left(\beta_1 + \beta_2\right) \times \left[\pm \Phi\left(y,\ M,\ N\right)\right]
\end{aligned}
\tag{7.12}
$$

式（7.7）～式（7.12）为一对纵向长度为 L 的横截面为直角三角形的两永磁体磁力解析模型，当满足以上解析模型时永磁体参数应满足：$c>a$ 或 $h>0$[34,35]。

7.2.2　仿真验证磁力解析模型并分析磁力与相关参数的关系

本节计算分析选用稀土 NdFeB 作为永磁轴承材料，其性能为：B_r=1.13T，H_c=800kA/m，$\mu_r=B_r/$（$\mu_0 \times H_c$）=1.124。

1. 各结构永磁体 z 向磁力与参数 g（$g=b+h$）的关系

取永磁体参数为：$a=e$=5mm，$b=d$=20mm，c=6mm，磁体长度 L=1000mm，仅当 g 参数变化时，将相关参数代入式（7.7）和式（7.8）中，解析模型计算结果及 ANSYS 仿真结果见表 7.13 和图 7.15。图 7.15 中的（a）、（b）、（c）、（d）分别与图 7.14 中的（a）、（b）、（c）、（d）相对应。图表中 F_{zj} 为解析模型计算值，F_{zf} 为 ANSYS 仿真值，ANSYS 计算采用 PLANE53 单元仿真。图 7.16 为永磁体 ANSYS 仿真二维磁力线图。由图表可以看出：截面为直角三角形的永磁体 z 向磁力为 F_z，在图 7.15（a）、（c）结构中随着参数 g 增大呈先增大至最大值后再缓慢减小的趋势；而在图 7.15（b）、（d）结构中则是随着 g 增大呈单调减小趋势。图中最大误差为 9.2%，最小误差为 0.01%，平均误差为 3.8%。

表 7.13　永磁体 z 向磁力模型计算值与仿真值 1

g/mm		1	2	3	5	6	7	8	9	10
$F_{z(a)}$	F_{zj}/N	5.179	18.228	26.429	34.041	35.321	35.630	35.258	34.378	33.089
	F_{zf}/N	5.287	16.214	25.248	31.706	33.817	33.607	33.977	32.013	31.533
$F_{z(b)}$	F_{zj}/N	49.383	45.806	40.946	30.735	25.931	21.442	17.287	13.463	9.961
	F_{zf}/N	48.548	44.79	40.36	28.413	24.069	21.122	16.267	12.086	9.892
$F_{z(c)}$	F_{zj}/N	19.767	32.459	39.51	44.259	44.104	43.034	41.332	39.171	36.645
	F_{zf}/N	19.902	30.645	37.745	42.217	42.269	41.053	38.905	37.452	35.589
$F_{z(d)}$	F_{zj}/N	34.795	31.575	27.865	20.518	17.145	14.038	11.212	8.669	6.405
	F_{zf}/N	33.327	30.463	27.211	18.787	15.589	13.804	10.381	7.736	5.783

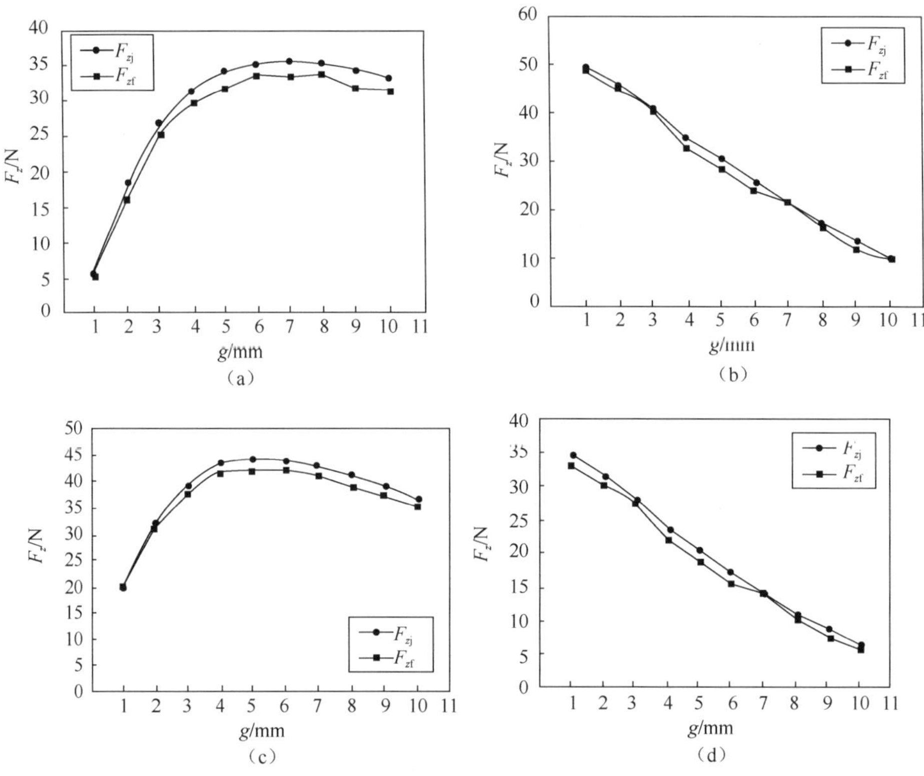

图 7.15　永磁体 z 向磁力模型计算值与仿真值曲线 1

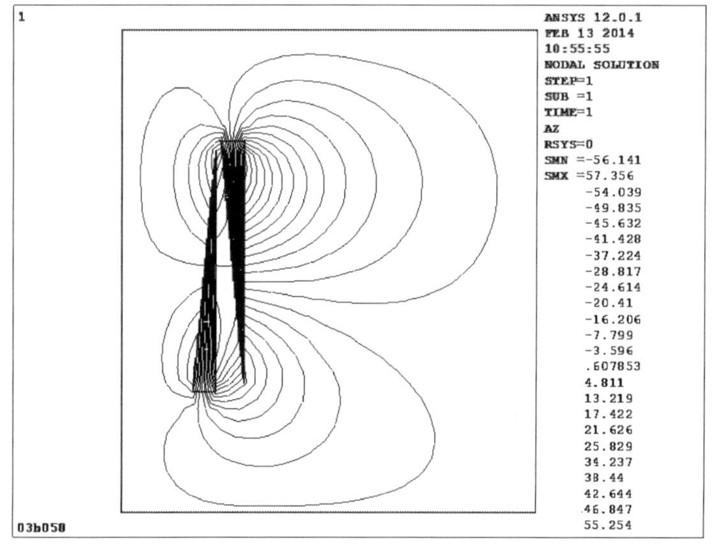

图 7.16　永磁体 ANSYS 仿真二维磁力线图

2. 各结构永磁体 z 向磁力与参数 a 的关系

图 7.14 中取 $b=d=20$mm，$c=6$mm，$g=7$mm，磁体长度 $L=1000$mm，仅当 $a=e$ 参数变化时，将相关参数代入式（7.7）和式（7.8）中，解析模型计算结果及 ANSYS 仿真结果见表 7.14 和图 7.17，图 7.17 中的（a）、（b）、（c）、（d）分别与图 7.14 中的（a）、（b）、（c）、（d）相对应。

由图表可以看出：截面为直角三角形永磁体 z 向磁力 F_z 随着 a 的增大在图 7.17（a）、（d）结构中呈先增大至最大值后逐渐减小的趋势，而在图 7.17（b）、（c）结构中呈单调增大的趋势。其中最大误差为 11.3%，最小误差为 0.2%，平均误差为 18.6%。

表 7.14　永磁体 z 向磁力模型计算值与仿真值 2

a/mm		5	10	15	20	25	30	35	40
$F_{z(a)}$	F_{zj}/N	35.6	63.4	68.4	63.4	55.4	47.3	39.9	33.5
	F_{zf}/N	33.6	60.2	64.3	59.5	52.2	45.8	39.5	34.9
$F_{z(b)}$	F_{zj}/N	21.4	78.3	141.1	195.7	239.4	273.6	300.3	321.2
	F_{zf}/N	21.1	75.1	133.9	184.6	224.6	255.7	279.7	298.5
$F_{z(c)}$	F_{zj}/N	43.0	103.1	151.7	189.2	218.4	241.4	259.8	274.8
	F_{zf}/N	41.0	98.0	142.6	177.5	203.9	224.8	241.5	255.2
$F_{z(d)}$	F_{zj}/N	14.0	38.6	57.8	69.8	76.5	79.5	80.4	79.9
	F_{zf}/N	13.8	35.9	53.2	62.9	70.9	74.2	73.8	72.0

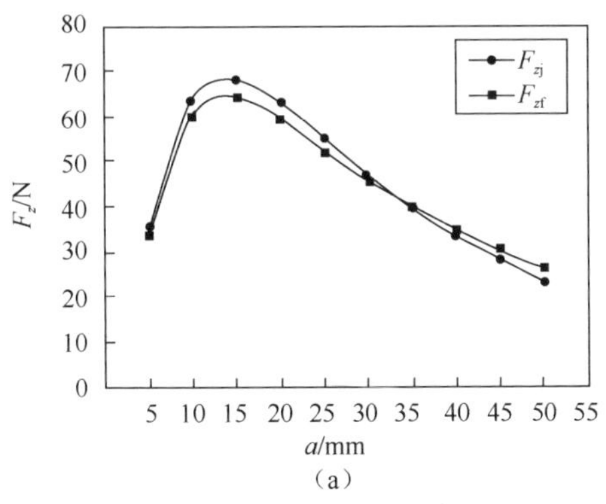

（a）

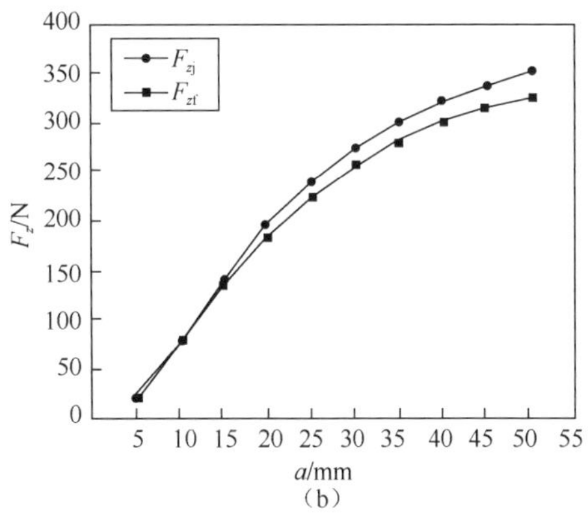

（b）

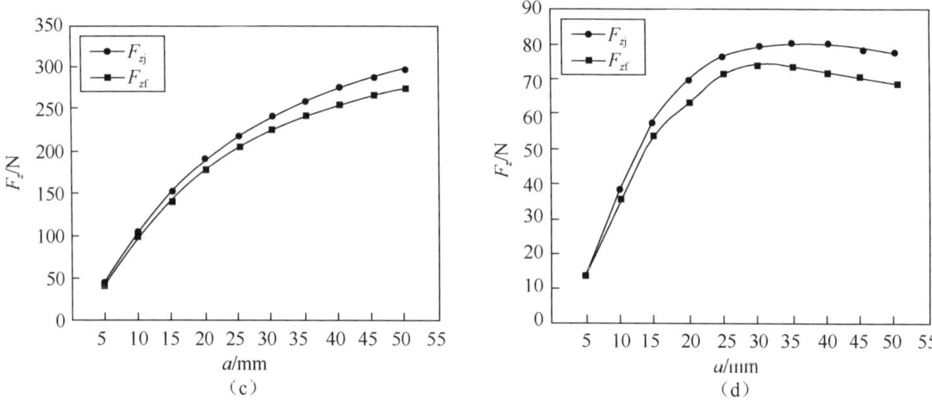

图 7.17　永磁体 z 向磁力模型计算值与仿真值曲线 2

3. 各结构永磁体 z 向磁力与参数 b 的关系

图 7.14 中取 g=7mm，a=e=5mm，c=6，L=1000mm，分析计算 z 向承载力 F_z 与磁环 z 向厚度 b（此处取 b=d）的关系。将相关参数代入式（7.7）和式（7.8）中，解析模型计算结果及 ANSYS 仿真结果见表 7.15 和图 7.18，图中最大误差为 15%，最小误差为 0.2%，平均误差为 18.1%。

由图表可以看出：截面为直角三角形永磁体在图 7.18（a）、（b）、（c）、（d）中 z 向磁力 F_z 随着永磁体 z 向厚度的增大均呈先增大至最大值后平缓下降的趋势。

表 7.15　永磁体 z 向磁力模型计算值与仿真值 3

b/mm		5	10	15	20	25	30	35	40	45	50
$F_{z(a)}$	F_{zj}/N	3.9	29.2	35.1	35.6	35.4	35.0	34.8	34.5	34.4	34.3
	F_{zf}/N	2.2	26.1	32.6	33.0	33.5	33.1	32.6	33.1	32.6	32.6
$F_{z(b)}$	F_{zj}/N	−1.9	7.9	17.7	21.4	22.8	23.0	23.1	22.4	21.9	21.3
	F_{zf}/N	−3.2	6.9	17.1	21.1	21.7	22.1	22.4	21.4	21.8	19.4
$F_{z(c)}$	F_{zj}/N	0.9	32.0	42.5	43.0	41.9	41.4	40.8	38.9	38.3	37.8
	F_{zf}/N	0.5	29.8	40.5	41.1	39.8	39.0	38.2	37.7	36.6	36.7
$F_{z(d)}$	F_{zj}/N	1.2	5.1	10.3	14.0	16.2	16.7	17.3	18.0	17.9	17.8
	F_{zf}/N	0.9	4.2	10.1	13.8	15.1	15.5	15.9	16.5	16.5	17.0

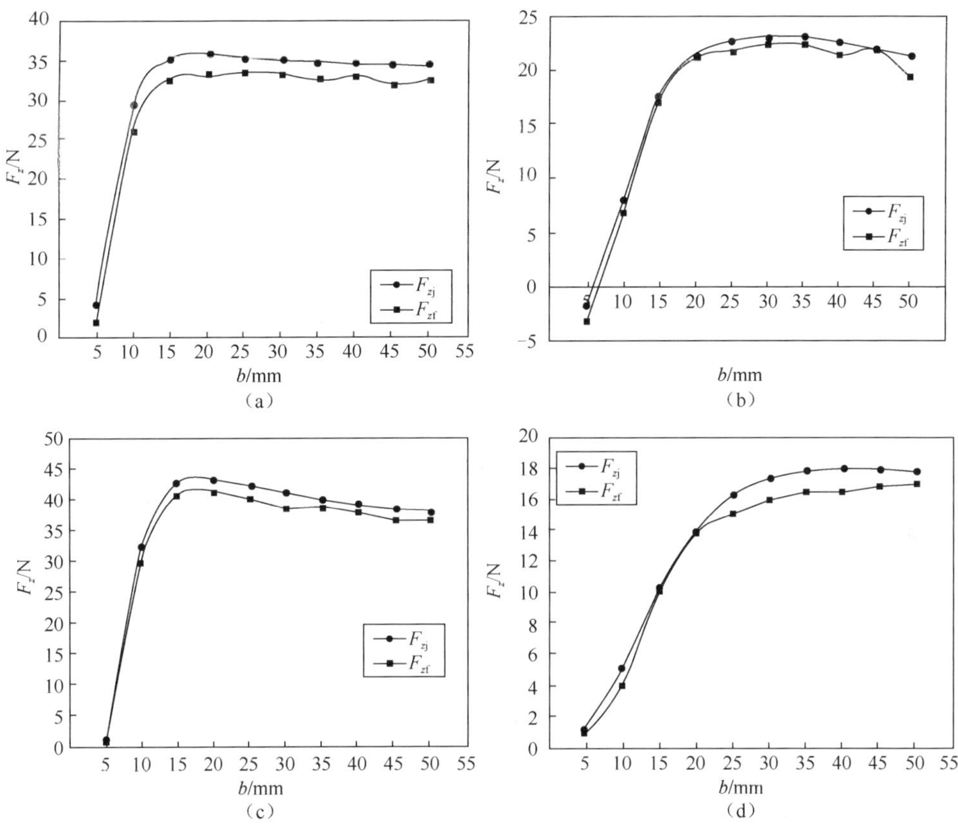

图 7.18　永磁体 z 向磁力模型计算值与仿真值曲线 3

4. 各结构永磁体 z 向磁力与参数 c 的关系

图 7.14 中取 g=7mm，a=e=5mm，b=d=20mm，L=1000mm，分析 c 变化时 z 与承载力 F_z 的关系。将相关参数代入式（7.7）和式（7.8）中，解析模型计算结果及 ANSYS 仿真结果见表 7.16 和图 7.19。由图表可以看出：截面为直角三角形永磁体 z 向磁力 F_z 随着永磁体 x 向偏移量 c 的增大呈单调减小的趋势。其中最大误差为 15.3%，最小误差为 0.1%，平均误差为 3.8%。

表 7.16　永磁体 z 向磁力模型计算值与仿真值 4

c/mm		6	7	8	9	10	11	12	13	14	15
$F_{z(a)}$	F_{zj}/N	35.6	30.2	25.4	21.4	18.0	15.2	12.9	10.9	9.3	7.8
	F_{zf}/N	33.6	27.8	23.3	19.6	15.9	13.8	11.6	9.6	7.6	7.4
$F_{z(b)}$	F_{zj}/N	21.4	20.2	18.7	17.2	15.7	14.2	12.8	11.5	10.4	9.2
	F_{zf}/N	21.1	18.3	17.8	15.6	13.5	12.0	11.8	10.5	8.9	8.3
$F_{z(c)}$	F_{zj}/N	43.0	36.8	31.3	26.6	22.5	19.1	16.3	13.9	11.9	10.1
	F_{zf}/N	41.0	33.9	29.8	25.1	22.3	18.4	15.2	12.8	10.3	8.5
$F_{z(d)}$	F_{zj}/N	14.0	13.5	12.8	11.9	11.1	10.3	9.4	8.6	7.8	7.0
	F_{zf}/N	13.8	12.4	11.4	10.6	9.7	8.7	8.6	7.4	6.9	5.7

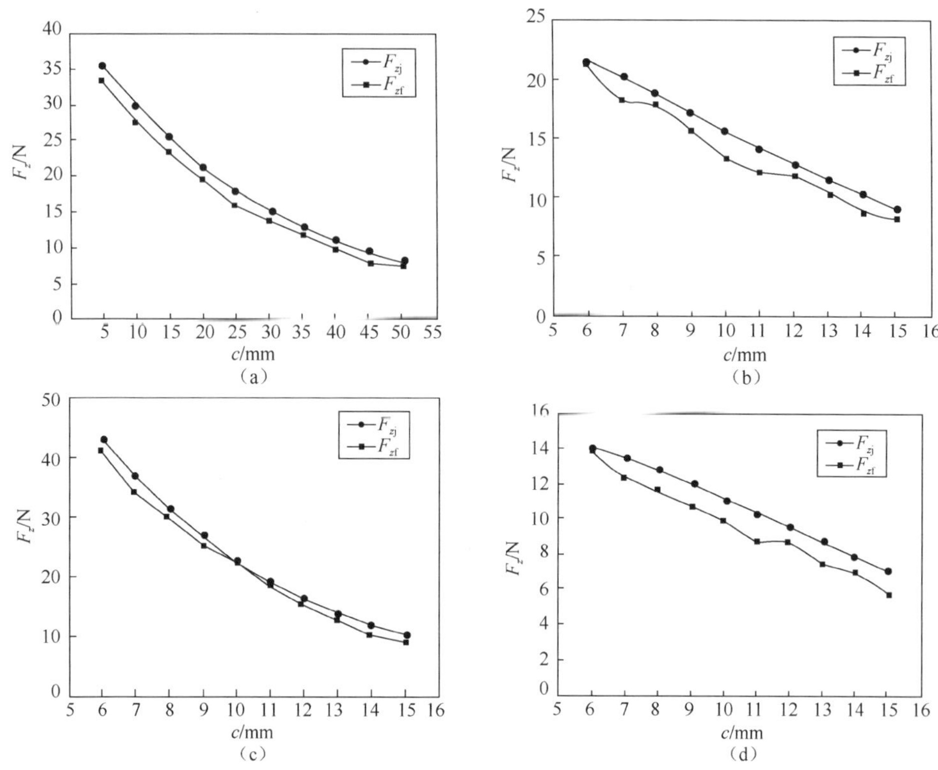

图 7.19　永磁体 z 向磁力模型计算值与仿真值曲线 4

ANSYS 仿真中，永磁体二维仿真采用 PLANE53 单元，远场空气采用 INF110 远场单元。图 7.20 为直角三角形永磁体 ANSYS 仿真图。

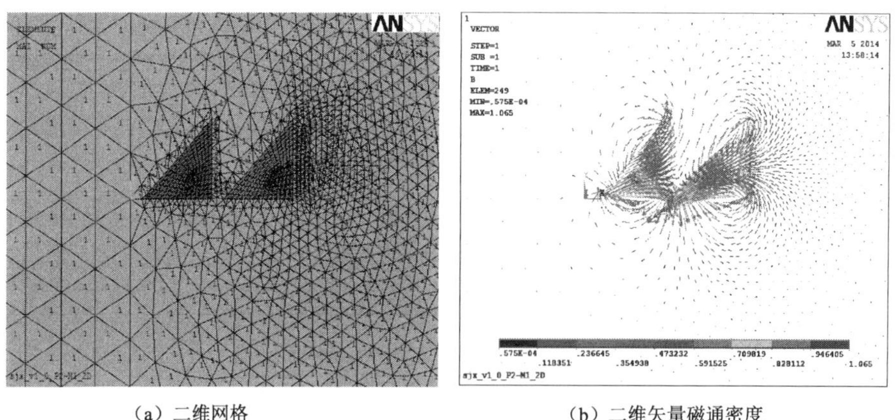

（a）二维网格　　（b）二维矢量磁通密度

图 7.20　ANSYS 仿真图

5. 各结构永磁体 z 向磁力与参数 e 的关系

取图 7.14 中直角三角形截面永磁体几何参数：$a=e=6\text{mm}$，$b=d=6\text{mm}$，磁体长度 $L=1000\text{mm}$，z 向偏移 $h=-b$，x 向偏移 $c=a+1$。永磁体平行 x 向充磁 β_1 和 β_2 分别为 0 和 π。

计算直角三角形截面永磁体 z 向磁力 F_{z1j}、F_{z2j}、F_{z3j}、F_{z4j}，对应 ANSYS 仿真值分别为 F_{z1f}、F_{z2f}、F_{z3f}、F_{z4f}，解析模型计算结果和 ANSYS 仿真结果见表 7.17，对应曲线如图 7.21 所示。其最大误差为 19.9%，最小误差为 5.23%，平均误差为 13.67%。由图表可以看出：直角三角形截面永磁体 z 向磁力中 F_{z1} 和和 F_{z3} 随着几何参数 e 的增大而减小，F_{z2} 和 F_{z4} 随着几何参数 e 的增大而增大。

表 7.17　永磁体 z 向磁力模型计算值与仿真值 5

e/mm	6	8	10	12	14	16	18
F_{z1j}/N	112.99	112.85	108.78	103.29	97.48	91.82	86.52
F_{z1f}/N	106.09	106.34	103.03	97.283	90.405	87.259	81.728
F_{z2j}/N	−318.48	−329.7	−331.86	−330.03	−326.5	−322.33	−318.04
F_{z2f}/N	−266.65	−276.87	−279.38	−278.87	−275.9	−269.97	−266.99
F_{z3j}/N	0	−25.26	−47.33	−65.99	−81.68	−94.93	−106.2
F_{z3f}/N	−0.006	−21.067	−39.596	−55.267	−69.836	−79.685	−89.436
F_{z4j}/N	−205.49	−191.59	−175.75	−160.75	−147.34	−135.58	−125.33
F_{z4f}/N	−180.83	−170.77	−157.9	−144.32	−132.66	−122.84	−114.18

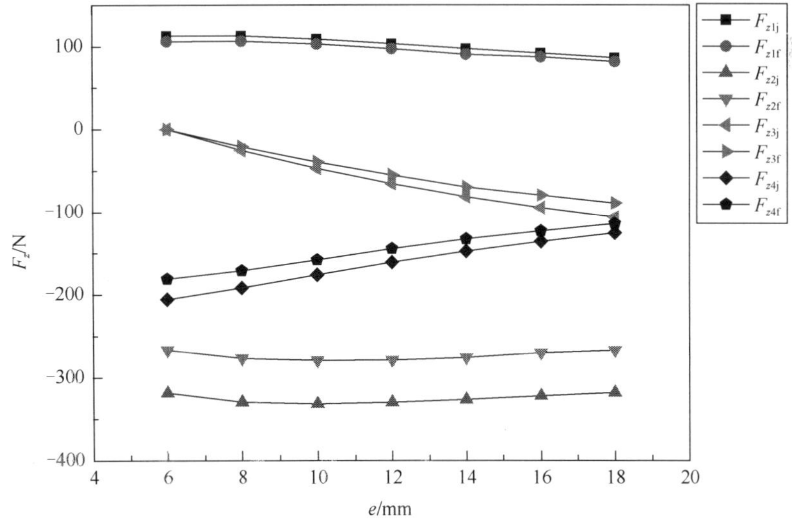

图 7.21　永磁体 z 向磁力模型计算值与仿真值曲线 5

6. 各结构永磁体 z 向磁力与参数 d 的关系

取直角三角形截面永磁体几何参数 $a=e=6\text{mm}$，$b=d=6\text{mm}$，磁体长度 $L=1000\text{mm}$，z 向偏移 $h=-b$，x 向偏移 $c=a+1$。永磁体平行 x 向充磁 β_1 和 β_2 分别为 0 和 π。

计算直角三角形截面永磁体 z 向磁力 F_{z1j}、F_{z2j}、F_{z3j}、F_{z4j}，对应 ANSYS 仿真值分别为 F_{z1f}、F_{z2f}、F_{z3f}、F_{z4f}，解析模型计算结果和 ANSYS 仿真结果见表 7.18，对应曲线如图 7.22 所示。其最大误差为 34.78%，最小误差为 1.31%，平均误差为 23.73%。由图表可以看出：直角三角形截面永磁体 z 向磁力中 F_{z1} 由正值渐变为负值，随着几何参数 d 的增大而减小，F_{z3} 随着几何参数 d 的增大而增大，F_{z2} 和 F_{z4} 在 $d=8\text{mm}$ 时出现最大值，然后随着几何参数 d 的增大而减小。

表 7.18　永磁体 z 向磁力模型计算值与仿真值 6

d/mm	6	8	10	12	14	16	18
F_{z1j}/N	112.99	82.06	37.42	−8.99	−51.23	−87.5	−117.89
F_{z1f}/N	106.09	81	43.616	3.6277	−31.421	−62.056	−88.328
F_{z2j}/N	−318.48	−457.08	−448.92	−404.51	−355.25	−310.41	−272.08
F_{z2f}/N	−266.65	−380.94	−372.98	−334.77	−293.34	−256.47	−224.22
F_{z3j}/N	0	−148.51	−216.06	−251.56	−272.85	−286.8	−296.53
F_{z3f}/N	−0.006	−121.39	−176.39	−206.78	−224.21	−234.74	−244.01
F_{z4j}/N	−205.49	−226.51	−195.43	−161.94	−133.63	−111.1	−93.44
F_{z4f}/N	−180.83	−195.55	−164.94	−137.29	−111.82	−91.727	−77.364

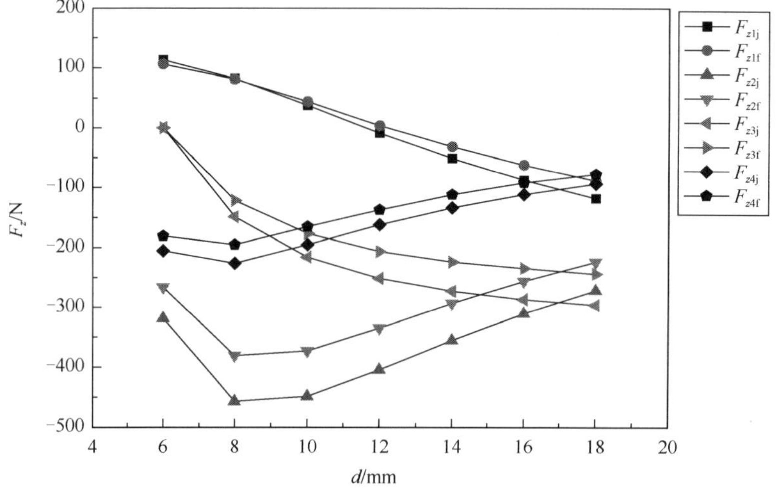

图 7.22　永磁体 z 向磁力模型计算值与仿真值曲线 6

7. 各结构永磁体 z 向磁力与参数 h 的关系

取直角三角形截面永磁体几何参数 $a=e=6\text{mm}$，$b=d=6\text{mm}$，磁体长度 $L=1000\text{mm}$，z 向偏移 $h=-b$，x 向偏移 $c=a+1$。永磁体平行 x 向充磁 β_1 和 β_1 分别为 0 和 π。

计算直角三角形截面永磁体 z 向磁力 F_{z1j}、F_{z2j}、F_{z3j}、F_{z4j}，对应 ANSYS 仿真值分别为 F_{z1f}、F_{z2f}、F_{z3f}、F_{z4f}，解析模型计算结果和 ANSYS 仿真结果见表 7.19，对应曲线如图 7.23 所示。其最大误差为 21.26%，最小误差为 0.07%，平均误差为 14.87%。由图表可以看出：直角三角形截面永磁体 z 向磁力随着参数 h 的增大变化接近于正弦曲线。

表 7.19　永磁体 z 向磁力模型计算值与仿真值 7

h/mm	−12	−10	−8	−6	−4	−2	0
F_{z1j}/N	86.47	148.66	196.68	112.99	−125.96	−243.57	−177.23
F_{z1f}/N	76.131	131.03	176	106.09	−103.88	−209.96	−157.34
F_{z2j}/N	314.68	423.88	165.66	−318.48	−450.45	−259.79	−30.77
F_{z2f}/N	274.61	361.45	139.86	−266.65	−376.77	−220.41	−30.749
F_{z3j}/N	159.32	398.64	396.78	0	−396.78	−398.64	−159.32
F_{z3f}/N	139.58	339.89	334.66	−0.006	−333.29	−338.12	−138.52
F_{z4j}/N	241.83	173.89	−34.44	−205.49	−179.63	−104.72	−48.68
F_{z4f}/N	215.54	148.04	−34.627	−180.83	−155.39	−88.152	−40.985

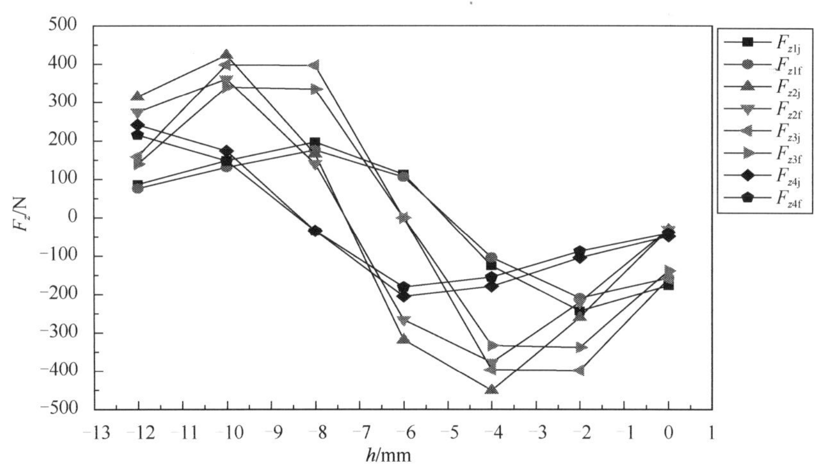

图 7.23　永磁体 z 向磁力模型计算值与仿真值曲线 7

8. 各结构永磁体 x 向磁力与参数 g（$g=b+h$）的关系

取图 7.14 中永磁体参数为 $a=e=5$mm，$b=d=20$mm，$c=6$mm，磁体长度 $L=1000$mm，仅当 g 参数变化时，将相关参数代入式（7.9）和式（7.10）中，解析模型计算结果及 ANSYS 仿真结果见表 7.20 和图 7.24。图 7.24 中的（a）、（b）、（c）、（d）分别与图 7.14 中的（a）、（b）、（c）、（d）相对应。图表中 F_{xj} 为解析模型计算值，F_{xf} 为 ANSYS 仿真值。ANSYS 计算采用 PLANE53 单元仿真。其中最大误差为 9%，最小误差为 0.01%，平均误差为 2.2%。由图表可以看出：截面为直角三角形永磁体 x 向磁力 F_x 随着 g 的增大呈单调递减的趋势。

表 7.20　永磁体 x 向磁力模型计算值与仿真值 1

g/mm		1	2	3	5	6	7	8	9	10
$F_{x(a)}$	F_{xj}/N	60.103	52.982	44.335	28.162	21.249	15.089	9.575	4.6	0.068
	F_{xf}/N	60.588	53.445	44.468	29.922	23.445	16.567	10.925	6.577	0.203
$F_{x(b)}$	F_{xj}/N	9.152	−0.608	−7.63	−16.088	−18.439	−19.925	−20.735	−21.003	−20.827
	F_{xf}/N	8.669	−1.389	−5.967	−15.363	−17.165	−19.386	−19.619	−20.51	−20.487
$F_{x(c)}$	F_{xj}/N	67.507	56.319	44.694	24.781	16.705	9.691	3.564	−1.828	−6.603
	F_{xf}/N	68.232	56.021	44.012	25.301	17.396	12.176	5.634	1.115	−4.341
$F_{x(d)}$	F_{xj}/N	3.482	−3.944	−7.989	−12.708	−13.895	−14.527	−14.724	−14.575	−14.155
	F_{xf}/N	2.881	−1.61	−6.219	−11.484	−12.143	−13.901	−14.065	−14.179	−14.086

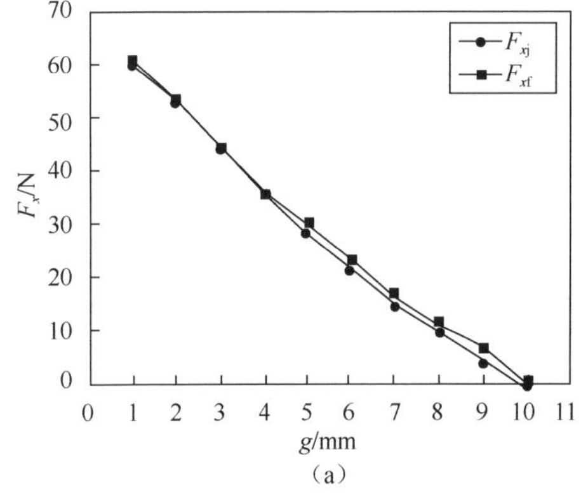

（a）

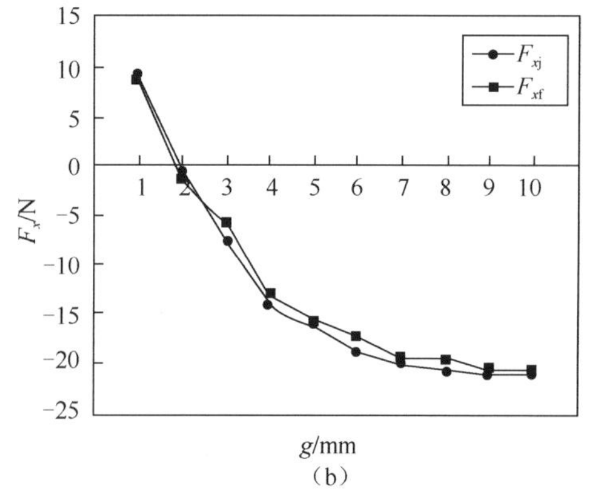

（b）

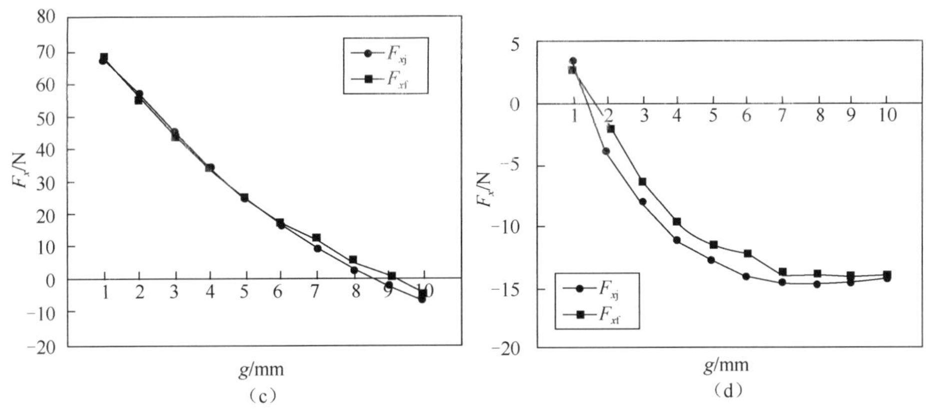

图 7.24　永磁体 x 向磁力模型计算值与仿真值曲线 1

9. 各结构永磁体 x 向磁力与参数 a 的关系

图 7.14 中 b=d=20mm，c=6mm，g=7mm，磁体长度 L=1000mm，仅当 a=e 参数变化时，将相关参数代入式(7.9)和式(7.10)中，解析模型计算结果及 ANSYS 仿真结果见表 7.21 和图 7.25。图中的（a）、（b）、（c）、（d）图分别与图 7.14 中的（a）、（b）、（c）、（d）相对应。图表中 F_{xj} 为解析模型计算值，F_{xf} 为 ANSYS 仿真值。其中最大误差为 9%，最小误差为 0.01%，平均误差为 2.1%，均在工程误差的允许范围内。由图表可以看出：截面为直角三角形的永磁体 x 向磁力 F_x 随着 a 的增大在图 7.25（a）中呈先增大至最大值后逐渐减小的趋势；在图 7.25（b）和（d）中呈先减小至最小值后逐步增大的趋势；在图 7.25（c）中呈单调递增的趋势。其中最大误差为 10%，最小误差为 0.01%，平均误差为 1.6%。

表 7.21　永磁体 x 向磁力模型计算值与仿真值 2

a/mm		5	10	15	20	25	30	35	40	45	50
$F_{x(a)}$	F_{xj}/N	15.1	55.9	89.6	111.0	123.2	129.4	131.9	132.3	131.7	130.6
	F_{xf}/N	16.6	54.6	83.6	102.6	111.7	115.9	117.5	117.6	117.3	116.2
$F_{x(b)}$	F_{xj}/N	−19.9	−35.8	−29.4	−8.4	19.1	48.4	77.3	104.6	131.5	157.1
	F_{xf}/N	−19.4	−31.8	−23.5	−1.1	25.9	54.2	82.1	107.9	133.7	157.3
$F_{x(c)}$	F_{xj}/N	9.7	43.5	81.7	117.4	149.5	177.9	202.9	225.2	244.7	262.7
	F_{xf}/N	12.2	46.1	84.3	119.6	150.1	176.9	200.5	221.9	240.5	257.9
$F_{x(d)}$	F_{xj}/N	−14.5	−23.4	−21.4	−14.9	−7.2	0.1	6.3	11.6	16.4	20.7
	F_{xf}/N	−13.9	−21.6	−19.0	−11.1	−3.7	1.1	9.4	18.6	19.6	20.0

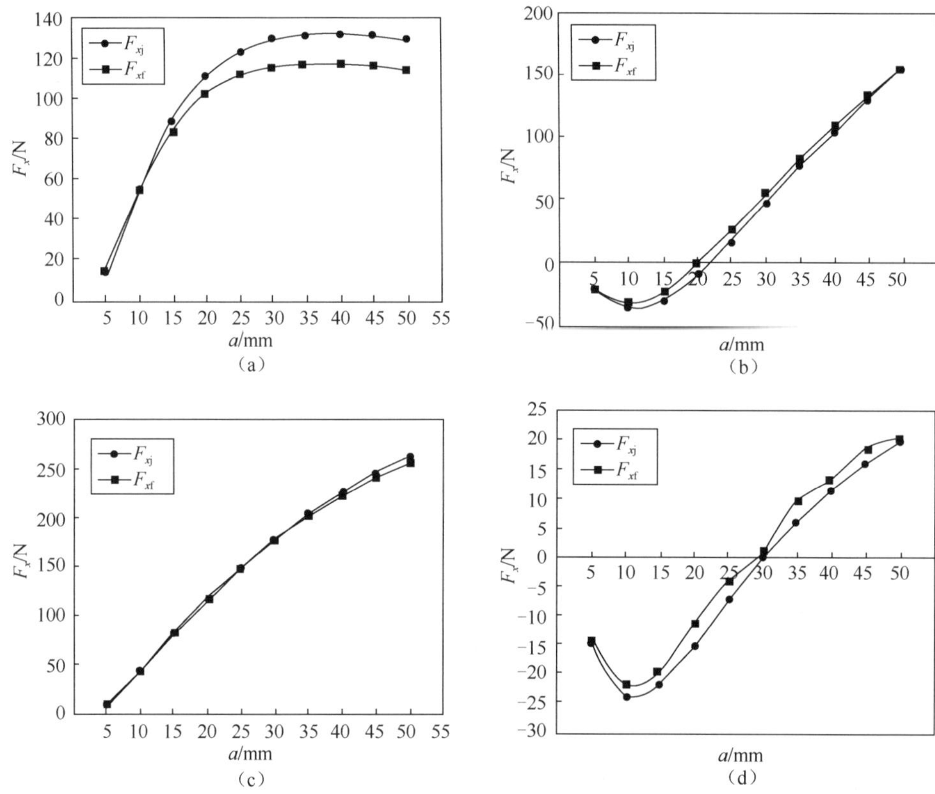

图 7.25　永磁体 x 向磁力模型计算值与仿真值曲线 2

10. 各结构永磁体 x 向磁力与参数 b 的关系

在图 7.14 中取轴向偏移量 g=7mm，a=e=5mm，L=1000mm，其他参数不变，分析 x 向承载力 F_x 与磁环 z 向厚度 b（此处取 b=d）的关系。将相关参数代入式（7.9）和式（7.10）中，解析模型计算结果及 ANSYS 仿真结果见表 7.22 和图 7.26，图中最大误差为 17%，最小误差为 0.2%，平均误差为 3.3%。由图表可以看出：截面为直角三角形永磁体 x 向磁力 F_x 随着 b 的增大在图 7.26（a）中呈单调递增的趋势；在图 7.26（b）、（c）、（d）中呈先减小至最小值后逐步增大的趋势。

表 7.22　永磁体 x 向磁力模型计算值与仿真值 3

b/mm		5	10	15	20	25	30	35	40	45	50
$F_{x(a)}$	F_{xj}/N	−7.1	−5.1	8.2	15.1	18.9	21.2	22.5	23.8	24.5	25.1
	F_{xf}/N	−6.2	−5.1	7.6	16.6	18.8	21.8	22.6	24.0	25.5	25.3
$F_{x(b)}$	F_{xj}/N	−6.8	−22.8	−22.3	−19.9	−17.8	−16.0	−14.8	−13.4	−12.4	−11.0
	F_{xf}/N	−6.2	−21.6	−21.9	−19.4	−16.3	−15.4	−13.8	−12.4	−11.6	−10.9

续表

b/mm		5	10	15	20	25	30	35	40	45	50
$F_{x(c)}$	F_{xj}/N	−9.8	−17.2	−0.1	9.7	15.1	18.3	20.4	21.7	22.7	23.6
	F_{xf}/N	−9.2	−15.7	1.5	12.2	16.7	23.3	25.4	26.0	27.6	22.8
$F_{x(d)}$	F_{xj}/N	−4.1	−10.7	−14.0	−14.5	−13.9	−13.1	−12.6	−11.3	−10.6	−10.0
	F_{xf}/N	−3.9	−9.4	−14.2	−13.9	−13.4	−12.8	−11.6	−10.4	−9.9	−8.9

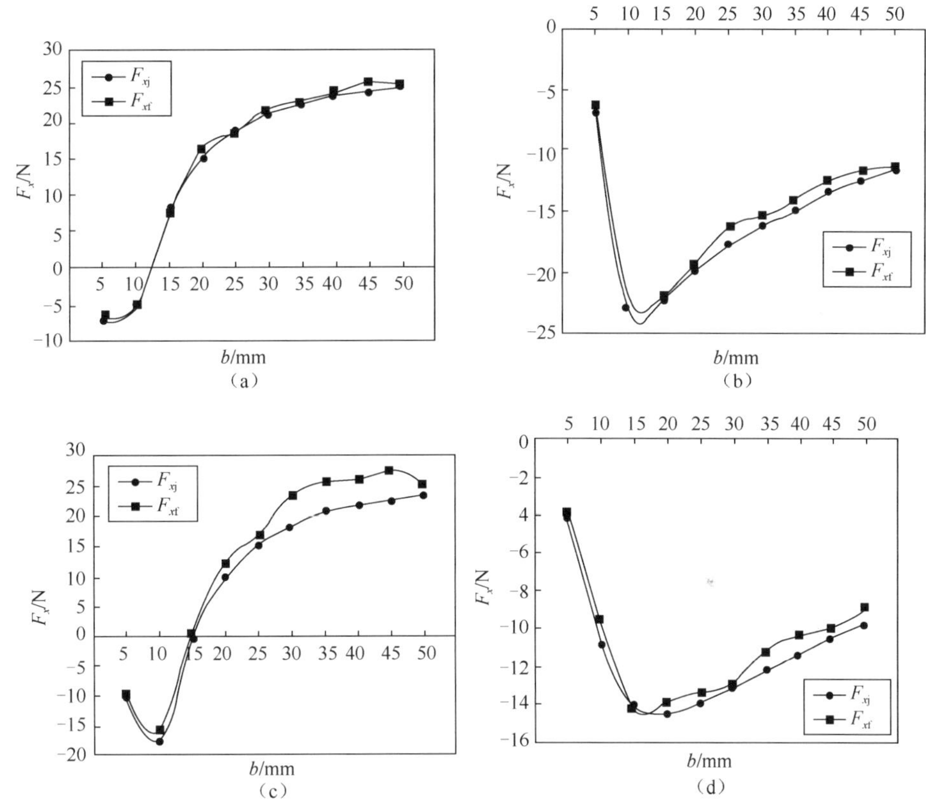

图 7.26　永磁体 x 向磁力模型计算值与仿真值曲线 3

11. 各结构永磁体 x 向磁力与参数 c 的关系

图 7.14 中取 g=7mm，a=e=5mm，b=d=20mm，L=1000mm，分析 c 变化时 x 向承载力 F_x 的变化。将相关参数代入式（7.9）和式（7.10）中，解析模型计算结果及 ANSYS 仿真结果见表 7.23 和图 7.27。由图表可以看出：截面为直角三角形的永磁体 x 向磁力 F_x 随着 c 的增大在图 7.27（a）和（c）中呈先增大后单调递增的趋势；在图 7.27（b）和（d）中呈单调递增的趋势。其中最大误差为 9.8%，最小误差为 0.03%，平均误差为 2.9%。

表 7.23 永磁体 x 向磁力模型计算值与仿真值 4

c/mm		6	7	8	9	10	11	12	13	14	15
$F_{x(a)}$	F_{xj}/N	15.1	14.9	14.2	13.3	12.3	11.2	10.2	9.2	8.3	7.6
	F_{xf}/N	16.6	15.6	14.6	13.4	12.4	11.4	10.2	9.3	7.5	6.8
$F_{x(b)}$	F_{xj}/N	−19.9	−15.9	−12.6	−9.8	−7.6	−5.7	−4.2	−3.1	−2.2	−1.4
	F_{xf}/N	−19.4	−15.4	−11.0	−9.0	−7.5	−5.8	−4.6	−3.2	−2.0	−1.3
$F_{x(c)}$	F_{xj}/N	9.7	10.7	11.1	10.9	10.6	9.9	9.3	8.7	7.9	6.9
	F_{xf}/N	12.2	11.8	11.8	11.6	11.0	10.3	9.4	8.7	7.5	7.0
$F_{x(d)}$	F_{yj}/N	−14.5	−11.8	−9.4	−7.5	−5.9	−4.5	−3.4	−2.5	−1.8	−1.3
	F_{xf}/N	−13.9	−10.3	−8.6	−6.5	−4.8	−4.2	−3.5	−2.5	−2.2	−1.2

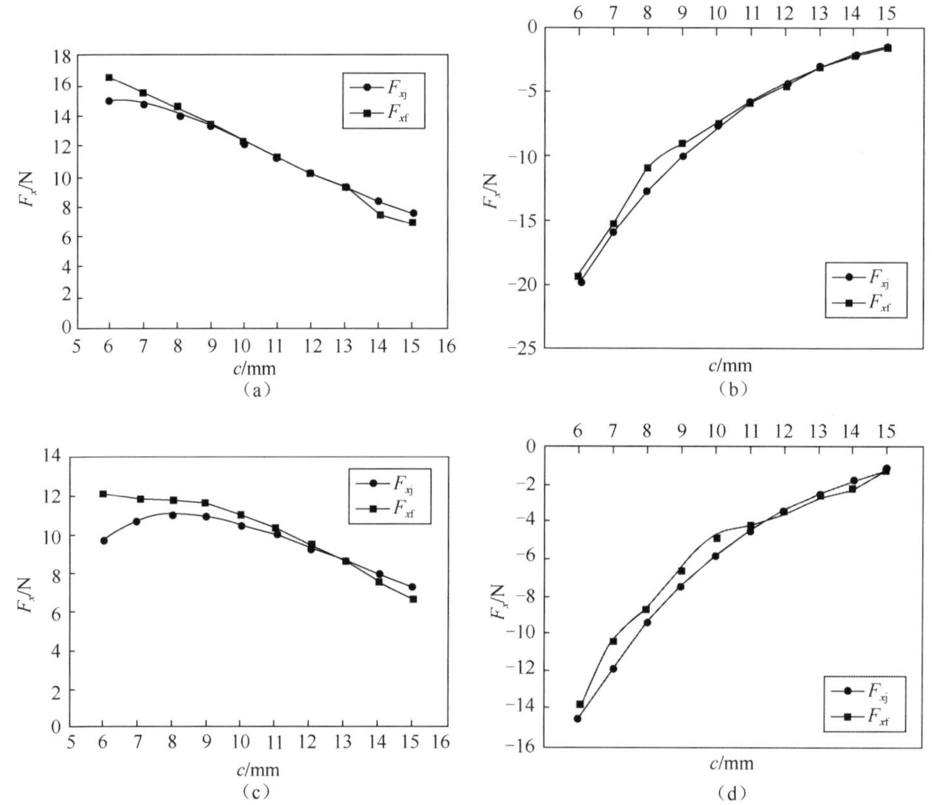

图 7.27 永磁体 x 向磁力模型计算值与仿真值曲线 4

12. 各结构永磁体 x 向磁力与参数 e 的关系

取直角三角形截面永磁体几何参数 $a=e=6$mm，$b=d=6$mm，磁体长度 $L=1000$mm，z 向偏移 $h=-b$，x 向偏移 $c=a+1$。永磁体平行 x 向充磁 β_1 和 β_2 分别为

0 和π。计算直角三角形截面永磁体 x 向磁力 F_{x1j}、F_{x2j}、F_{x3j}、F_{x4j}，对应 ANSYS 仿真值分别为 F_{x1f}、F_{x2f}、F_{x3f}、F_{x4f}，解析模型计算结果和 ANSYS 仿真结果见表 7.24，对应曲线如图 7.28 所示。其最大误差为 29.41%，最小误差为 16.04%，平均误差 21.67%。由图表可以看出：直角三角形截面永磁体 x 向磁力中 F_{x1} 和 F_{x4} 随着几何参数 e 的增大而减小，F_{x2} 和 F_{x3} 随着几何参数 e 的增大而增大。

表 7.24　永磁体 x 向磁力模型计算值与仿真值 5

e/mm	6	8	10	12	14	16	18
F_{x1j}/N	−268.45	−248.46	−226.83	−206.81	−189.15	−173.8	−160.48
F_{x1f}/N	−227.72	−213.02	−195.26	−176.8	−163.01	−146.3	−134.9
F_{x2j}/N	−473.94	−550.79	−607.37	−650.24	−683.6	−710.17	−731.77
F_{x2f}/N	−383.57	−448.78	−496.59	−530.83	−559.18	−581.83	−600.07
F_{x3j}/N	−586.93	−654.37	−701.04	−734.89	−760.39	−780.21	−796.01
F_{x3f}/N	−477.56	−536.31	−574.96	−603.22	−623.44	−640.59	−649.67
F_{x4j}/N	−155.46	−144.87	−133.16	−122.17	−112.37	−103.77	−96.242
F_{x4f}/N	−126.75	−118.91	−109.83	−98.145	−88.669	−81.942	−74.37

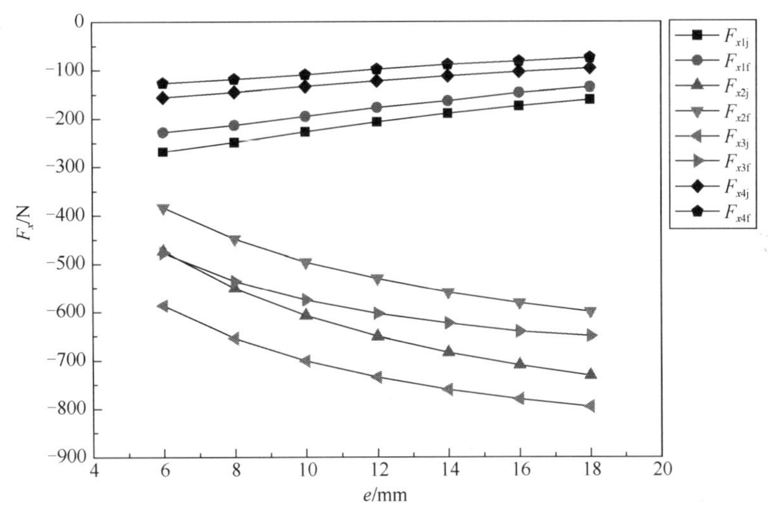

图 7.28　永磁体 x 向磁力模型计算值与仿真值曲线 5

13. 各结构永磁体 x 向磁力与参数 d 的关系

取直角三角形截面永磁体几何参数 $a=e=6$mm，$b=d=6$mm，磁体长度 $L=1000$mm，z 向偏移 $h=-b$，x 向偏移 $c=a+1$。永磁体平行 x 向充磁 β_1 和 β_2 分别为 0 和π。

计算直角三角形截面永磁体 x 向磁力 F_{x1j}、F_{x2j}、F_{x3j}、F_{x4j}，对应 ANSYS 仿

真值分别为 F_{x1f}、F_{x2f}、F_{x3f}、F_{x4f}，解析模型计算结果和 ANSYS 仿真结果见表 7.25，对应曲线如图 7.29 所示。其最大误差为 268.13%，最小误差为 0.78%，平均误差为 28.98%。由图表可以看出：直角三角形截面永磁体 x 向磁力中 F_{x1} 随着几何参数 d 的增大而增大，F_{x3} 随着几何参数 d 的增大而减小，F_{x2} 和 F_{x4} 由负渐变为正值后随着几何参数 d 的增大而增大。

表 7.25　永磁体 x 向磁力模型计算值与仿真值 6

d/mm	6	8	10	12	14	16	18
F_{x1j}/N	−268.45	−347.22	−401.78	−435.38	−454.15	−463.41	−466.9
F_{x1f}/N	−227.72	−292.61	−337.77	−365.92	−380.86	−387.52	−389.99
F_{x2j}/N	−473.94	−271.23	−119.02	−26.72	27.66	59.23	77.17
F_{x2f}/N	−383.57	−212.16	−84.859	−7.2583	34.592	62.752	76.276
F_{x3j}/N	−586.93	−578.65	−541.49	−511.86	−489.46	−472.26	−458.75
F_{x3f}/N	−477.56	−470.51	−437.41	−412.74	−396.38	−380.05	−370.18
F_{x4j}/N	−155.46	−39.8	20.69	49.76	62.98	68.08	69.02
F_{x4f}/N	−126.75	−24.865	26.55	50.15	60.897	62.959	63.089

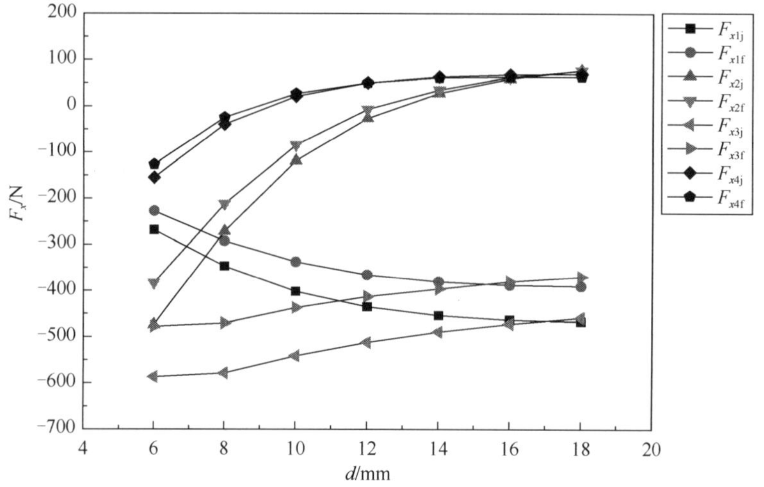

图 7.29　永磁体 x 向磁力模型计算值与仿真值曲线 6

14. 各结构永磁体 x 向磁力与参数 h 的关系

取直角三角形截面永磁体几何参数 a=e=6mm，b=d=6mm，磁体长度 L=1000mm，z 向偏移 h=−b，x 向偏移 c=a+1。永磁体平行 x 向充磁 β_1 和 β_2 分别为 0 和 π。

计算直角三角形截面永磁体 x 向磁力 F_{x1j}、F_{x2j}、F_{x3j}、F_{x4j}，对应 ANSYS 仿

真值分别为 F_{x1f}、F_{x2f}、F_{x3f}、F_{x4f}，解析模型计算结果和 ANSYS 仿真结果见表 7.26，对应曲线如图 7.30 所示。其最大误差为 54.14%，最小误差为 0.9%，平均误差为 18.85%。由图表可以看出：直角三角形截面永磁体 x 向磁力随着相对位置参数 h 的增大变化接近于余弦曲线。

表 7.26　永磁体 x 向磁力模型计算值与仿真值 7

h/mm	−12	−10	−8	−6	−4	−2	0
F_{x1j}/N	58.02	20.95	−87.04	−268.45	−264.49	−92.66	84.83
F_{x1f}/N	57.504	27.537	−65.368	−227.72	−227.24	−80.536	74.807
F_{x2j}/N	140.53	−203.8	−518.26	−473.94	−47.33	201.26	195.47
F_{x2f}/N	129.66	−163.13	−423.76	−383.57	−30.706	173.53	169.97
F_{x3j}/N	213.38	46.19	−318.16	−586.93	−318.16	46.19	213.38
F_{x3f}/N	187.18	47.274	−254.98	−477.56	−255.29	47.731	188.96
F_{x4j}/N	−14.83	−229.03	−287.14	−155.46	6.33	62.41	66.91
F_{x4f}/N	−13.37	−198.85	−224.41	−126.75	13.438	61.317	62.736

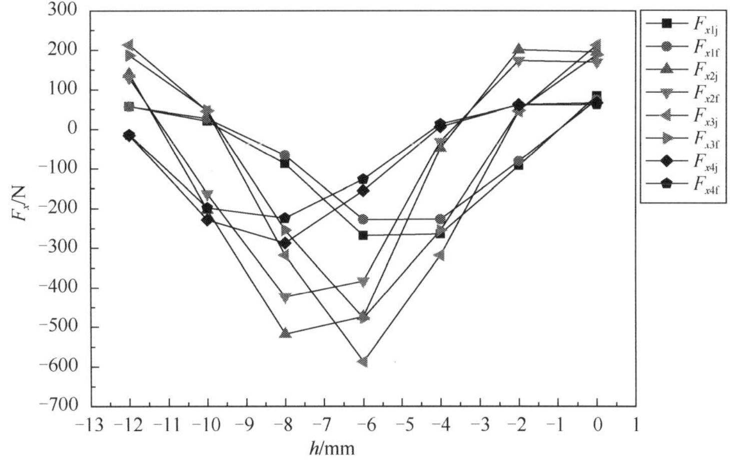

图 7.30　永磁体 x 向磁力模型计算值与仿真值曲线 7

7.3　直角三角形永磁环叠堆的轴向永磁轴承磁力

根据叠加原理建立轴向叠堆永磁轴承轴向承载力解析模型。图 7.31 是截面为直角三角形叠堆的永磁轴承结构轴向剖面示意图（为简化计算量，图中叠堆的直角三角形个数 n=2），其中箭头表示磁化方向。

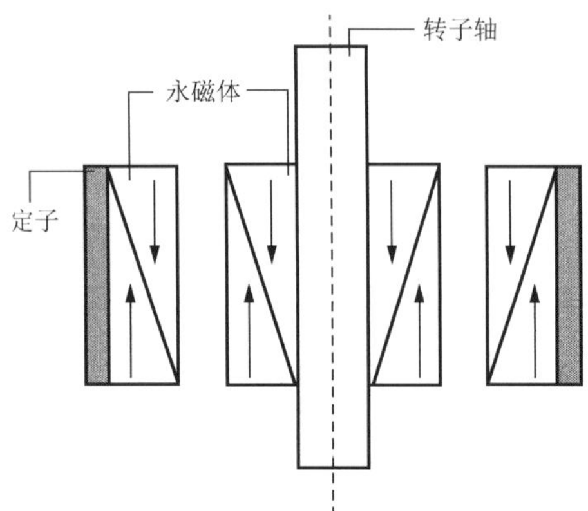

图 7.31　永磁轴承结构轴向剖面示意图

7.3.1　轴向磁力和径向磁力

1. 轴向磁力

如图 7.32 所示，z 为轴向，x 为径向，g（公式中的 $b+h$）为轴向偏移量，c 为径向间隙，a、b、d、e 分别为磁环尺寸。在计算轴向承载力时，需要给各个部分进行标号：定义 F_{zij} 为内磁环 i 与外磁环 j 在轴向的磁力，F_{xij} 为内磁环 i 与外磁环 j 在径向的磁力。

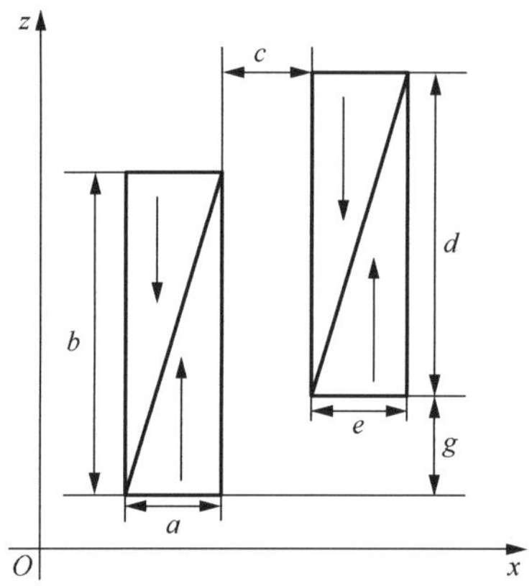

图 7.32　直角三角形轴向叠堆永磁轴承的结构参数

取内外磁环的 $a=e$，$b=d$。根据叠加原理可得该永磁轴承轴向承载力 F_z 为

$$F_z = \sum_{i=1}^{n}\sum_{j=1}^{n} F_{zij} \tag{7.13}$$

根据磁化方向的不同，可得$\beta_1+\beta_2$不同情况下的结果，将式（7.7）和式（7.8）代入式（7.13）可得

$$F_z = \sum_{i=1}^{2}\sum_{j=1}^{2} F_{zij}$$
$$= \frac{B_{r1}B_{r2}L\times 10^{-6}}{\pi\mu_0}\times\left[\Phi\left(0,\frac{d}{e},\ c\right)-\Phi\left(d,\frac{d}{e},\ c\right)-\Phi^*\left(d,\frac{d}{e},\ c\right)+\Phi^*\left(0,\frac{d}{e},\ c\right)\right] \tag{7.14}$$

$\Phi^*\left(d,\frac{d}{e},\ c\right)$和$\Phi^*\left(0,\frac{d}{e},\ c\right)$为根据几何关系需要将相关参数做相应的变换，即做关于 x 轴或 z 轴对称，使得和图 7.14 中的某一种结构相同。

2. 径向磁力

永磁轴承有径向偏移时，永磁轴承径向剖面如图 7.33 所示。计算径向磁力时，为了方便计算将磁环平均分成 8 等份，即 $\theta=\pi/4$，图中 x 为轴承径向偏移量，R_2 为内磁环外径，R_3 为外磁环内径，O_1 为内环圆心，O 为外环圆心，θ 为每等份的旋转角度。由于轴承的对称型结构 F_y 等于 0，只需求出 F_k 在 x 方向上的分量即可，则轴承径向承载力就等于各等份磁体在 x 方向上磁力的叠加。由于轴承的对称性，整个磁环的径向磁力为 x 轴右侧磁环径向力的 2 倍。

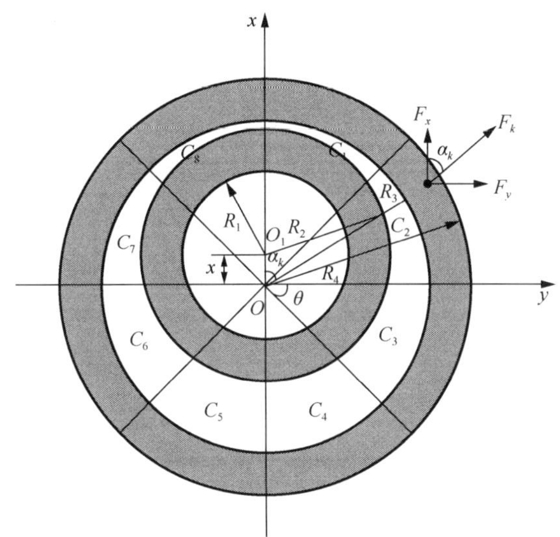

图 7.33　双磁环径向剖面图

由几何关系可得各等份的磁环间气隙为

$$c_k = \sqrt{R_3^2 + x^2 - 2xR_3\cos\alpha_k} - R_2 \tag{7.15}$$

式中：

$$\alpha_k=\frac{\theta}{2}+(k-1)\theta=(2k-1)\pi/8 \tag{7.16}$$

即磁环径向总承载力为

$$F_x=2\sum_{k=1}^{4}F_k\cos\alpha_k=2\sum_{k=1}^{4}\sum_{i=1}^{2}\sum_{j=1}^{2}F_{xij}\cos\alpha_k \tag{7.17}$$

将式（7.9）和式（7.10）代入式（7.17）有

$$\begin{aligned}F_x&=2\sum_{k=1}^{4}F_k\cos\alpha_k\\&=2\sum_{k=1}^{4}\frac{-B_{r1}B_{r2}M\times10^{-6}}{\pi\mu_0}\\&\quad\times\left[\Psi\left(e,\frac{e}{d},\ c\right)-\Psi\left(0,\frac{e}{d},\ c\right)-\Psi^*\left(0,\frac{e}{d},\ c\right)+\Psi^*\left(e,\frac{e}{d},\ c\right)\right]\cos\alpha_k\end{aligned} \tag{7.18}$$

式中：

$$M=\frac{L}{8}=\frac{2\pi\sqrt{\left(R_4^2+R_1^2\right)/2}}{8} \tag{7.19}$$

其中，在计算$\Psi^*\left(0,\frac{e}{d},\ c\right)$和$\Psi^*\left(e,\frac{e}{d},\ c\right)$时，根据几何关系需要将相关参数作相应的变换。

7.3.2 ANSYS 仿真验证分析磁力与相关参数的关系

计算分析选用稀土 NdFeB 作为永磁轴承材料，其性能为：B_r=1.13T，H_c=800kA/m，μ_r= B_r/（$\mu_0 H_c$）=1.124。

1. *分析轴向磁力 F_z 与轴向偏移量 g 的关系*

设置永磁轴承参数为：径向偏移量 c=1mm，内磁环内径 R_1=15mm，内磁环外径 R_2=20mm，外磁环内径 R_3=21mm，外磁环外径 R_4=26mm，即 a=e=5mm，b=d=20mm，磁环平均长度$L=2\pi R_{pj}=2\pi\sqrt{\left(R_4^2+R_1^2\right)/2}=133.32\text{mm}$。

根据磁化方向的情况，将以上各参数代入式（7.7）和式（7.14）中，可得直角三角形叠堆永磁轴承轴向磁力随轴向偏移量的变化情况，其计算结果和 ANSYS 仿真结果见表 7.27，曲线如图 7.34 所示。图表中 F_{zj} 表示轴承轴向磁力模型解析计算值，F_{zf} 为轴承轴向磁力 ANSYS 仿真值。其中最大误差为 13.2%，最小误差为 5.5%，均在工程误差的允许范围之内。由图表可以看出：直角三角形叠堆永磁轴承轴向磁力随着轴向偏移量的增大呈先逐步增大至最大值后再逐步减小的趋势。

表 7.27　永磁轴承磁力模型计算值与仿真值 1

g/mm	2	3	4	6	7	8	9	12	13	15
F_{zj}/N	18.5	44.8	62.0	78.7	81.0	80.4	77.4	56.1	45.1	17.6
F_{zf}/N	20.1	41.0	55.3	71.4	73.2	75.6	69.7	49.3	42.3	13.7

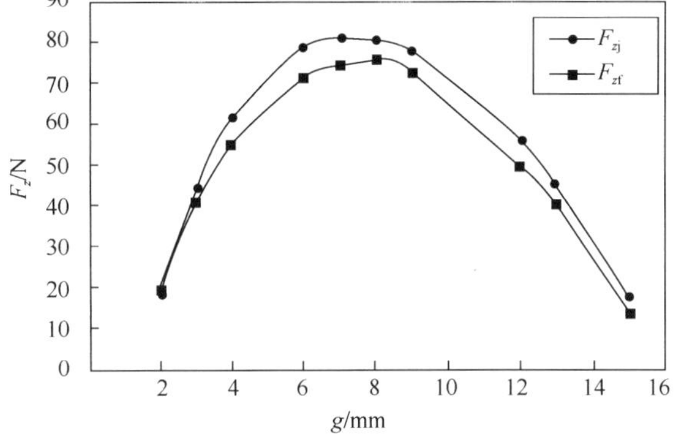

图 7.34　永磁轴承磁力模型计算值与仿真值曲线 1

ANSYS 仿真中，由 PLANE53 单元来建立永磁轴承轴对称模型，图 7.35 为直角三角形叠堆永磁轴承 ANSYS 仿真二维磁力线图。

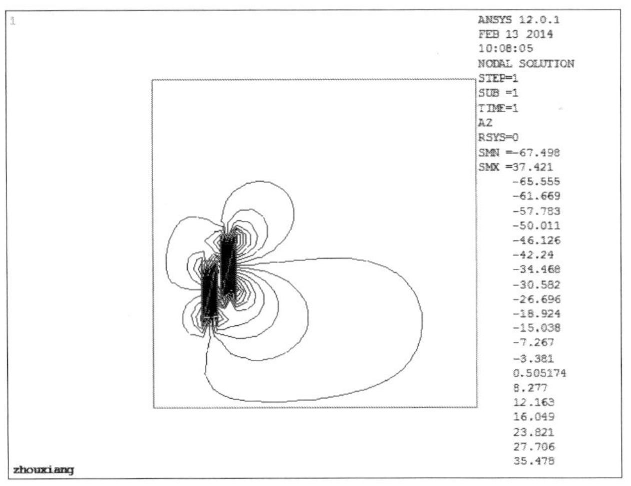

图 7.35　ANSYS 仿真二维磁力线图

2. 分析轴向磁力 F_z 与磁环径向厚度 a 的关系

取轴向偏移量 g=8，其他参数不变，分析轴向承载力 F_z 与磁环径向厚度 a(a=e)的关系。将各参数代入式（7.7）和式（7.14）中，可得直角三角形叠堆永磁轴承轴向磁力随磁环径向厚度的变化情况，其计算结果和 ANSYS 仿真结果见表 7.28，曲线如图 7.36 所示。其中最大误差为 18.4%，最小误差为 4.1%，均在工程误差的允许范围之内。由图表可以看出：直角三角形叠堆永磁轴承轴向磁力随着磁环径向厚度的增大呈先逐步增大至最大值后再逐步减小的趋势。

表 7.28　永磁轴承磁力模型计算值与仿真值 2

a/mm	2	4	6	8	10	12	14	16	18
F_{zj}/N	18.0	58.8	99.9	127.7	137.6	129.8	106.5	70.5	24.4
F_{zf}/N	17.3	55.7	91.9	112.4	126.2	112.6	94.0	62.8	20.6

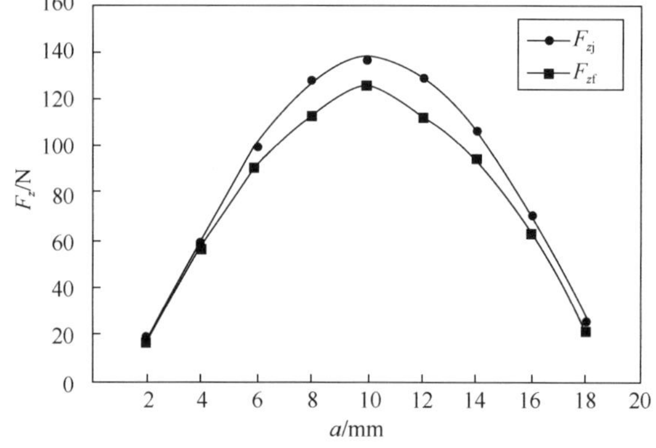

图 7.36　永磁轴承磁力模型计算值与仿真值曲线 2

3. 分析轴向磁力 F_z 与磁环轴向厚度 b 的关系

取轴向偏移量 g=8，其他参数不变，分析轴向承载力 F_z 与磁环轴向厚度 b（b=d）的关系。各参数代入式（7.7）和式（7.14）中，可得直角三角形叠堆永磁轴承轴向磁力随磁环径向厚度的变化情况，其计算结果和 ANSYS 仿真结果见表 7.29，曲线如图 7.37 所示。其中最大误差为 13.1%，最小误差为 2.4%，均在工程误差的允许范围之内。由图表可以看出：直角三角形叠堆永磁轴承轴向磁力随着磁环轴向厚度的增大呈逐步增大并稳定于最大值的趋势，此处的磁环轴向厚度在 b=d=25mm 时开始，轴承的轴向承载力趋于稳定。

表 7.29　永磁轴承磁力模型计算值与仿真值 3

b/mm	10	15	20	25	30	35	40	45	50
F_{zj}/N	32.6	68.3	80.4	84.4	85.6	85.8	85.6	85.4	85.1
F_{zf}/N	28.8	64.0	75.6	81.5	80.1	82.7	82.1	83.3	82.0

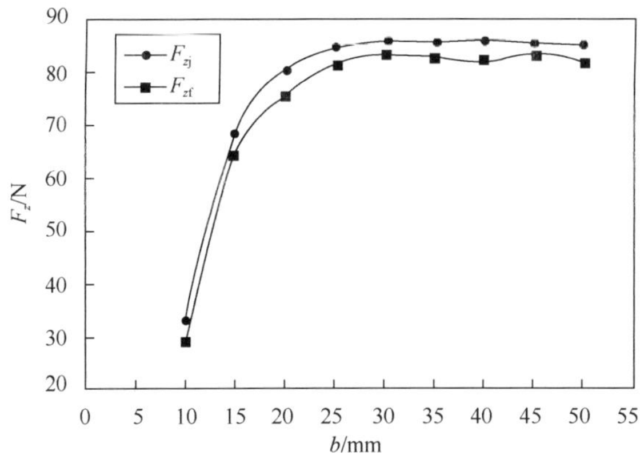

图 7.37　永磁轴承磁力模型计算值与仿真值曲线 3

4. 分析径向磁力 F_x 与磁环径向偏移量 x 的关系

分析轴承的径向力时几何参数为：$a=e=5$mm，$b=d=20$mm，$c=1$，$g=0$（无轴向偏移量），将相关参数代入式（7.9）和式（7.18）中进行模型计算，可得直角三角形叠堆永磁轴承径向磁力解析模型计算值和 ANSYS 三维仿真结果，见表 7.30，其对应曲线如图 7.38 所示。由图表可以看出：直角三角形叠堆永磁轴承径向磁力随着磁环径向偏移量的增大而增大。

表 7.30　永磁轴承磁力模型计算值与仿真值 4

x/mm	0	0.05	0.1	0.15	0.2	0.25	0.3	0.35	0.4	0.45
F_{xj}/N	0	1.1	2.3	3.4	4.5	5.6	6.8	7.9	9.1	10.3
F_{xf}/N	0	0.9	1.9	2.6	3.5	4.3	5.2	6.1	7.1	8.0

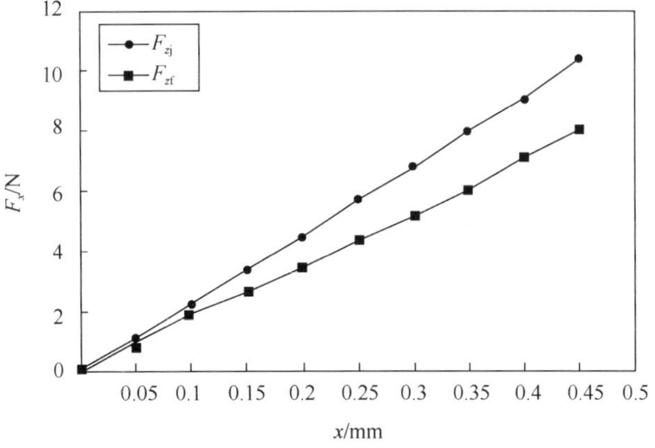

图 7.38　永磁轴承磁力模型计算值与仿真值曲线 4

7.4　由截面为直角三角形永磁环构成的 Halbach 永磁轴承磁力解析模型

7.4.1　三角形永磁体构成的 Halbach 永磁轴承结构

由三角形永磁体构成的 Halbach 永磁轴承轴向剖面示意图如图 7.39 所示[36]。

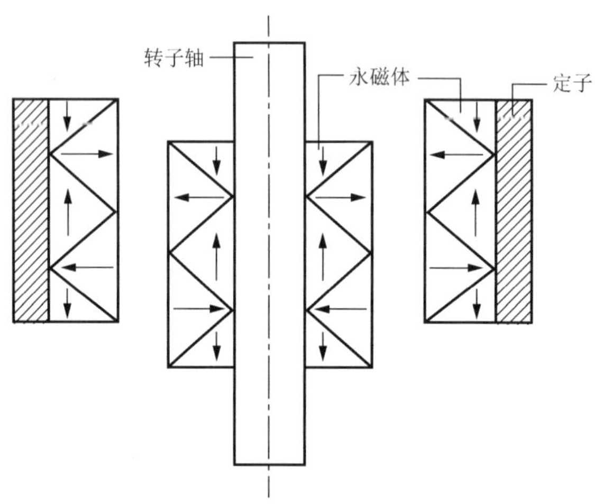

图 7.39　Halbach 永磁轴承轴向剖面示意图

7.4.2　轴向磁力

如图 7.40 所示，z 为轴向，x 为径向，$g=b+h$ 为轴向偏移量，c 为径向偏移量，a、b、d、e 分别为磁环尺寸。在计算轴向承载力时，需要给各个部分进行标号：定义 F_{zij} 为内磁环 i 与外磁环 j 在轴向的磁力；F_{xij} 为内磁环 i 与外磁环 j 在径向的磁力。

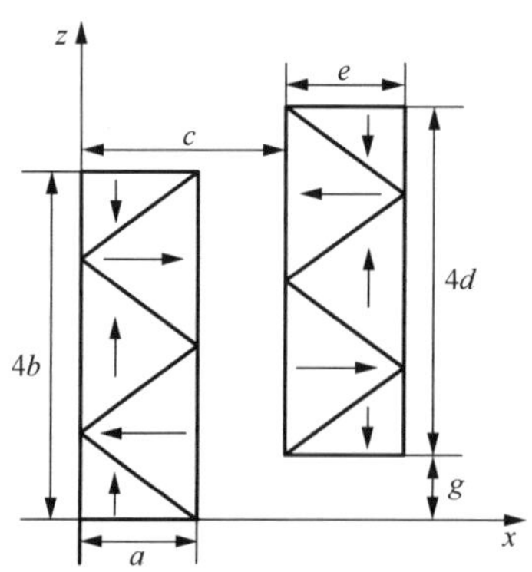

图 7.40　Halbach 永磁轴承的结构参数

此处取内外磁环的 $a=e$，$b=d$。根据叠加原理可得该永磁轴承轴向承载力 F_z 为

$$F_z=\sum_{i=1}^{n}\sum_{j=1}^{n}F_{zij} \tag{7.20}$$

由图 7.40 可得

$$F_z=\sum_{i=1}^{8}\sum_{j=1}^{8}\Big\{K\times\sin\left(\beta_i+\beta_j\right)\times\left[\pm\varPsi_{ij}\left(m,\ W,\ G\right)\right]-K\times\cos\left(\beta_i+\beta_j\right)\times\left[\pm\varPhi_{ij}\left(y,\ M,\ N\right)\right]\Big\} \tag{7.21}$$

式中，$K=\dfrac{B_{r1}B_{r2}L}{\pi\mu_0}$。在用解析式计算的过程中需要将 $\varPhi_{ij}$ 和 $\varPsi_{ij}$ 对应的几何结构做响应变换成图 7.14 中的 4 种情况，变换当中有关于 x 轴对称或关于 z 轴对称等，此处一共有 64 种不同组合。

7.4.3　ANSYS 仿真验证分析磁力与相关参数的关系

本节计算分析选用稀土 NdFeB 作为永磁轴承材料，其性能为：B_r=1.13T，H_c=800kA/m，$\mu_r=B_r/(\mu_0 H_c)$=1.124。

1. 分析轴向磁力 F_z 与磁环轴向偏移量 g 的关系

设置永磁轴承参数为：径向偏移量 c=1mm，内磁环内径 R_1=15mm，内磁环外径 R_2=20mm，外磁环内径 R_3=21mm，外磁环外径 R_4=26mm，即 $a=e$=5mm，$b=d$=11.25mm，磁环平均长度 $L=2\pi R_{pj}=2\pi\sqrt{\left(R_4^2+R_1^2\right)/2}=133.32\text{mm}$。ANSYS 仿真中，由 PLANE53 单元来建立永磁轴承轴对称模型。

根据磁化方向的情况，将以上各参数代入式(7.7)和式(7.21)中，可得 Halbach 阵列叠堆永磁轴承轴向磁力 F_z 与磁环轴向偏移量 g 的变化情况，计算结果和 ANSYS 仿真结果见表 7.31，曲线如图 7.41 所示。图表中 F_{zj} 表示轴承轴向磁力模型解析计算值，F_{zf} 为轴承轴向磁力 ANSYS 仿真值。其中，最大误差为 66.7%，最小误差为 4.5%，平均误差为 1.5%。由图表可以看出：Halbach 阵列叠堆永磁轴承轴向磁力 F_z 随磁环轴向偏移量 g 的增大呈先逐步增大至最大值后逐步减小的趋势。当 g=9 时轴承轴向磁力 F_z 最大，即轴向偏移量 g 为轴承轴向长度的 1/5 时，轴向磁力达到最大。

表 7.31　永磁轴承磁力模型计算值与仿真值 1

g/mm	0	1	2	3	4	5	6	7	8	9	10	11	12
F_{zj}/N	1.0	159.9	273.1	369.4	430.5	482.6	521.9	538.3	550.2	549.9	547.2	527.4	498.7
F_{zf}/N	0.6	153.1	268.7	353.7	416.8	463.3	497.0	519.1	531.3	533.5	526.9	510.6	482.4

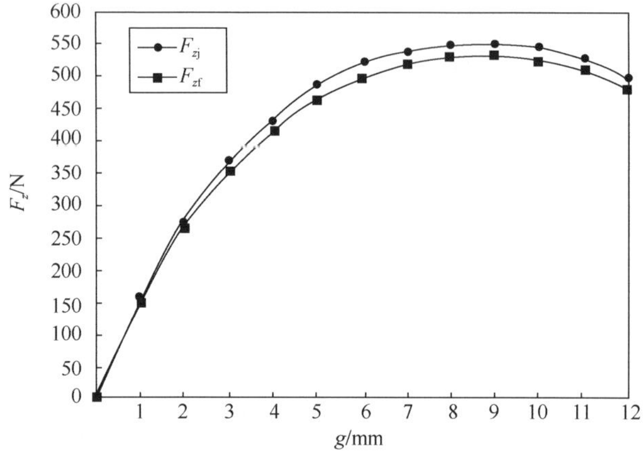

图 7.41　永磁轴承磁力模型计算值与仿真值曲线 1

图 7.42 所示为 ANSYS 仿真二维磁力线。

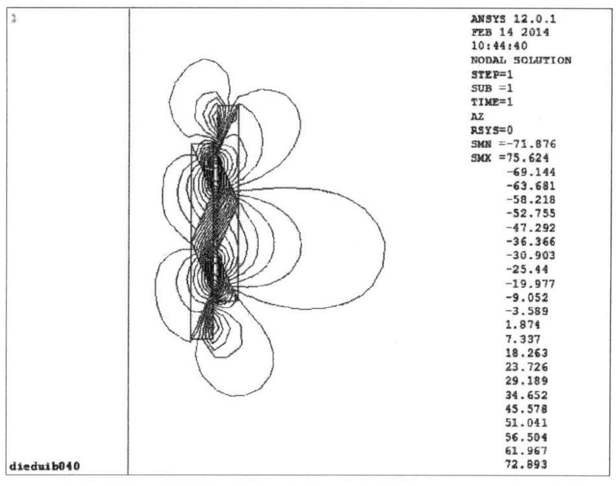

图 7.42　ANSYS 仿真二维磁力线

2. 分析轴向磁力 F_z 与磁环径向厚度 a 的关系

取轴向偏移量 g=9，其他参数不变，分析轴向承载力 F_z 与磁环径向厚度 a(a=e)的关系。各参数代入式（7.7）和式（7.21）中，可得 Halbach 阵列叠堆永磁轴承

轴向磁力 F_z 与磁环径向厚度 a 的变化情况，计算结果和 ANSYS 仿真结果见表 7.32，曲线如图 7.43 所示。其中，最大误差为 8.4%，最小误差为 4.1%，均在工程误差的允许范围之内。由图表可以看出：Halbach 阵列叠堆永磁轴承轴向磁力 F_z 随磁环径向厚度 a 的增大呈单调递增的趋势。

表 7.32　永磁轴承磁力模型计算值与仿真值 2

a/mm	3	5	8	10	15	18	20	25	28	30
F_{zj}/N	260.2	549.9	1085.4	1385.1	2086.5	2468.6	2698.3	3290.1	3589.3	3748.9
F_{zf}/N	240.8	533.5	1020.1	1331.2	2044.3	2422.7	2656.7	3208.9	3489.5	3692.1

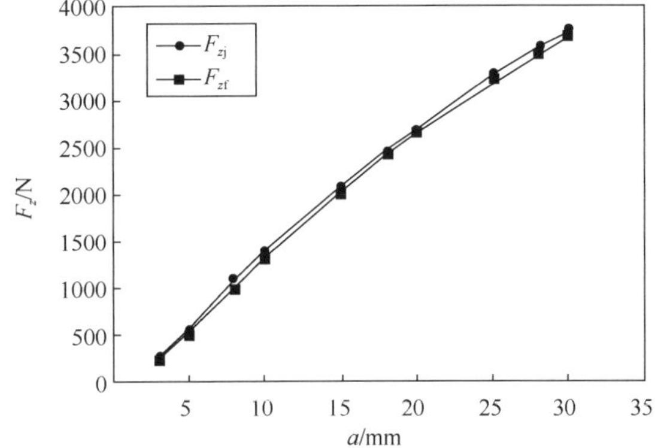

图 7.43　永磁轴承磁力模型计算值与仿真值曲线 2

3. 分析轴向磁力 F_z 与径向偏移量 c 的关系

取轴向偏移量 g=9，a=e=5，b=d=11.25，其他参数不变，分析轴向承载力 F_z 与磁环间隙 c 的关系。将各参数代入式（7.7）和式（7.21）中，可得 Halbach 阵列叠堆永磁轴承轴向磁力 F_z 与 c 的变化情况，计算结果和 ANSYS 仿真结果见表 7.33，曲线如图 7.44 所示。图表中 F_{zj} 表示轴承轴向磁力模型解析计算值，F_{zf} 为轴承轴向磁力 ANSYS 仿真值。其中，最大误差为 6.7%，最小误差为 4.5%，平均误差为 2.2%。由图表可以看出：Halbach 阵列叠堆永磁轴承轴向磁力 F_z 随磁环径向偏移量 c 的增大呈单调递减的趋势。

表 7.33　永磁轴承磁力模型计算值与仿真值 3

c/mm	6	7	8	9	10	11	12	13	14	15
F_{zj}/N	549.9	492.5	430.1	378.9	340.1	300.2	267.4	238.9	207.5	186.1
F_{zf}/N	533.5	471.8	416.2	366.217	320.7	281.8	246.9	216.5	190.4	167.2

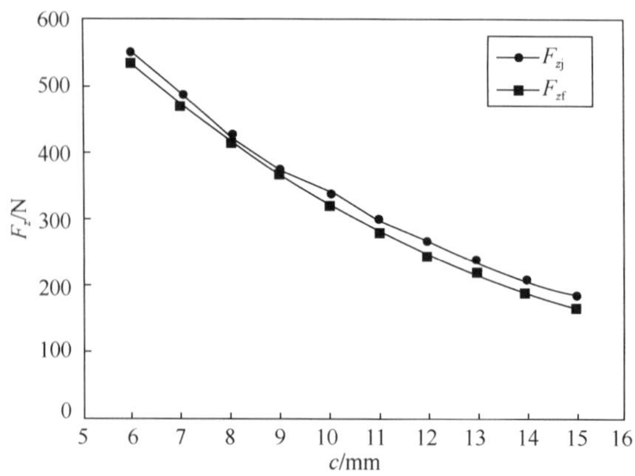

图 7.44　永磁轴承磁力模型计算值与仿真值曲线 3

4. 分析轴向磁力 F_z 与磁环轴向总长度 $4b$ 的关系

取轴向偏移量 g=9，a=e=5，c=6，其他参数不变，分析轴向承载力 F_z 与磁环轴向总长度 $4b$ 的关系。将各参数代入式（7.7）和式（7.21）中，可得 Halbach 阵列叠堆永磁轴承轴向磁力 F_z 与 $4b$ 的变化情况，计算结果和 ANSYS 仿真结果见表 7.34，曲线如图 7.45 所示。图表中 F_{zj} 表示轴承轴向磁力模型解析计算值，F_{zf} 为轴承轴向磁力 ANSYS 仿真值。其中，最大误差为 8.7%，最小误差为 4.5%，平均误差为 2.5%。由图表可以看出：Halbach 阵列叠堆永磁轴承轴向磁力 F_z 随磁环轴向总长度 $4b$ 的增大呈先增大至最大值后逐渐减小的趋势，当 $4b$=45mm 时，F_z 出现最大值。

表 7.34　永磁轴承磁力模型计算值与仿真值 4

$4b$/mm	20	30	40	45	50	55	60	65	70
F_{zj}/N	79.9	439.9	520.8	529.4	526.8	513.7	495.7	478.6	450.9
F_{zf}/N	86.5	455.4	533.4	533.4	521.8	511.0	486.3	460.7	441.0

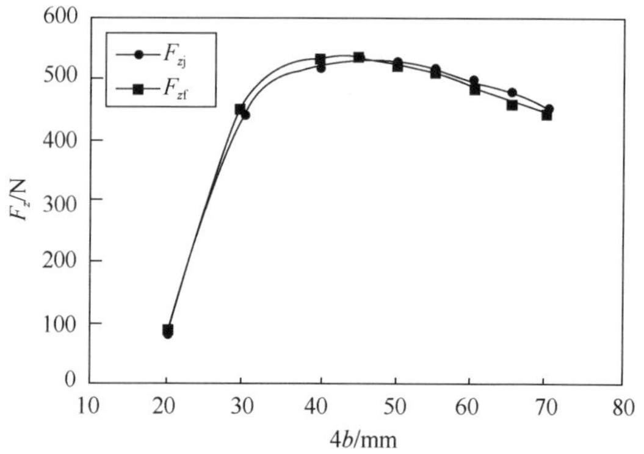

图 7.45　永磁轴承磁力模型计算值与仿真值曲线 4

7.5　由截面为直角三角形和梯形永磁体构成的Halbach阵列磁力解析模型

7.5.1　直角三角形和梯形永磁体构成的 Halbach 永磁轴承结构

由直角三角形和梯形永磁体构成的 Halbach 永磁轴承轴向剖面示意图如图 7.46 所示。

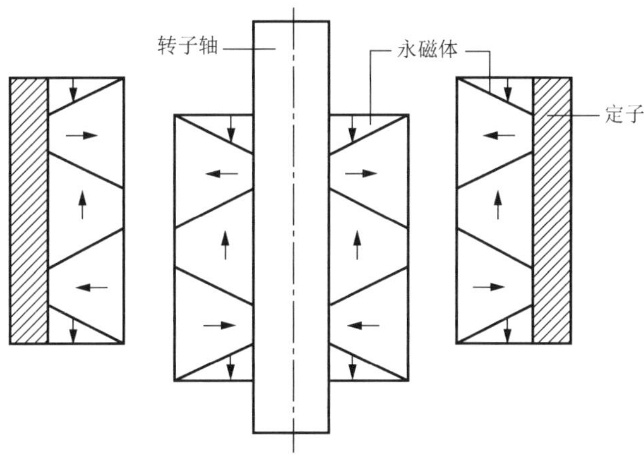

图 7.46　Halbach 永磁轴承轴向剖面示意图

7.5.2　直角三角形和梯形永磁体构成的 Halbach 永磁轴承轴向磁力

如图 7.47 所示，将梯形永磁体划分为两个直角三角形和矩形的组合，x 表示

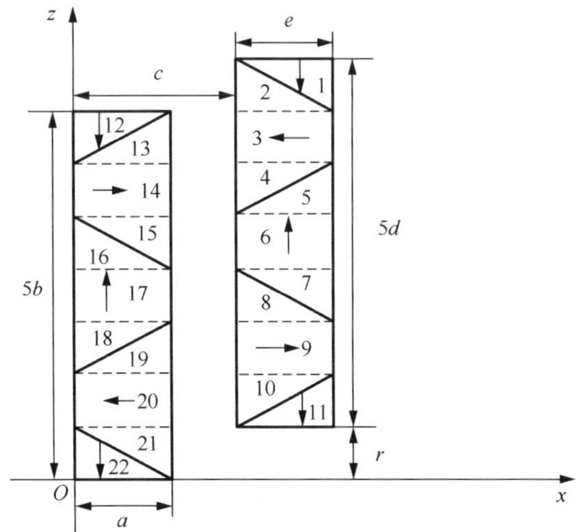

图 7.47　Halbach 永磁轴承的参数结构

径向；z 表示轴向；$r=b+h$ 为轴向偏移量；a、b、d、e 分别为内、外磁环尺寸；c 为径向偏移量。定义 F_{zij} 为内磁环 i 与外磁环 j 在轴向的磁力。

取内、外磁环的梯形均为全等等腰梯形，$a=e$，$b=d$。根据叠加原理可得该叠堆永磁轴承轴向承载力 F_z 为

$$\begin{aligned}F_z &= K\times\iint\frac{1}{r_{PM}^3}\times\sin\left(\beta_1+\beta_2-3\theta\right)\mathrm{d}S_1\mathrm{d}S_2\\ &= K\times\iint\frac{1}{r_{PM}^3}\left[\sin\left(\beta_1+\beta_2\right)\cos\left(3\theta\right)-\cos\left(\beta_1+\beta_2\right)\sin\left(3\theta\right)\right]\mathrm{d}S_1\mathrm{d}S_2\\ &= K\times\sin\left(\beta_1+\beta_2\right)\times\left[\pm\Psi\left(m,\ g,\ f\right)\right]-K\times\cos\left(\beta_1+\beta_2\right)\times\left[\pm\Phi\left(n,\ g,\ f\right)\right]\end{aligned}\quad(7.22)$$

对图 7.47 有

$$\begin{aligned}F_z = &\frac{B_{\mathrm{r}1}B_{\mathrm{r}2}L\times10^{-6}}{\pi\mu_0}\\ &\times\left\{\sum_{i=1}^{11}\sum_{j=12}^{22}\left\{\sin\left(\beta_i+\beta_j\right)\times\left[\Phi_{ij}\left(n,\ g,\ f\right)\right]-\cos\left(\beta_i+\beta_j\right)\left[\Psi_{ij}\left(m,\ g,\ f\right)\right]\right\}\right.\\ &(i\text{ 取 }1,2,4,5,7,8,10,11;\ j\text{ 取 }12,13,15,16,18,19,21,22)\\ &+\sum_{i=1}^{11}\sum_{j=12}^{22}\left\{\sin\left(\beta_i+\beta_j\right)\times\left[\Phi_{ij}'\left(n,\ g,\ f\right)\right]-\cos\left(\beta_i+\beta_j\right)\left[\Psi_{ij}'\left(m,\ g,\ f\right)\right]\right\}\\ &(i\text{ 取 }1,2,4,5,7,8,10,11;\ j\text{ 取 }14,17,20)\\ &+\sum_{i=1}^{11}\sum_{j=12}^{22}\left\{\sin\left(\beta_i+\beta_j\right)\times\left[\Phi_{ij}'\left(n,\ g,\ f\right)\right]-\cos\left(\beta_i+\beta_j\right)\left[\Psi_{ij}'\left(m,\ g,\ f\right)\right]\right\}\\ &(i\text{ 取 }3,6,9;\ j\text{ 取 }12,13,15,16,18,19,21,22)\\ &\left.+\sum_{i=1}^{11}\sum_{j=12}^{22}\left[\sin\left(\beta_i+\beta_j\right)\times\Phi_{ij}''\left(c\right)\right]\right\}\\ &(i\text{ 取 }3,6,9;\ j\text{ 取 }14,17,20)\end{aligned}\quad(7.23)$$

式中需要用到式（6.7）、式（7.2）和式（7.4），在用式（7.23）进行叠加计算时，需要将图 7.47 中对应的几何结构做相应的变换，此处共有 121 种不同的组合，涉及矩形截面与矩形截面永磁体的磁力计算、矩形截面与直角三角形永磁体的磁力计算、直角三角形与直角三角形永磁体的磁力计算。

7.5.3　ANSYS 有限元仿真分析磁力与相关参量的关系

选用的永磁轴承材料是 NdFeB，其性能参数为：B_{r}=1.13T，H_{c}=800kA/m，$\mu_{\mathrm{r}}=B_{\mathrm{r}}/(\mu_0H_{\mathrm{c}})$=1.124。设置永磁轴承参数为：径向偏移量 c=6mm，内磁环宽 a=5mm，长 b=50mm，外磁环宽 e=5mm，长 d=50mm。

1. 轴向磁力 F_z 与两磁体间轴向偏移量 r 的关系

根据磁化方向的情况，将各个参数值带入式（7.23）中，可得 Halbach 叠堆阵列永磁轴承的轴向磁力 F_z 与轴向偏移量 r 的关系，计算结果 F_z(M)和 ANSYS 仿真结果 F_z(A)见表 7.35，F_z(M)是在 MATLAB 仿真软件中根据图 7.47 中 121 组磁力磁化方向的不同，然后将 121 组磁力进行叠加得出的结果，F_z(A)是在 ANSYS 仿真软件中建立相应模型得出的磁力，曲线图见图 7.48。由图 7.48 可知：Halbach 叠堆阵列永磁轴承的轴向磁力 F_z 随着两磁体间轴向偏移量 r 的增大先增大后减小，且当 r=14 时，轴向磁力 F_z 最大，即当轴向偏移量 r 约为永磁体轴向长度的 1/4 时，Halbach 阵列叠堆永磁轴承轴向磁力 F_z 达到最大。图中最大误差为 14.9%，最小误差为 1.4%，平均误差为 7.9%。

表 7.35　Halbach 阵列永磁轴承磁力计算值与仿真值 1

r/mm	2	4	6	8	10	12	14	16	18	20
F_z(M)/N	−1306.7	−2019.2	−2356	−2495.3	−2605.9	−2789.7	−2830.1	−2694.5	−2019.8	−1296.6
F_z(A)/N	−1186.1	−1879.6	−2050.4	−2228.9	−2480.3	−2674.1	−2701.2	−2499.5	−1992.5	−1167.1

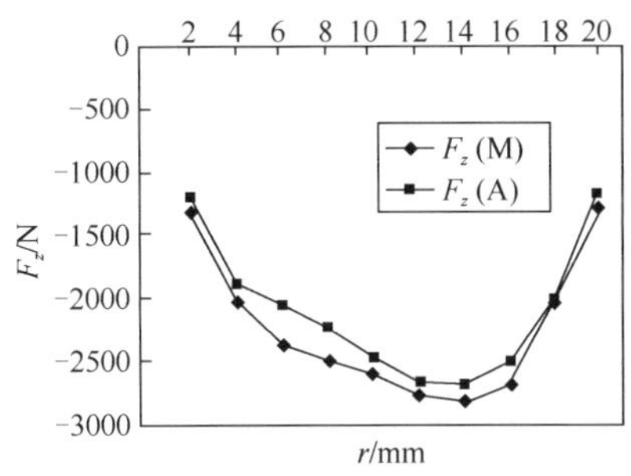

图 7.48　Halbach 阵列永磁轴承磁力计算值与仿真值曲线 1

ANSYS 仿真中由 PLANE53 单元来建立 Halbach 叠堆陈列永磁轴承磁力模型，图 7.49 为 ANSYS 二维磁力线仿真图。

2. 轴向磁力 F_z 与两磁体间径向厚度 a 的关系

取永磁轴承参数如下：r=8mm，b=d=50mm，c=6mm，当且仅当参数 a=e 变化时，将相关参数代入式（7.23）中，可得 Halbach 叠堆阵列永磁轴承的轴向磁力 F_z 与两磁体间径向厚度 a 的关系，计算结果 F_z(M)和 ANSYS 仿真结果 F_z(A)见表 7.36，F_z(M)是在 MATLAB 仿真软件中根据图 7.47 中 121 组磁力进行叠加得出的结果，F_z(A)是在 ANSYS 仿真软件中建立相应模型得出的磁力，曲线图见图 7.50。由图 7.50 可知：Halbach 叠堆阵列永磁轴承的轴向磁力 F_z 随着两磁体间径向厚度 a 的增大而增大。图中的最大误差为 18.3%，最小误差为 3.3%，平均误差为 10.7%。

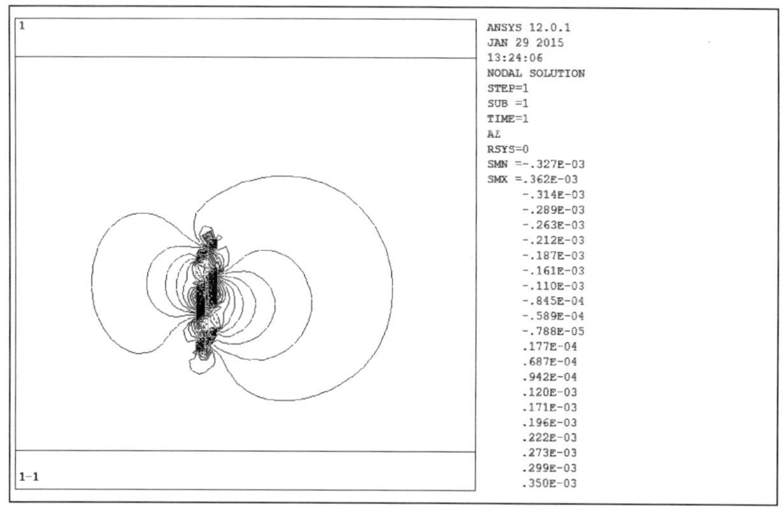

图 7.49　ANSYS 二维磁力线仿真图

表 7.36　Halbach 阵列永磁轴承磁力计算值与仿真值 2

a/mm	2	4	6	8	10	12	14	16	18	20
F_z(M)/N	−497.5	−1696.1	−3407	−5199.8	−6002.3	−7895.7	−8671.9	−9544.4	−11004.4	−12003.6
F_z(A)/N	−423.97	−1558.2	−2923.7	−4396.1	−5739.5	−6898.1	−8395.4	−9172.4	−9831.5	−11108.0

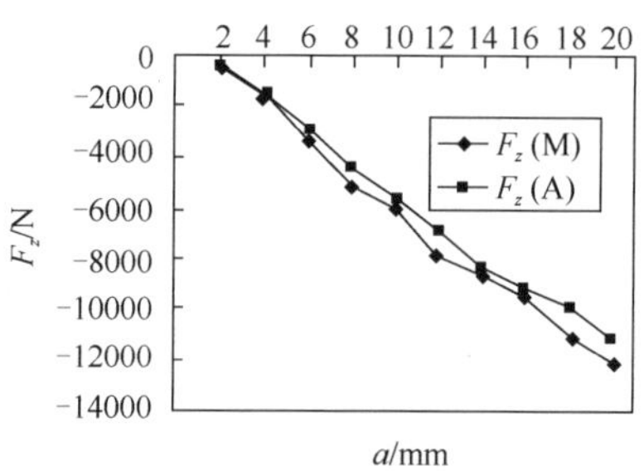

图 7.50　Halbach 阵列永磁轴承磁力计算值与仿真值曲线 2

3. 轴向磁力 F_z 与磁环间隙 c 的关系

取永磁轴承参数为：r=8mm，a=e=5mm，b=d=50mm，仅当参数 c 变化时，

将相关参数代入式（7.23）中，可得 Halbach 叠堆阵列永磁轴承的轴向磁力 F_z 与磁环间隙 c 的关系，计算结果 F_z(M)和 ANSYS 仿真结果 F_z(A)见表 7.37，F_z(M)是在 MATLAB 仿真软件中根据图 7.47 中 121 组磁力进行叠加得出的结果，F_z(A)是在 ANSYS 仿真软件中建立相应模型得出的磁力，曲线图见图 7.51。由图 7.51 可知：Halbach 叠堆阵列永磁轴承的轴向磁力 F_z 随磁环间隙 c 的增大而减小。图中的最大误差为 10.3%，最小误差为 1.1%，平均误差为 6.4%。

表 7.37　Halbach 阵列永磁轴承磁力计算值与仿真值 3

c/mm	3	4	5	6	7	8	9	10	11	12
F_z(M)/N	−2004.3	−2050.9	−1908.8	−1779.8	−1630	−1399.9	−1078.7	−901.2	−700.5	−676.6
F_z(A)/N	−1923.1	−1988.5	−1777.8	−1619.9	−1495.8	−1275.5	−1023.6	−817	−692.8	−652.3

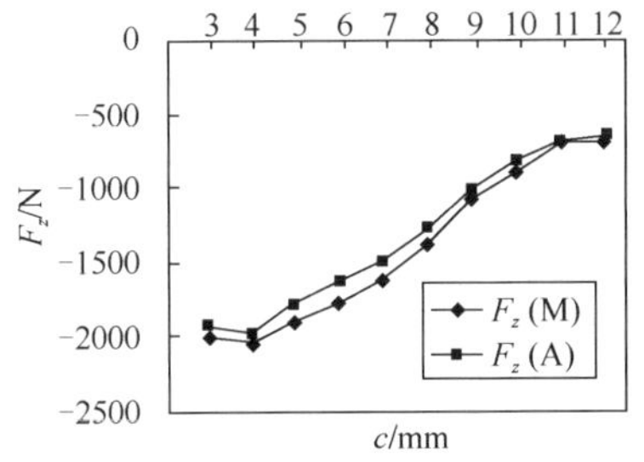

图 7.51　Halbach 阵列永磁轴承磁力计算值与仿真值曲线 3

4. 轴向磁力 F_z 与磁环轴向总长度 b 的关系

取永磁轴承参数为：r=8mm，a=e=5mm，c=6mm，当且仅当参数 b 变化时，将几何参量代入式（7.23）中，可得 Halbach 叠堆阵列永磁轴承的轴向磁力 F_z 与磁环轴向总长度 b 的关系，计算结果 F_z(M)和 ANSYS 仿真结果 F_z(A)见表 7.38，F_z(M)是在 MATLAB 仿真软件中根据图 7.47 中 121 组磁力进行叠加得出的结果，F_z(A)是在 ANSYS 仿真软件中建立相应模型得出的磁力，曲线图见图 7.52。由图 7.52 可知：Halbach 叠堆阵列永磁轴承的轴向磁力 F_z 随磁环轴向总长度 b 的增大而减小。图中的最大误差为 7.4%，最小误差为 0.7%，平均误差为 2.9%。

表 7.38　Halbach 阵列永磁轴承磁力计算值与仿真值 4

b/mm	42	46	50	54	58	62	66	70	74	78
F_z(M)/N	−2573.9	−2500.6	−2367.5	−2201.3	−2179.5	−2100.1	−2068.7	−2034.2	−2000.3	−1970.8
F_z(A)/N	−2403.6	−2328.2	−2228.9	−2181.8	−2130.9	−2078.3	−2047.6	−2017.5	−1985.9	−1942.9

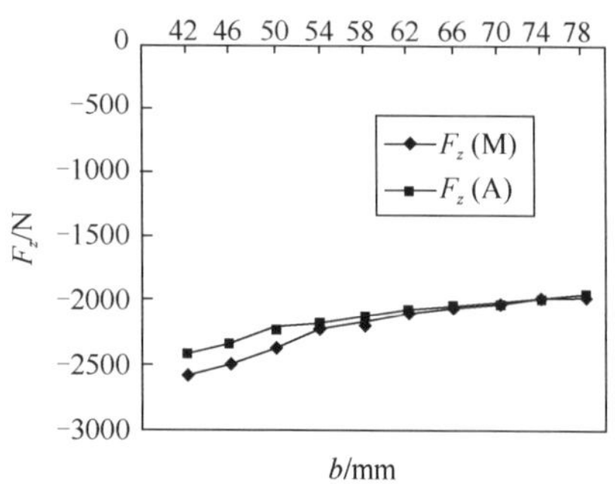

图 7.52　Halbach 阵列永磁轴承磁力计算值与仿真值曲线 4

7.5.4　梯形永磁环和矩形永磁环构成的 Halbach 叠堆的相同尺寸的永磁轴承轴向磁力比较

图 7.53（a）为截面由梯形永磁环构成的 Halbach 叠堆永磁轴承结构图，具体参数为：a=e=5mm，b_1=d_1=45mm，b_2=d_2=55mm，c=6mm，r=8mm，将其与图 7.53（b）中截面由矩形永磁环构成的 Halbach 叠堆永磁轴承结构图作比较，图 7.53（b）中的具体参数为：a=e=5mm，b=d=50mm，c=6mm，r=8mm。

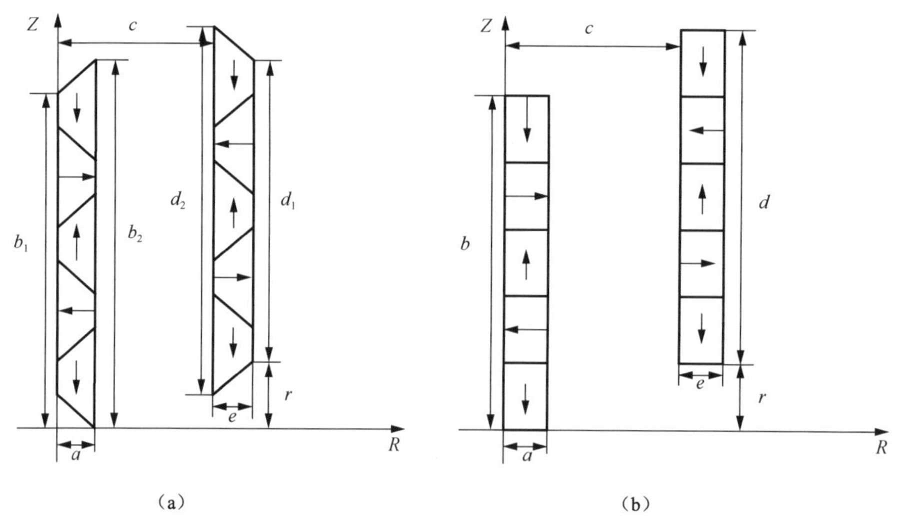

图 7.53　Halbach 永磁轴承的参数结构

将图 7.53 中的两种 Halbach 永磁轴承结构分别用 ANSYS 仿真，并对其轴向仿真磁力进行比较，F_{zt} 表示截面为梯形的 Halbach 永磁轴承轴向磁力，F_{zj} 表示截面为矩形的 Halbach 永磁轴承轴向磁力，ANSYS 仿真结果见表 7.39，曲线如图 7.54 所示。由图 7.54 可以看出：两种 Halbach 阵列叠堆永磁轴承轴向磁力 F_z 都随磁环轴向偏移量 r 的增大呈先增大后减小的趋势，且当 r=10 时，永磁轴承轴

向磁力 F_z 最大。从图形总体可以看出：由截面为梯形永磁环构成的 Halbach 阵列叠堆永磁轴承轴向磁力比由截面为矩形永磁环构成的 Halbach 阵列叠堆永磁轴承轴向磁力大。

表 7.39　两种 Halbach 永磁轴承轴向磁力模型仿真值

r/mm	2	4	6	8	10	12	14	16	18	20
F_{zt}/N	−2068.1	−3362.5	−4069.1	−5016.8	−5164	−4177.9	−2974.1	−1929.4	−923.32	−691.36
F_{zj}/N	−1833.1	−3226.1	−4220.6	−4610.2	−4552.5	−4049.7	−3068.5	−1896.4	−747.07	−577.14

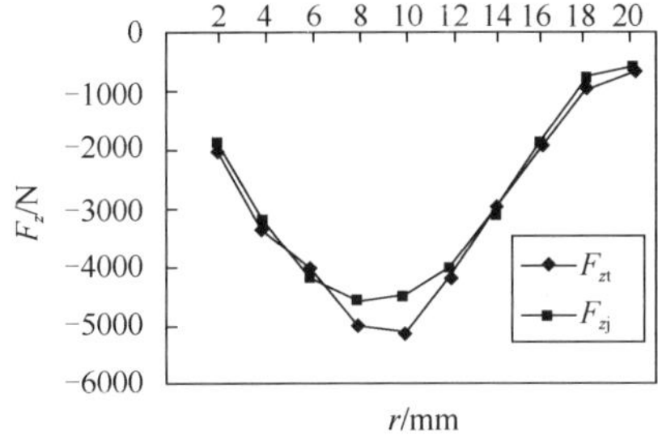

图 7.54　两种 Halbach 永磁轴承轴向磁力模型仿真值曲线

第 8 章　锥形永磁轴承磁力解析模型

8.1　锥形永磁轴承结构及其磁力解析模型

锥形永磁轴承能够同时承受轴向与径向的磁力，图 8.1 为锥形永磁轴承结构示意图。为了建立锥形永磁轴承磁力解析模型，忽略锥形永磁轴承曲率的影响，基于纵向长度为 L 的两块平行矩形截面的永磁体磁力解析模型，再考虑锥形永磁轴承的结构特点，研究其轴向及径向磁力的解析式。

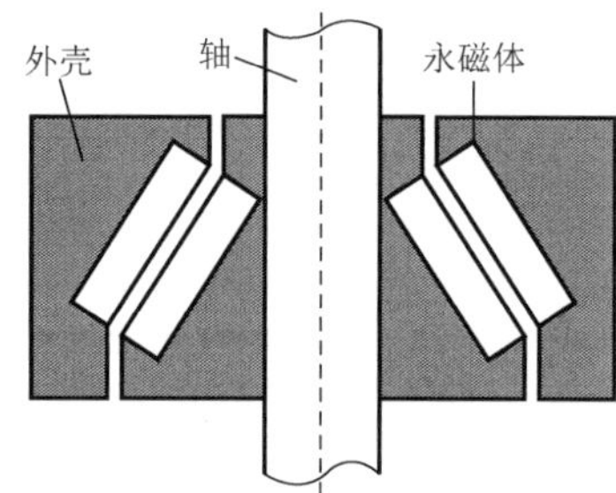

图 8.1　锥形永磁轴承结构示意图

8.1.1　锥形永磁轴承的轴向磁力和径向磁力

锥形永磁轴承可视为由两块平行矩形截面永磁体以一定倾角环绕转轴轴线而成，可取磁环间隙中间处周长为式（5.9）和式（5.12）所示的纵向近似长度，其轴向及径向分力是式（5.9）和式（5.12）计算磁力在轴向及径向的分力。

1. *轴向磁力*

设锥形永磁轴承倾角为α，其剖面参数如图 8.2 所示，设图中 P 点坐标为（w_1，v_1），Q 点坐标为（w_2，v_2），R 点坐标为（w_3，v_3），S 点坐标为（w_4，v_4）。由图 8.2 得

$$\begin{aligned} h &= \sqrt{(w_1-w_2)^2+(v_1-v_2)^2}\cos\beta \\ &= \sqrt{(w_1-w_2)^2+(v_1-v_2)^2}\cos\left[90°-\alpha-\arctan\left(\frac{v_1-v_2}{w_1-w_2}\right)\right] \end{aligned} \tag{8.1}$$

$$\begin{aligned} c &= \sqrt{(w_1-w_2)^2+(v_1-v_2)^2}\sin\beta \\ &= \sqrt{(w_1-w_2)^2+(v_1-v_2)^2}\sin\left[90°-\alpha-\arctan\left(\frac{v_1-v_2}{w_1-w_2}\right)\right] \end{aligned} \tag{8.2}$$

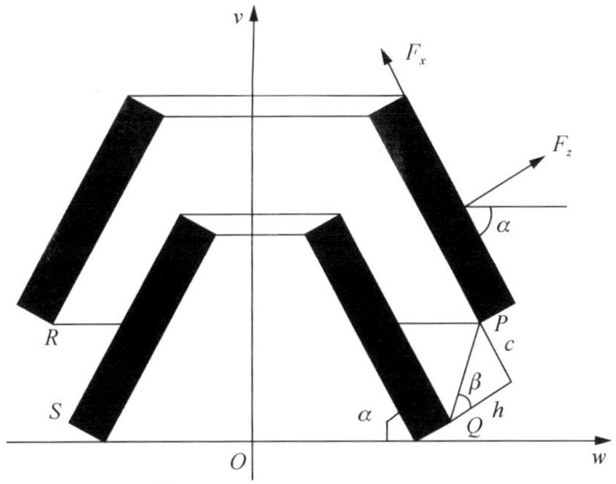

图 8.2　锥形永磁轴承轴向剖面参数

当锥形永磁轴承承受轴向载荷时，其轴向磁力解析表达式为

$$F_v = F_z \cos\alpha + F_x \sin\alpha \tag{8.3}$$

2. 径向磁力

当锥形永磁轴承径向有偏移 e 时（图 8.3），图中 R_1、R_2 分别代表轴承底部剖面内环外半径和外环内半径（$R_1 = |0.5(w_2 - w_4)|$，$R_2 = |0.5(w_1 - w_3)|$）。为了利用式（5.9）和式（5.12）分析计算图 8.3 径向有偏移 e 时的锥形永磁轴承径向磁力，将锥形永磁轴承分为对称 N（N=8）段，其各段径向偏移间隙 h_x（x=1,2,3,4,5, 6,7,8）可表示为

$$h_x = R_2 - \left[e \cdot \cos\gamma + \sqrt{R_1^2 - (e \cdot \sin\gamma)^2} \right] \tag{8.4}$$

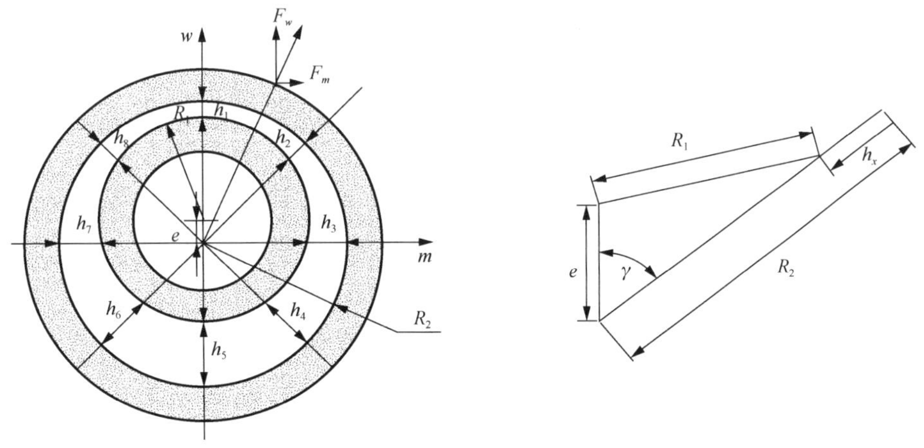

（a）径向偏移剖面参数　　（b）计算各段偏移间隙图

图 8.3　锥形永磁轴承径向剖面参数

设锥形永磁轴承内外磁环厚度相等（b=d），锥角为α，单个磁环沿锥角为α方向的长度为 a（图 8.1～图 8.3），按截面等分原则确定锥形永磁轴承平均磁环周长，设磁环平均周长对应的平均半径为 R_j，则有

$$R_j = 0.5 \times (R_1 + R_2 - a \times \cos\alpha) \tag{8.5}$$

锥形永磁轴承的近似周长为：$L=2\pi R_j$。由于磁环间径向间隙很小，在忽略锥形永磁轴承曲率的情况下，可得图中的每段平均弧长 L_x 为锥形永磁轴承近似周长 L 的 $1/N$（N=8）。将 h_x、L_x 代入式（5.9）和式（5.12）中，近似计算各段中点对应的径向磁力和切向磁力，再将以上磁力分别沿径向（w 方向）分解，最后将 8 段的径向磁力叠加可得锥形永磁轴承径向总磁力，即

$$F_w = \sum_{n=1}^{8} (F_z \sin\alpha - F_x \cos\alpha) \times \cos(n\gamma + 22.5°) \tag{8.6}$$

由于图 8.3 以 w 轴对称，显然 m 方向磁力为零（其中 $\gamma=\dfrac{360°}{N}$）[37,38]。

8.1.2　锥形永磁轴承的轴向磁力分析

计算分析选用稀土 NdFeB 作为永磁轴承材料，其性能为：B_r=1.13T，H_c=800kA/m，$\mu_r = B_r / (\mu_0 H_c)$ =1.124。

1. 分析轴向磁力与轴向偏移 v_1 的关系

设锥形永磁轴承几何参数为：磁环厚度 b=d=15mm，单个磁环沿锥角为α方向的长度 a=30mm，锥角 α=30°，嵌套轴的半径是 g=21mm，轴承底部 P 点坐标为（54.48,12.99），Q 点坐标为（54.98，12.99），R 点坐标为（−54.48，12.99），S 点坐标为（−54.98,12.99）。

当锥形永磁轴承仅有轴向偏移时，将相关参数代入式（5.9）、式（5.12）和式（8.1）～式（8.6），锥形永磁轴承轴向磁力解析模型计算结果和 ANSYS 仿真结果见表 8.1，其对应曲线如图 8.4 所示。图表中 F_{vj} 为轴承轴向磁力解析模型计算值，F_{vf} 为轴承轴向磁力 ANSYS 仿真值。其最大误差为 4%，最小误差为 0.36%，平均误差为 0.74%。由图表可以看出：锥形永磁轴承轴向磁力随轴向偏移的增大而减小。

表 8.1　锥形永磁轴承轴向磁力模型计算值与仿真值 1

v_1/mm	13.87	14.87	15.87	16.87	17.87	18.87	19.87	20.87
F_{vj}/N	1107.0	1014.8	933.0	861.0	796.9	739.4	687.3	639.9
F_{vf}/N	1069.0	988.8	914.4	857.9	792.6	748.0	700.3	658.0

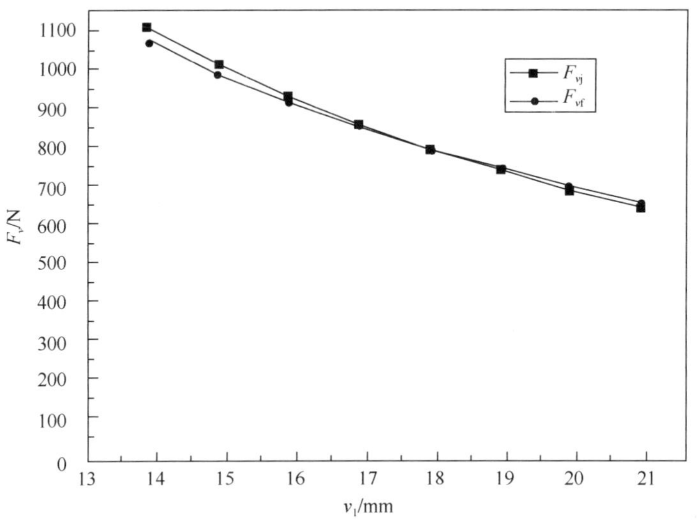

图 8.4　锥形永磁轴承轴向磁力模型计算值与仿真值曲线 1

图 8.5 为锥形永磁轴承 ANSYS 仿真二维磁力线图。

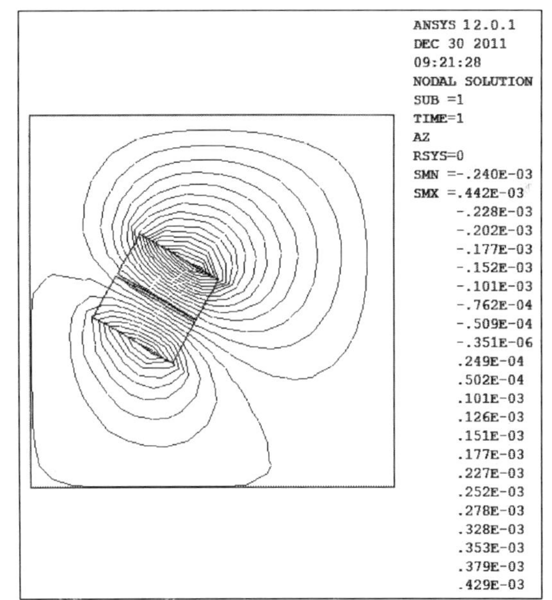

图 8.5　锥形永磁轴承 ANSYS 仿真二维磁力线图

2. 分析轴向磁力与磁环厚度 b 的关系

锥形永磁轴承几何参数为：单个磁环沿锥角为α方向的长度 a=30mm，锥角 α=30°，嵌套轴的半径是 g=21mm。将相关参数代入式（5.9）和式（5.12）中，根据计算出来的参数和已知参数代入式（8.1）～式（8.6）中计算锥形永磁轴承磁力。锥形永磁轴承轴向磁力解析模型计算结果和 ANSYS 仿真结果见表 8.2，其对应曲线如图 8.6 所示。图表中 F_{vi} 为轴承轴向磁力解析模型计算值，F_{vf} 为轴承轴向磁力 ANSYS 仿真值。其最大误差为 3.59%，最小误差为 0.16%，平均误差为 1.56%。由图表可以看出：锥形永磁轴承轴向磁力随磁环厚度 b 的增大而增大。

表 8.2　锥形永磁轴承轴向磁力模型计算值与仿真值 2

$b(=d)$/mm	6	7	8	9	10	11	12	13	14	15
F_{vj}/N	383.7	462.9	542.7	622.7	702.5	781.9	860.6	938.5	1014.6	1107.1
F_{vf}/N	383.1	459.4	536.6	614.6	688.4	767.5	845.2	920.3	995.3	1068.7

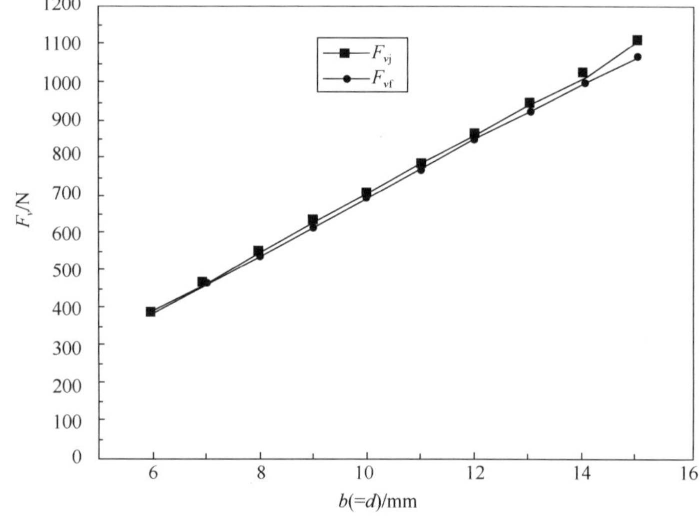

图 8.6　锥形永磁轴承轴向磁力模型计算值与仿真值曲线 2

3．分析轴向磁力与磁环沿锥角长度 a 的关系

锥形永磁轴承几何参数为：磁环厚度 $b=d=15$mm，锥角 $\alpha=30°$，将相关参数代入式（5.9）和式（5.12）中，根据计算出来的参数和已知参数代入式（8.1）～式（8.6）中计算锥形永磁轴承磁力。锥形永磁轴承轴向磁力解析模型计算结果和 ANSYS 仿真结果见表 8.3，其对应曲线如图 8.7 所示。图表中 F_{vj} 为轴承轴向磁力解析模型计算值，F_{vf} 为轴承轴向磁力 ANSYS 仿真值。其最大误差为 0.12%，平均误差为 1.54%。由图表可以看出：在小范围内锥形永磁轴承轴向磁力随单个磁环沿锥角为 α 方向的长度 a 的增大而增大。

表 8.3　锥形永磁轴承轴向磁力模型计算值与仿真值 3

a/mm	15	20	25	30	35	40	45
F_{vj}/N	674.3	837.8	973.8	1107.1	1195.2	1290.5	1379.5
F_{vf}/N	608.1	776.0	928.3	1068.7	1196.6	1320.7	1444.6

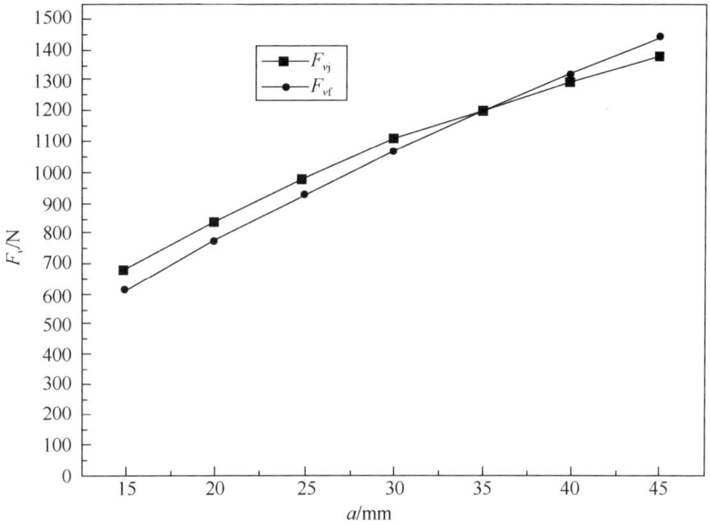

图 8.7　锥形永磁轴承轴向磁力模型计算值与仿真值曲线 3

4. 分析轴向磁力与其锥角α的关系

锥形永磁轴承几何参数为：单个磁环沿锥角为α方向的长度 a=30mm，磁环厚度 b=d=15mm。将相关参数代入式（5.9）和式（5.12）中，根据计算出来的参数和已知参数代入式（8.1）～式（8.6）中计算锥形永磁轴承磁力。锥形永磁轴承轴向磁力解析模型计算结果和 ANSYS 仿真结果见表 8.4，其对应曲线如图 8.8 所示。图表中 F_{vj} 为轴承轴向磁力解析模型计算值，F_{vf} 为轴承轴向磁力 ANSYS 仿真值。其最大误差为 9.8%，最小误差为 1.94%，平均误差为 3.59%。由图表可以看出：锥形永磁轴承轴向磁力随其锥角 α 的增大而减小。

表 8.4　锥形永磁轴承轴向磁力模型计算值与仿真值 4

α/(°)	20	25	30	35	40	45	50	55	60
F_{vj}/N	1201.9	1162.1	1107.1	1043.4	980.1	903.7	821.2	732.0	638.8
F_{vf}/N	1125.5	1099.2	1068.7	1019.2	956.8	886.5	793.4	714.7	617.6

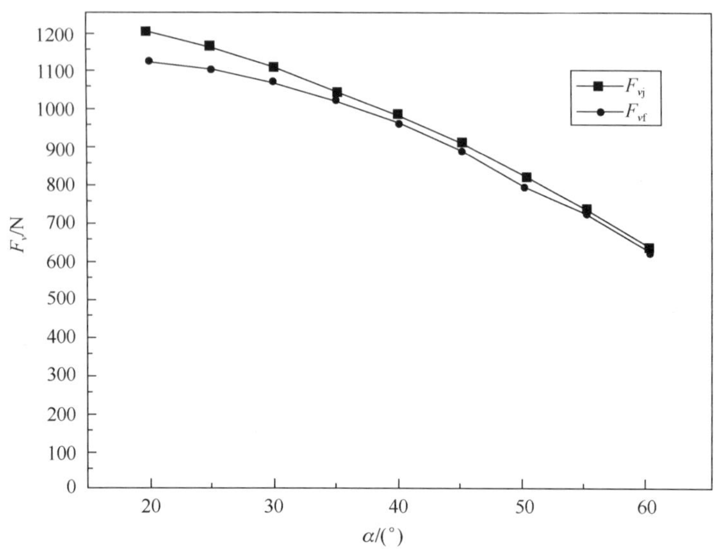

图 8.8　锥形永磁轴承轴向磁力模型计算值与仿真值曲线 4

5. 分析轴向磁力与嵌套轴半径 g 的关系

锥形永磁轴承几何参数为：单个磁环沿锥角为α方向的长度 a=30mm，磁环厚度 b=d=15mm，锥角α=30°，将相关参数代入式（5.9）和式（5.12）中，根据计算出来的参数和已知参数代入式（8.1）～式（8.6）中计算锥形永磁轴承磁力。锥形永磁轴承轴向磁力解析模型计算结果和 ANSYS 仿真结果见表 8.5，其对应曲线如图 8.9 所示。图表中 F_{vj} 为轴承轴向磁力解析模型计算值，F_{vf} 为轴承轴向磁力 ANSYS 仿真值。其最大误差为 6.79%，最小误差为 0.12%，平均误差为 2.27%。由图表可以看出：锥形永磁轴承轴向磁力随嵌套轴半径 g 的增大而增大。

表 8.5　锥形永磁轴承轴向磁力模型计算值与仿真值 5

g/mm	7	9	11	13	15	17	19	21
F_{vj}/N	725.5	777.8	830.1	882.4	934.6	986.9	1039.2	1107.1
F_{vf}/N	787.9	829.5	864.6	905.4	945.6	984.7	1028.5	1068.7

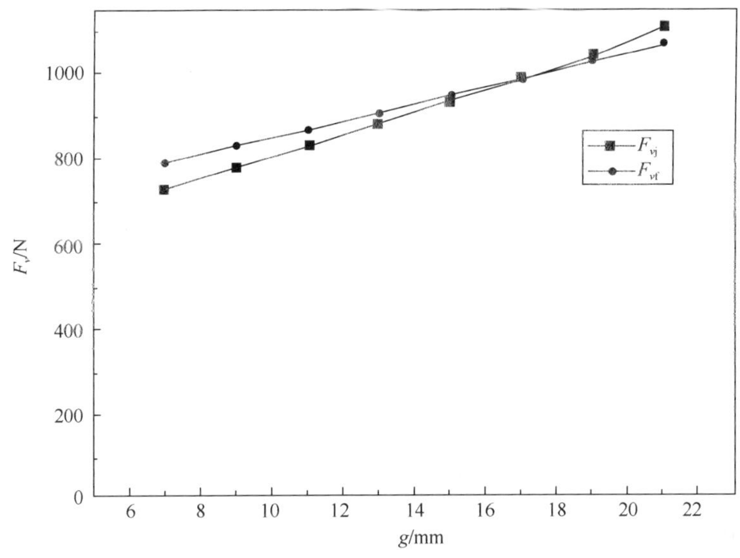

图 8.9 锥形永磁轴承轴向磁力模型计算值与仿真值曲线 5

8.1.3 锥形永磁轴承的径向磁力分析

锥形永磁轴承几何参数为：单个磁环沿锥角为α方向的长度 a=30mm，磁环厚度 b=d=15mm，锥角 α=30°，将相关参数代入式（5.9）和式（5.12）中，根据计算出来的参数和已知参数代入式（8.1）～式（8.6）中计算锥形永磁轴承磁力。锥形永磁轴承径向磁力解析模型计算结果和 ANSYS 仿真结果见表 8.6，其对应曲线如图 8.10 所示。图表中 F_{wj} 为轴承轴向磁力解析模型计算值，F_{wf} 为轴承轴向磁力 ANSYS 仿真值，并且通过 Origin 软件对曲线进行拟合。其最大误差为 11.1%，最小误差为 1.7%，平均误差为 2.6%。由图表可以看出：锥形永磁轴承径向磁力随径向偏移量 e 的增大而增大。

表 8.6 锥形永磁轴承径向磁力模型计算值与仿真值

e/mm	0.1	0.2	0.3	0.4	0.5	0.6
F_{wj}/N	159.4	177.7	189.8	213.5	237.6	252.0
F_{wf}/N	143.5	169.5	180.7	207.8	233.6	263.1

本书数据误差产生的主要原因是：计算值中，磁环平均周长对应的平均半径为 R_j，计算有误差；并且 ANSYS 仿真计算中磁场外围边界选取的大小也会产生误差。

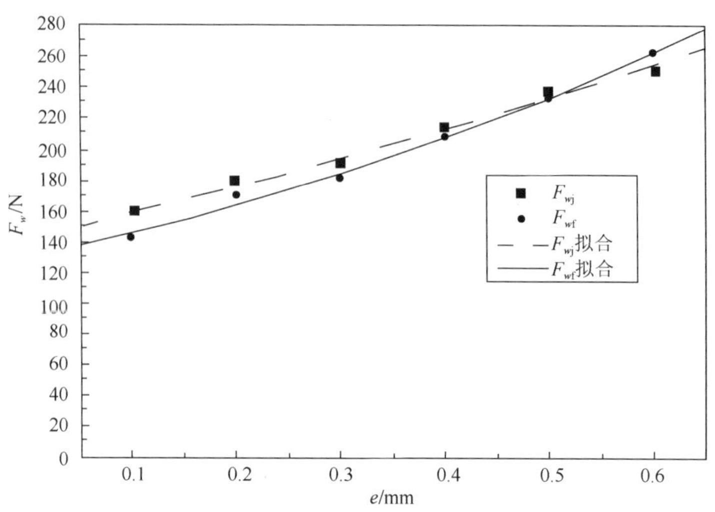

图 8.10　锥形永磁轴承磁力模型计算值与仿真值曲线

8.2　台阶式锥形永磁轴承结构及其磁力解析模型

由于工程中制造精准的锥形永磁轴承成本较为昂贵，本节提出台阶式锥形永磁轴承结构来替代锥形永磁轴承，实现锥形轴承能够同时承受轴向和径向载荷，并且为台阶式轴承研究提供一个解析算法。台阶式锥形永磁轴承是由圆形永磁轴承堆叠而成。利用平面点磁荷的磁场、虚功原理及叠加原理，结合两块平行矩形截面永磁体及台阶式锥形永磁轴承结构特征，建立了台阶式锥形永磁轴承的磁力解析模型，使用有限元软件 ANSYS 12.0 仿真验证了该解析模型的正确性，分析了台阶式锥形永磁轴承磁力与其结构参数之间的关系。

8.2.1　台阶式锥形永磁轴承的结构

台阶式锥形永磁轴承永磁环截面图如图 8.11 所示（图 8.11 内外磁环各由 3 个磁环组成），它是由不同直径、截面为矩形的环状永磁体堆叠而成的，其外磁环固定不动，内磁环固定在转轴上随转子一起转动。当磁环较薄、台阶数越多时，台阶式锥形永磁轴承越接近理想的锥形永磁轴承。台阶式锥形永磁轴承具有圆形永磁轴承和锥形永磁轴承的优点，而且制造工艺简单，易于适应结构变化的支承系统。

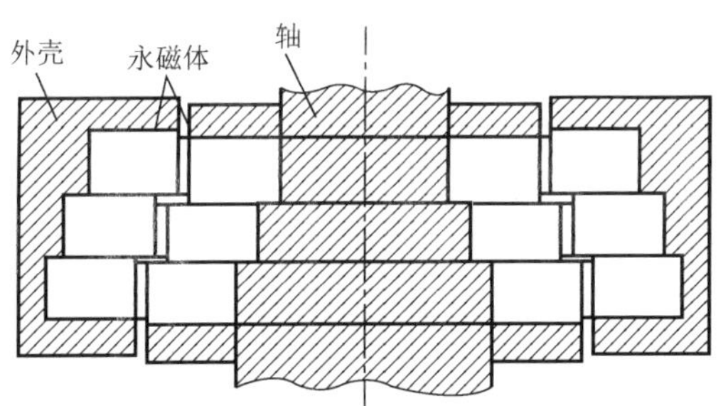

图 8.11　台阶式锥形永磁轴承永磁环截面图

8.2.2　台阶式锥形永磁轴承磁力解析模型

台阶式锥形永磁轴承磁环截面参数如图 8.12 所示（图示台阶数 n=3），设各磁环截面尺寸相同，其径向宽度为 a，轴向高度为 b=d，各台阶径向差为 g，轴承径向平均间隙为 e，最大半径的内永磁环内半径为 r。由公式（5.9）和式（5.12）推导可知圆形轴承轴向和径向磁力大小。为便于计算，给叠堆结构永磁体截面编号，i 表示外磁环编号，j 表示内磁环编号。对于图 8.12 所示的反向磁化堆叠永磁体，当（i+j）为偶数时，第 i、j 号永磁体磁化方向为同向；当（i+j）为奇数时，第 i、j 号永磁体磁化方向为反向。定义 F_{zij} 为第 j 个内磁环对第 i 个外磁环在轴承 z 方向的磁力，F_{xij} 为第 j 个内磁环对第 i 个外磁环在轴承 x 方向的磁力，第 j 个内磁环对第 i 个外磁环的径向距离为

$$c_{ij} = a + e + (j - i)g \tag{8.7}$$

第 j 个内磁环与第 i 个外磁环平均周长为

$$L_{ij} = 2\pi[r + a + 0.5e + 0.5(2 - i - j)g] \tag{8.8}$$

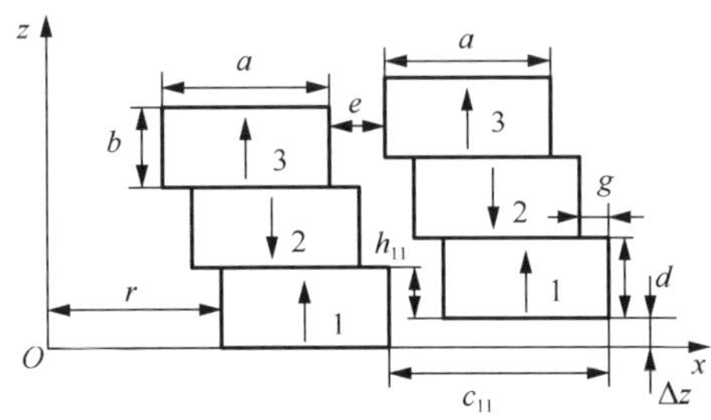

图 8.12　台阶式锥形永磁轴承磁环截面参数

当台阶式锥形永磁轴承的内外磁环轴向偏移为 Δz 时，第 j 个内磁环对第 i 个外磁环的轴向偏移为

$$h_{ij} = \Delta z + (i - j - 1)b \tag{8.9}$$

由式（5.9）、式（5.12）、式（6.1）～式（6.4）、式（8.7）～式（8.9）可知，当台阶式锥形永磁轴承的内外磁环径向偏移为零、轴向偏移为 Δz 时，其轴向磁力解析表达式为

$$F_z = \sum_{i=1}^{i=n}\sum_{j=1}^{j=n}(-1)^{i+j}\frac{B_{r1}B_{r2}L_{ij}\times 10^{-6}}{4\pi\mu_0}\phi(c_{ij},\ h_{ij}) \tag{8.10}$$

当台阶式锥形永磁轴承的内外磁环轴向偏移为零、径向偏移为 Δe 时，如图 8.13 所示，将台阶式锥形磁环等分成 N 份（图 8.13 中 N=8），则第 N 部分所对应的磁环间径向偏移量 c_{nij} 可以根据图 8.13 和图 8.14 得到。

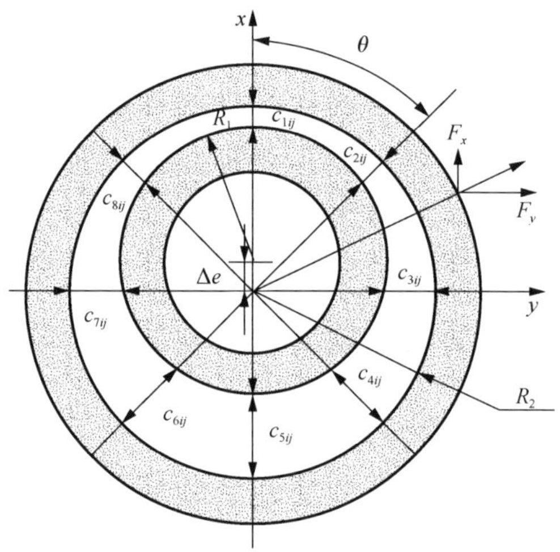

图 8.13　磁环径向偏移剖面参数

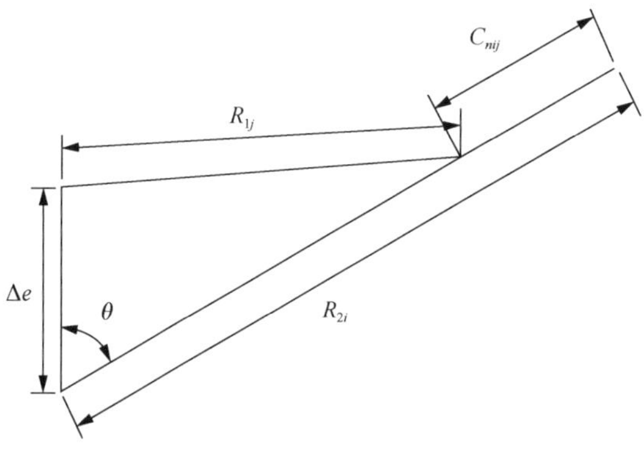

图 8.14　台阶式锥形永磁轴承各段径向偏移间隙参数

图 8.14 中，R_{1j} 为第 j 号内磁环外半径，R_{2i} 为第 i 号外磁环内半径。

$$R_{1j} = r + a + (1 - j)g$$

$$R_{2i} = r + a + (1-i)g + e$$

$$c_{nij} = R_{2i} - \Delta e\cos\theta - \sqrt{R_{ij}^2 - (\Delta e\sin\theta)^2}$$

$$c_{nij} = r + a + (1-i)g + e - \Delta e\cos\theta - \sqrt{[r + a + (1-j)g]^2 - (\Delta e\sin\theta)^2} \tag{8.11}$$

由式（6.1）～式（6.4）可知，第 N 部分径向磁力解析表达式为

$$F_{xn} = \sum_{i=1}^{n}\sum_{j=1}^{n}(-1)^{i+j}\frac{B_{r1}B_{r2}L_{ij}\times 10^{-6}}{N\cdot 4\pi\mu_0}\varphi(c_{nij},\ h_{ij}) \tag{8.12}$$

将由式（8.12）计算出的 F_{xn} 向 Δe 方向分解，则可得到台阶式锥形永磁轴承径向总磁力解析表达式 F_x 为[39,40]

$$F_x = \sum_{n=1}^{N} F_{xn}\cos[(n-1)2\pi / N + \pi / N] \tag{8.13}$$

8.2.3　台阶式锥形永磁轴承的轴向磁力分析

本节计算分析选用稀土 NdFeB 作为永磁轴承材料，其性能为：$B_r = 1.13\text{T}$，$H_c = 800\text{kA/m}$，$\mu_r = B_r / (\mu_0 \times H_c) = 1.124$。

1. 分析轴向磁力与相邻磁环半径差值 g 的关系

设台阶式锥形永磁轴承几何参数为：磁环间气隙 e=1mm，轴向偏移 Δz=1mm，单个磁环轴向高度 b=d=10mm，单个磁环径向厚度 a=15mm，内磁环底部最大磁环内半径 r=21mm，叠堆磁环数 n=3。

当台阶式锥形永磁轴承相邻磁环半径差值变化时，台阶式锥形永磁轴承轴向磁力解析模型计算结果和 ANSYS 仿真结果见表 8.7，其对应曲线如图 8.15 所示。图表中 F_{zj} 为轴承轴向磁力解析模型计算值，F_{zf} 为轴承轴向磁力 ANSYS 有限元仿真值。其最大误差为 12.4%，平均误差为 11.3%。由图表可以看出：台阶式锥形永磁轴承轴向磁力随相邻磁环半径差值减小而减小。

表 8.7　台阶式锥形永磁轴承轴向磁力模型计算值与仿真值 1

g/mm	0.1	0.2	0.3	0.4	0.5	0.6	0.7
F_{zj}/N	628.6	608.3	589.0	570.7	553.3	536.9	521.6
F_{zf}/N	559.1	545.3	527.9	513.9	497.9	486.1	472.1

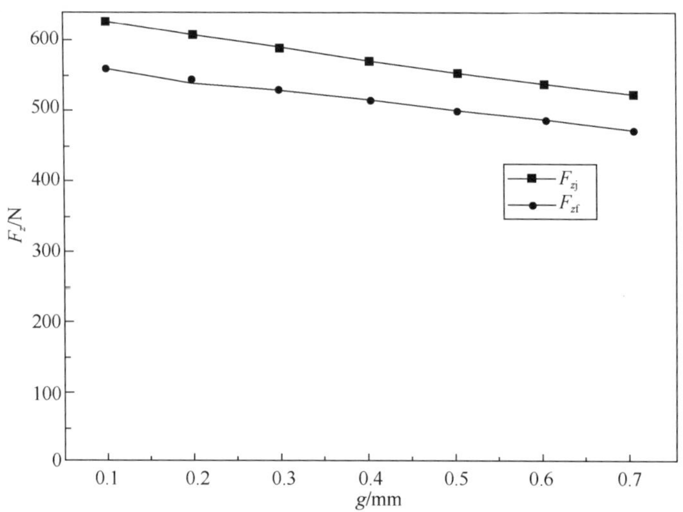

图 8.15　台阶式锥形永磁轴承轴向磁力模型计算值与仿真值曲线 1

ANSYS 仿真中，由 PLANE53 单元来建立永磁轴承轴对称模型。

2. 分析轴向磁力与轴向偏移 Δz 的关系

设台阶式锥形永磁轴承几何参数为：磁环间气隙 e=1mm，单个磁环轴向高度 b=d=10mm，相邻磁环半径差值 g=0.2mm，单个磁环径向长度 a=15mm，内磁环底部最大磁环内半径 r=21mm，叠堆磁环数 n=3。

当台阶式锥形永磁轴承轴向偏移变化时，台阶式锥形永磁轴承轴向磁力解析模型计算结果和 ANSYS 仿真结果见表 8.8，其对应曲线如图 8.16 所示。图表中 F_{zj} 为轴承轴向磁力解析模型计算值，F_{zf} 为轴承轴向磁力 ANSYS 有限元仿真值。其最大误差为 13.9%，平均误差为 11.8%。由图表可以看出：台阶式锥形永磁轴承轴向磁力随轴向偏移增大而增大。

表 8.8　台阶式锥形永磁轴承轴向磁力模型计算值与仿真值 2

Δz /mm	0.2	0.4	0.6	0.8	1.0	1.2	1.4
F_{zj}/N	102.4	237.9	368.2	491.9	608.3	717.3	818.9
F_{zf}/N	89.9	209.4	329.8	442.4	547.0	648.8	734.1

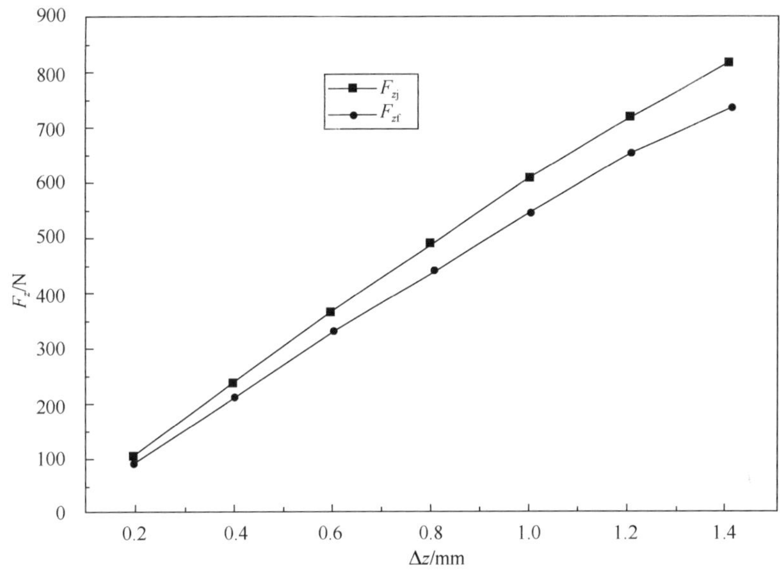

图 8.16　台阶式锥形永磁轴承轴向磁力模型计算值与仿真值曲线 2

3. 分析轴向磁力与单个磁环轴向高度 b 的关系

设台阶式锥形永磁轴承几何参数为：磁环间气隙 e=1mm，轴向偏移 Δz=0.5mm，单个磁环径向长度 a=15mm，相邻磁环半径差值 g=0.5mm，内磁环底部最大磁环内半径 r=21mm，叠堆磁环数 n=3。

当台阶式锥形永磁轴承单个磁环轴向高度变化时，台阶式锥形永磁轴承轴向磁力解析模型计算结果和 ANSYS 仿真结果见表 8.9，其对应曲线如图 8.17 所示。图表中 F_{zj} 为轴承轴向磁力解析模型计算值，F_{zf} 为轴承轴向磁力 ANSYS 有限元仿真值。其最大误差为 12.6%，平均误差为 8.99%。由图表可以看出：台阶式锥形永磁轴承轴向磁力随单个磁环轴向高度增大而增大。

表 8.9　台阶式锥形永磁轴承轴向磁力模型计算值与仿真值 3

b/mm	2	4	6	8	10	12	14
F_{zj}/N	40.9	114.0	170.7	215.8	252.5	282.2	305.9
F_{zf}/N	38.4	104.4	156.4	191.6	228.0	256.8	282.1

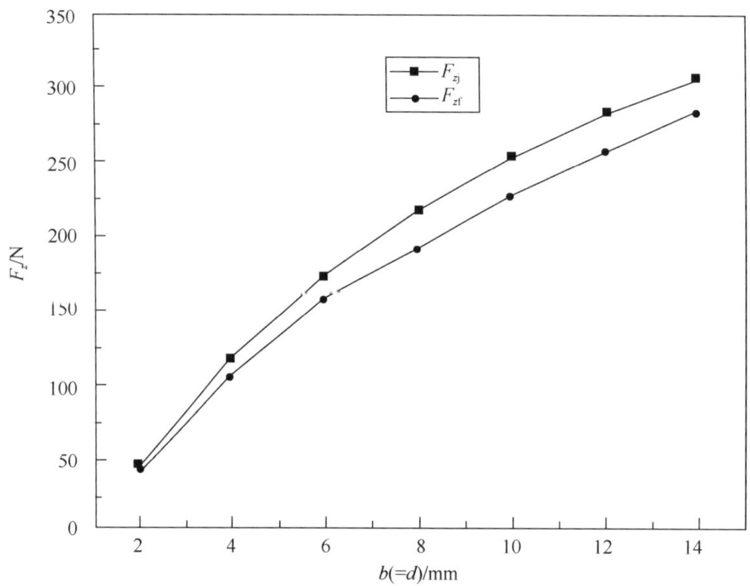

图 8.17　台阶式锥形永磁轴承轴向磁力模型计算值与仿真值曲线 3

4. 分析轴向磁力与单个磁环径向宽度 a 的关系

设台阶式锥形永磁轴承几何参数为：磁环间气隙 $e=1$mm，轴向偏移 $\Delta z=0.5$mm，单个磁环轴向高度 $b=d=10$mm，$g=0.5$mm，内磁环底部最大磁环内半径 $r=21$mm，叠堆磁环数 $n=3$。

当台阶式锥形永磁轴承单个磁环径向宽度变化时，台阶式锥形永磁轴承轴向磁力解析模型计算结果和 ANSYS 仿真结果见表 8.10，其对应曲线如图 8.18 所示。图表中 F_{zj} 为轴承轴向磁力解析模型计算值，F_{zf} 为轴承轴向磁力 ANSYS 有限元仿真值。其最大误差为 12.2%，平均误差为 10.7%。由图表可以看出：台阶式锥形永磁轴承轴向磁力随单个磁环径向宽度增大而增大。

表 8.10　台阶式锥形永磁轴承轴向磁力模型计算值与仿真值 4

a/mm	10	11	12	13	14	15	16
F_{zj}/N	214.3	222.9	230.8	238.3	245.5	252.5	259.4
F_{zf}/N	196.4	202.4	207.7	215.1	221.6	228.0	231.1

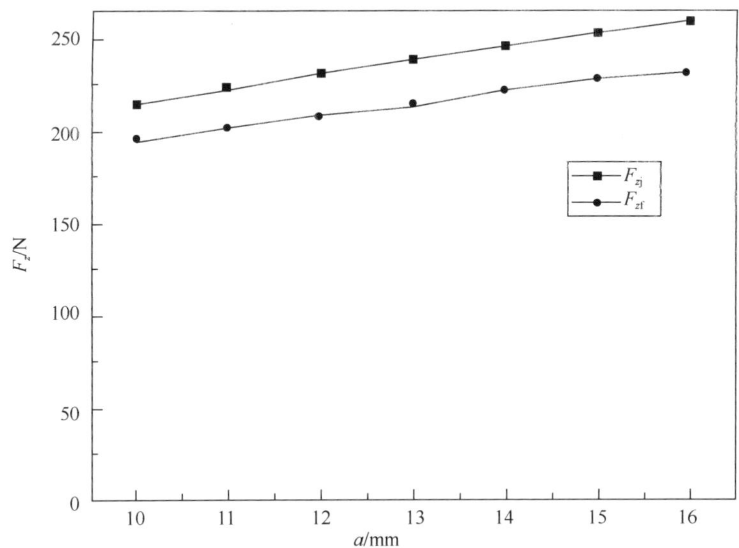

图 8.18　台阶式锥形永磁轴承轴向磁力模型计算值与仿真值曲线 4

5. 分析轴向磁力与单磁环间径向气隙 e 的关系

设台阶式锥形永磁轴承几何参数为：轴向偏移 $\Delta z = 0.5\text{mm}$，单个磁环轴向高度 $b = d = 10\text{mm}$，相邻磁环半径差值 $g = 0.5\text{mm}$，单个磁环径向长度 $a = 15\text{mm}$，内磁环底部最大磁环内半径 $r = 21\text{mm}$，叠堆磁环数 $n = 3$。

当台阶式锥形永磁轴承单磁环间径向间隙变化时，台阶式锥形永磁轴承轴向磁力解析模型计算结果和 ANSYS 仿真结果见表 8.11，其对应曲线如图 8.19 所示。图表中 F_{zj} 为轴承轴向磁力解析模型计算值，F_{zf} 为轴承轴向磁力 ANSYS 有限元仿真值。其最大误差为 18.5%，平均误差为 5.44%。由图表可以看出：台阶式锥形永磁轴承轴向磁力随单磁环间径向气隙增大而减小。

表 8.11　台阶式锥形永磁轴承轴向磁力模型计算值与仿真值 5

e/mm	0.2	0.4	0.6	0.8	1.0	1.2	1.4
F_{zj}/N	467.4	392.1	333.5	288.1	252.4	223.6	199.7
F_{zf}/N	457.3	384.6	326.0	277.0	228.3	203.8	168.5

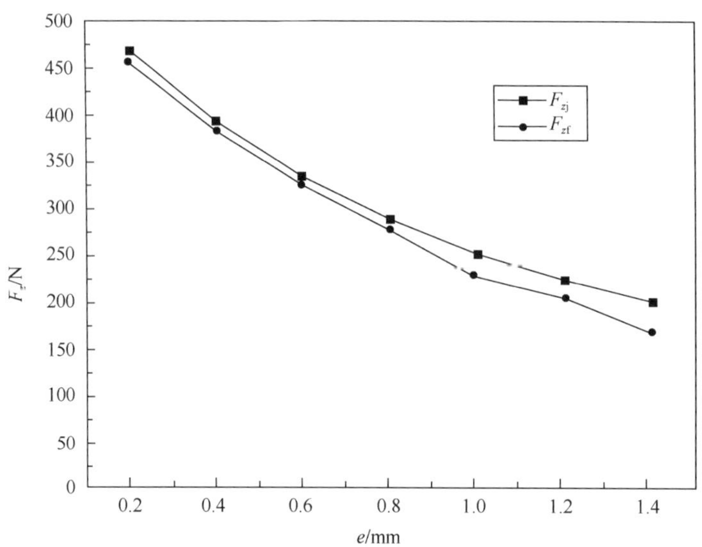

图 8.19　台阶式锥形永磁轴承轴向磁力模型计算值与仿真值曲线 5

6. 分析轴向磁力与磁环环数 N 的关系

当台阶式锥形永磁轴承整体叠堆轴向高度和径向宽度不变时，设台阶式锥形永磁轴承几何参数为：轴向偏移 Δz=0.5mm，单个磁环轴向高度 b=d=（30/N）mm，相邻磁环半径差值 g=0.5mm，单个磁环径向长度 a=15mm，内磁环底部最大磁环内半径 r=21mm。

当台阶式锥形永磁轴承磁环环数变化时，台阶式锥形永磁轴承轴向磁力解析模型计算结果和 ANSYS 仿真结果见表 8.12，其对应曲线如图 8.20 所示。图表中 F_{zj} 为轴承轴向磁力解析模型计算值，F_{zf} 为轴承轴向磁力 ANSYS 有限元仿真值。其最大误差为 15.3%，平均误差为 8.01%。由图表可以看出：台阶式锥形永磁轴承轴向磁力随磁环环数增加而增大。

表 8.12　台阶式锥形永磁轴承轴向磁力模型计算值与仿真值 6

N/个	3	4	5	6	7	8
F_{zj}/N	165.9	200.1	220.5	239.4	254.9	281.8
F_{zf}/N	150.4	173.4	194.8	224.4	245.1	273.5

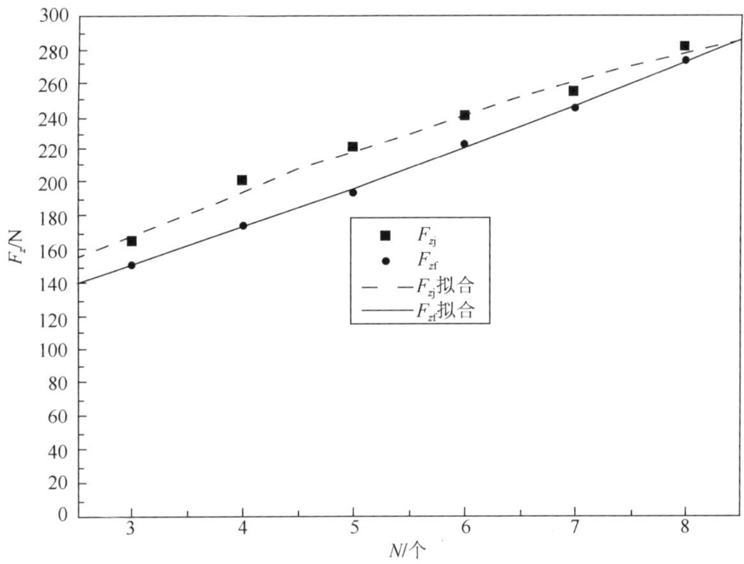

图 8.20　台阶式锥形永磁轴承轴向磁力模型计算值与仿真值曲线 6

8.2.4　台阶式锥形永磁轴承的径向磁力分析

当台阶式锥形永磁轴承无轴向偏移量时，设台阶式锥形永磁轴承几何参数为：磁环间气隙 e=1mm，单个磁环轴向高度 b=d=5mm，相邻磁环半径差值 g=0.5mm，无轴向偏移，单个磁环径向长度 a=15mm，内磁环底部最大磁环内半径 r=21mm，叠堆磁环数 n=3。进行轴承径向偏移计算时，可将轴承按周长等分成 N 等份，本节取 N=8。

当台阶式锥形永磁轴承径向偏移量变化时，台阶式锥形永磁轴承径向磁力解析模型计算结果和 ANSYS 仿真结果见表 8.13，其对应曲线如图 8.21 所示。图表中 F_{xj} 为轴承径向磁力解析模型计算值，F_{xf} 为轴承径向磁力 ANSYS 有限元仿真值。其最大误差为 18.99%，平均误差为 14.3%。由图表可以看出：台阶式锥形永磁轴承径向磁力随单个轴承磁环间气隙偏移量增加而增大。

表 8.13　台阶式锥形永磁轴承径向磁力模型计算值与仿真值

Δe/mm	0.10	0.15	0.20	0.25	0.30	0.35	0.40
F_{xj}/N	22.8	46.5	65.1	79.3	92.7	109.8	116.6
F_{xf}/N	25.4	39.8	57.8	67.9	77.9	92.3	104.3

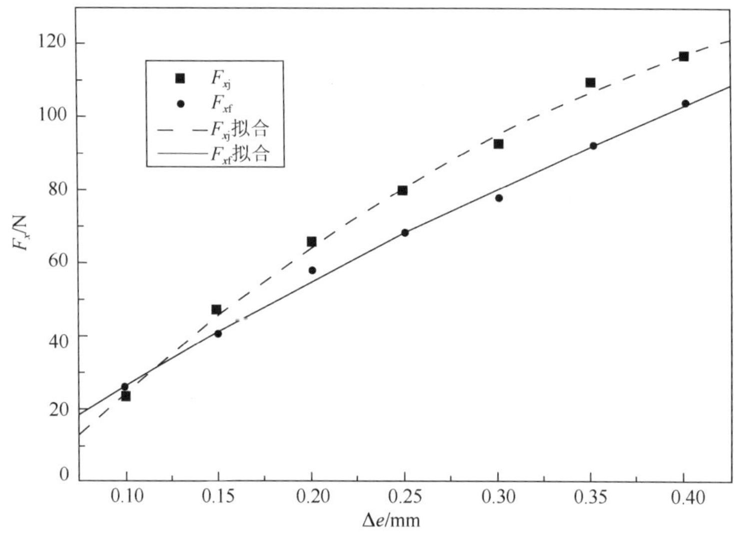

图 8.21　台阶式锥形永磁轴承径向磁力模型计算值与仿真值

误差产生的主要原因是：磁环平均周长误差；ANSYS 仿真中磁体结构建模误差；径向磁力验证中等分段数少（如等分为 8 段）等产生的误差。

8.3　锥形永磁轴承刚度分析

8.3.1　锥形永磁轴承刚度解析模型

1. 锥形永磁轴承磁力解析模型

由 8.2 节的内容可知，沿锥角α方向磁化锥形永磁轴承截面参数见图 8.22，其磁力解析模型如下。

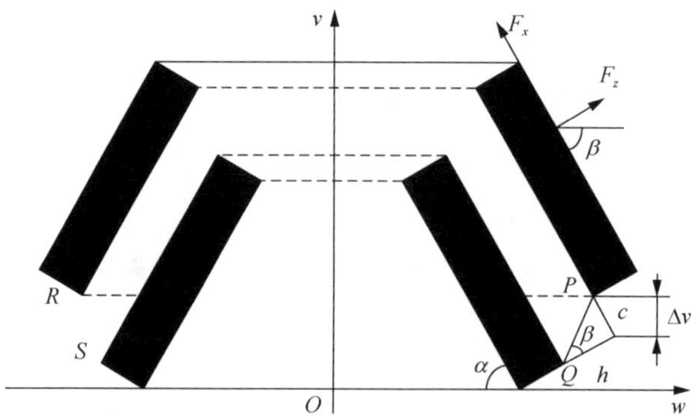

图 8.22　沿锥角α方向磁化锥形永磁轴承截面参数

求得 F_v 和 F_w 如下：

$$F_v = F_z \cos\alpha + F_x \sin\alpha = -\frac{B_{r1}B_{r2}L\times 10^{-6}}{4\pi\mu_0}[\phi(h,\ c)\cos\alpha + \varphi(h,\ c)\sin\alpha] \tag{8.14}$$

$$F_w = \sum_{n=1}^{8}(F_z \sin\alpha - F_x \cos\alpha) = -\frac{B_{r1}B_{r2}L\times 10^{-6}}{4\pi\mu_0}\sum_{n=1}^{8}[\phi(h,\ c)\sin\alpha - \varphi(h,\ c)\cos\alpha] \tag{8.15}$$

式（8.14）和式（8.15）分别用于计算矩形截面旋转而成的锥形永磁轴承的轴向和径向磁力，即忽略磁环曲率的影响，取磁体纵向长度 L 近似为磁环平均周长。式中，F_v 为轴承轴向承载力；F_w 为轴承径向承载力；h 为磁环间间隙；c 为两个磁环轴向偏移量。

2. 锥形永磁轴承刚度解析模型

由刚度的定义可知，锥形永磁轴承轴向刚度为

$$K_a = \frac{\partial F_v}{\partial \Delta v} = \frac{\partial F_v}{\partial c \sin\alpha}$$

$$\begin{aligned} K_a &= \frac{\partial F_v}{\partial \Delta v} = \frac{\partial F_v}{\partial c \sin\alpha} = -\frac{B_{r1}B_{r2}L\times 10^{-6}}{4\pi\mu_0}\frac{\partial[\phi(h,\ c)\cos\alpha + \varphi(h,\ c)\sin\alpha]}{\partial c \sin\alpha} \\ &= -\frac{B_{r1}B_{r2}L\times 10^{-6}}{4\pi\mu_0}\left[\frac{\partial\phi(h,\ c)}{\partial c}\cot\alpha + \frac{\partial\varphi(h,\ c)}{\partial c}\right] \end{aligned} \tag{8.16}$$

锥形永磁轴承径向刚度为

$$K_r = \frac{\partial F_v}{\partial h \cos\alpha}$$

$$\begin{aligned} K_r &= \frac{\partial F_w}{\partial h \cos\alpha} = \frac{\partial\left[F_z \sin\alpha - F_x \cos\alpha\right]}{\partial h \cos\alpha} \\ &= -\frac{B_{r1}B_{r2}L\times 10^{-6}}{4\pi\mu_0}\sum_{n=1}^{8}\left[\frac{\partial\phi\left(h,\ c\right)}{\partial h}\tan\alpha - \frac{\partial\varphi\left(h,\ c\right)}{\partial h}\right] \end{aligned} \tag{8.17}$$

8.3.2 台阶式锥形永磁轴承刚度解析模型

由第 7 章的内容可知，三个台阶叠堆成的台阶式锥形永磁轴承剖面如图 8.23 所示。

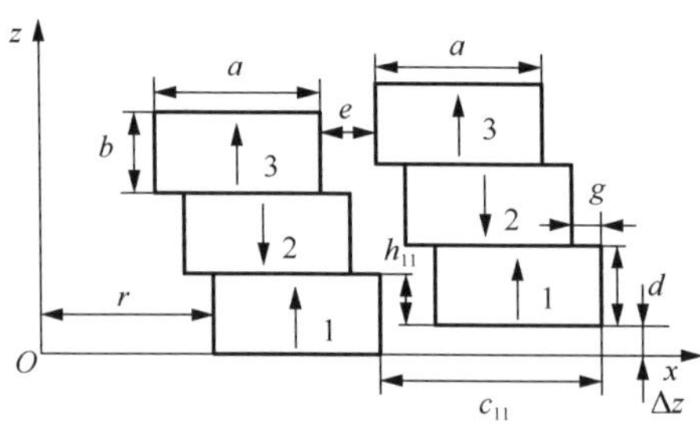

图 8.23　台阶式锥形永磁轴承剖面

根据叠加原理可求得 F_z 和 F_x 如下：

$$F_z=\sum_{i=1}^{i=n}\sum_{j=1}^{j=n}(-1)^{i+j}\frac{B_{r1}B_{r2}L_{ij}\times 10^{-6}}{4\pi\mu_0}\phi\left(c_{ij},\ h_{ij}\right) \tag{8.18}$$

$$F_x=\sum_{n=1}^{N}\sum_{i=1}^{n}\sum_{j=1}^{n}(-1)^{i+j}\frac{B_{r1}B_{r2}L_{ij}\times 10^{-6}}{N\cdot 4\pi\mu_0}\cos\left[(n-1)\frac{2\pi}{N}+\frac{\pi}{N}\right]\varphi\left(c_{nij},\ h_{ij}\right) \tag{8.19}$$

式（8.18）和式（8.19）分别可以计算台阶式锥形永磁轴承轴向和径向磁力。式中，c 为磁环气隙宽度，h 为磁环轴向偏移量，F_x 为轴承径向承载力，F_z 为轴承轴向承载力，L_{ij} 为第 i 个磁环与第 j 个磁环间的平均周长。

$$K_a=\frac{\partial F_z}{\partial h}=\sum_{i=1}^{i=n}\sum_{j=1}^{j=n}(-1)^{i+j}\frac{B_{r1}B_{r2}L_{ij}\times 10^{-6}}{4\pi\mu_0}\frac{\partial\phi\left(c_{nij},\ h_{ij}\right)}{\partial h_{ij}} \tag{8.20}$$

$$K_r=\frac{\partial F_z}{\partial c}=\sum_{n=1}^{N}\sum_{i=1}^{n}\sum_{j=1}^{n}(-1)^{i+j}\frac{B_{r1}B_{r2}L_{ij}\times 10^{-6}}{N4\pi\mu_0}\cos\left[(n-1)\frac{2\pi}{N}+\frac{\pi}{N}\right]\frac{\partial\varphi\left(c_{nij},\ h_{ij}\right)}{\partial c_{nij}} \tag{8.21}$$

8.3.3　ANSYS 有限元仿真验证刚度解析模型

根据永磁材料的特性，本节选用具有线性退磁曲线的稀土永磁材料 NdFeB，其主要参数为：$B_r=1.13\text{T}$，$H_c=800\text{kA/m}$，$\mu_r=B_r/(\mu_0\times H_c)=1.124$，工作温度不超过 100℃。

1. 通过 ANSYS 仿真，验证式（8.16）和式（8.17）锥形永磁轴承刚度

本节采用锥形永磁轴承，其尺寸参数为：嵌套轴的半径是 $g=21\text{mm}$，磁环厚度 $b=d=15\text{mm}$，锥角 $\alpha=60^\circ$，单个磁环沿锥角为 α 方向的长度 $a=30\text{mm}$，磁环间气隙宽度 $h=1\text{mm}$。将相关参数代入式（8.16）中，表 8.14 是锥形永磁轴承的轴向刚度的解析模型 ANSYS 有限元仿真结果与计算结果，图 8.24 是锥形永磁轴承对应的曲线，K_{af} 和 K_{aj} 是锥形永磁轴承沿锥角为 α 方向磁化的轴向刚度仿真

值和计算值。通过图表分析可知：沿锥角为α方向磁化的锥形永磁轴承轴向刚度随着轴向偏移量的增加逐渐减小。并且，ANSYS 有限元仿真计算结果与解析模型计算结果的最大误差为 4.1%，平均误差为 3.28%，最小误差为 1.24%。

表 8.14　锥形永磁轴承的轴向刚度仿真值与计算值对比表

Δv / mm	0	0.3	0.6	0.9	1.2	1.5	1.8	2.1	2.4	2.7
K_{aj}	2193.4	1129.2	769.3	586.5	475	399.4	344.5	302.7	269.7	242.9
K_{af}	2107.03	1088.3	746.6	569.95	457.1	389.7	337.3	298.97	265.2	239.4

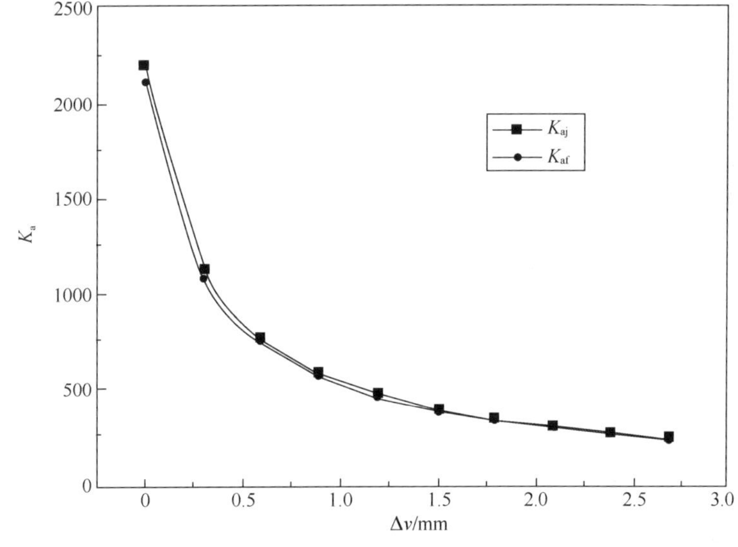

图 8.24　锥形永磁轴承的轴向刚度仿真值与计算值变化曲线对比图

将相关参数代入式（8.17）中，表 8.15 是径向刚度的 ANSYS 有限元仿真结果与解析模型计算结果，图 8.25 是其对应的曲线，K_{rf}、K_{rj} 是锥形永磁轴承沿锥角为α方向磁化的径向刚度仿真值与计算值。通过图表分析可知：沿锥角为α方向磁化的锥形永磁轴承的径向刚度随着轴向偏移量的增加逐渐减小。并且，ANSYS 有限元仿真计算结果与解析模型计算结果的最大误差为 11.08%，平均误差为 23.43%，最小误差为 1.71%，通过 ANSYS 仿真结果验证了解析式（8.17）的正确性。

表 8.15　锥形永磁轴承的径向刚度仿真值与计算值对比表

Δe / mm	0	0.1	0.2	0.3	0.4	0.5
K_{rj}	1594	888.5	632.7	533.8	475.2	420
K_{rf}	1435	847.5	602.3	519.5	467.2	438.5

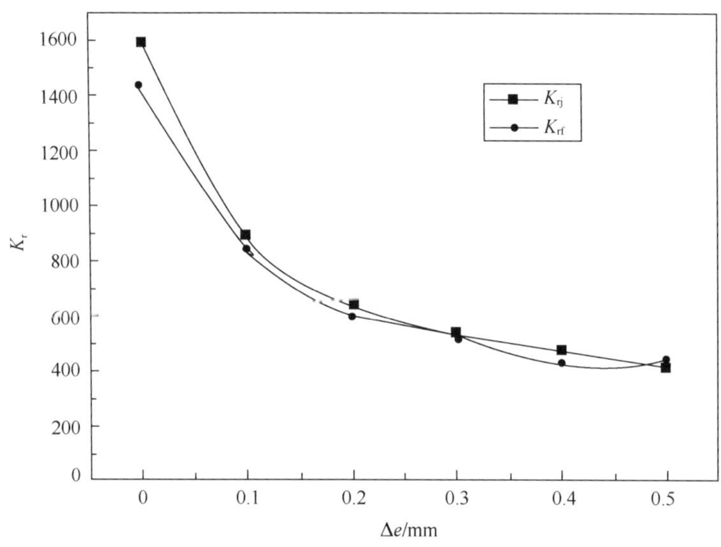

图 8.25　锥形永磁轴承径向刚度仿真值与计算值变化曲线对比图

2. 通过 ANSYS 仿真，验证式（8.20）和式（8.21）台阶式锥形永磁轴承刚度

台阶式锥形永磁轴承尺寸参数为：磁环台阶数 n=3，磁环径向平均间隙 e=1mm，内磁环底部最大磁环内半径 r=21mm，单个磁环轴向高度 b=d=10mm，轴向偏移 $\Delta z = 1\text{mm}$，单个磁环径向宽度 a=15mm。将相关参数代入式（8.20），表 8.16 是台阶式锥形永磁轴承轴向刚度的 ANSYS 有限元仿真结果与计算结果，图 8.26 是其对应的曲线，K_{af}、K_{aj} 是锥形永磁轴承轴向刚度的仿真值和计算值。由图表可以看出：台阶式锥形永磁轴承的轴向刚度随着轴向偏移量的增加逐渐增大到最后达到平衡。ANSYS 有限元仿真计算的结果与解析式计算的结果显示最大误差为 13.6%，平均误差为 10.6%，最小误差为 2.50%。

表 8.16　台阶式锥形永磁轴承轴向刚度仿真值与计算值对比表

Δz / mm	0	0.1	0.2	0.3	0.4	0.5	0.6	0.7	0.8	0.9	1.0	1.1	1.2	1.3
K_{aj}	334	512	569	595	608	614	616	615	612	608	603	598	592	585
K_{af}	317	500	513	524	546	550	554	553	550	547	542	541	530	524

把相关参数代入式（8.21）中，可知台阶式锥形永磁轴承径向刚度解析式，计算结果与有限元 ANSYS 仿真结果见表 8.17，对应的曲线见图 8.27，K_{rf}、K_{rj} 是台阶式锥形永磁轴承径向刚度的仿真值和计算值。由图表可以看出：台阶式锥形永磁轴承径向刚度随着轴向偏移量的增加逐渐增大到最后达到平衡。表与图形解析模型计算结果与 ANSYS 有限元仿真计算结果最大误差为 18.9%，平均误差为 10.3%。

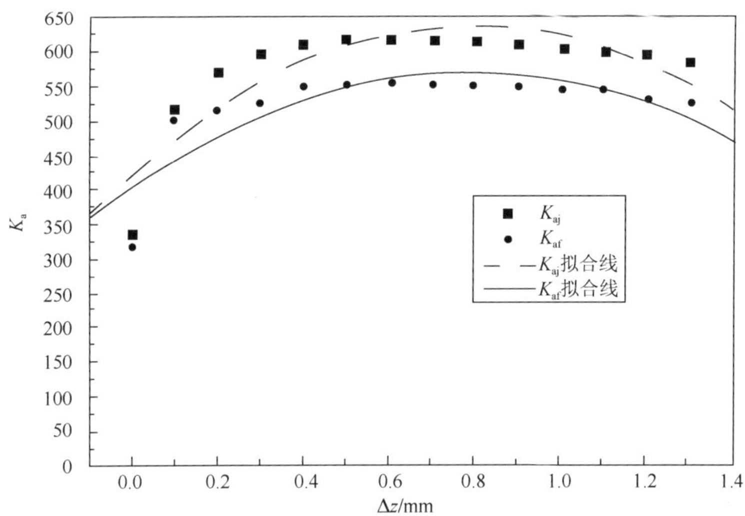

图 8.26　台阶式锥形永磁轴承轴向刚度仿真值与计算值变化曲线对比图

表 8.17　台阶式锥形永磁轴承径向刚度仿真值与计算值对比表

Δe / mm	0	0.05	0.10	0.15	0.20	0.25	0.30	0.35
K_{rj}	169.2	228	310	325.5	317.2	309	313.7	291.5
K_{rf}	188.4	254.1	265.4	289.3	271.6	259.7	263.7	260.8

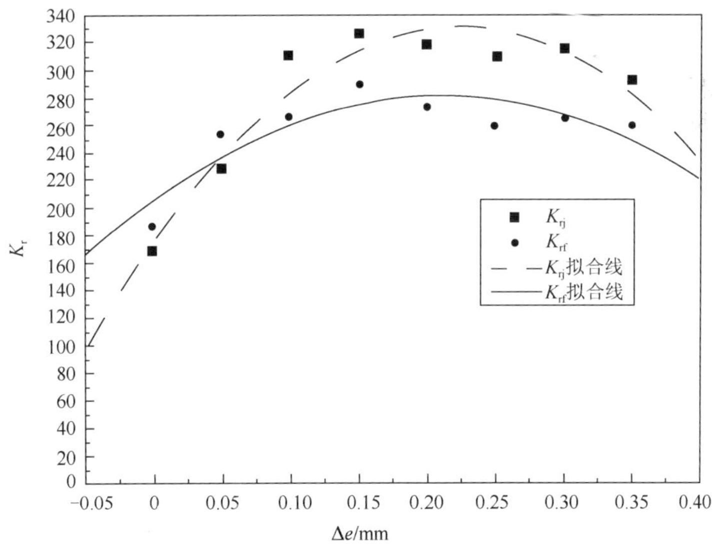

图 8.27　台阶式锥形永磁轴承径向刚度仿真值与计算值曲线对比图

参 考 文 献

[1] KIRK J A, ANAND D K, Dachen P. Performance of a magnetically suspended flywheel energy storage system[C]. Proceedings of the Fourth International Symposium on Magnetic Bearings, ETH Zurich: Switzerland, 1994.

[2] KEMPER H. Overhead suspension railway with wheelless vehicles employing magnetic suspension from iron rails[P]. Germ. Pat. Nos. 643316(1937)and 644302(1937).

[3] YONNET J P, LEMARQUAND G, HEMMERLIN S, et al. Stacked structures of passive magnetic bearings[J]. Journal of Applied Physics, 1991, 70(10): 6633-6635.

[4] OHJI T, MUKHOPADHYAY T, IWAHARA M. Performance of repulsive type magnetic bearing system under non-uniform magnetization of permanent magnet[J]. IEEE transactions on magnetics, 2000, 36(5): 3696-3698.

[5] EARNSHAW S. On the nature of the molecular forces which regulate the constitution of the lumiferous ether[J]. Transactions of the Cambridge Philosophical Society, 1842, 7: 97-112.

[6] 田录林, 李言, 王山石, 等. 双筒永磁向心轴承磁力工程化解析算法研究[J]. 中国电机工程学报, 2007, 27(6): 57-61.

[7] 钱坤喜, 王颢, 茹伟民, 等. 陀螺效应使永磁悬浮心脏泵稳定平衡[J]. 机械设计与研究, 2006, 22(4): 89-90.

[8] 田录林. 永磁轴承和导轨磁力解析模型的研究[D]. 西安: 西安理工大学博士学位论文, 2008.

[9] 唐任远. 稀土永磁电机的关键技术与高性能电机开发[J]. 沈阳工业大学学报, 2005, 27(2): 162-167.

[10] 田录林, 李言, 杨国清, 等. 径向磁化的双筒永磁轴承轴向磁力研究[J]. 机械科学与技术, 2007, 26(9): 1216-1219.

[11] 宋后定, 陈培林. 永磁材料及其应用[M]. 北京: 机械工业出版社, 1984.

[12] Yonnet J P. Analytical calculation of magnetic bearings[C]//Proceedings of the Fifth International Workshop on Rare Earth-Cobalt Permanent Magnets and Their Applications. 1981, V(3): 199-216.

[13] 田录林, 李言, 田琦, 等. 轴向磁化的双环永磁轴承轴向磁力研究[J]. 中国电机工程学报, 2007, 27(36): 41-45.

[14] 田录林, 李言, 安源, 等. 轴向放置轴向磁化的双环永磁轴承径向磁力研究[J]. 中国机械工程, 2007, 18(24): 2926-2929.

[15] 杨安全. 一种径向永磁轴承的磁力计算及刚度分析[D]. 长沙: 中南大学硕士学位论文, 2004.

[16] 田录林, 李言, 田琦, 等. 径向磁化的多环嵌套永磁轴承轴向磁力解析模型[J]. 计算力学学报, 2010, 27(2): 379-384.

[17] 田录林, 李言, 田琦, 等. 大外径多环嵌套永磁轴承轴向磁力模型[J]. 电机与控制学报, 2009, 13(3): 349-355.

[18] 田录林, 安源, 李言, 等. 轴向放置轴向磁化的多个永磁环轴承轴向磁力研究[J]. 机械科学与技术, 2008, 27(4): 549-553.

[19] 田录林, 李言, 田琦, 等. 轴向放置轴向磁化的多个永磁环轴承径向磁力研究[J]. 中国机械工程, 2008, 19(10): 1163-1166.

[20] 田录林, 杨晓萍, 李言, 等. 适用于永磁悬浮轨道及永磁轴承的解析磁力模型研究[J]. 摩擦学学报, 2008, 28(1): 73-77.

[21] 冯慈璋. 电磁场[M]. 北京: 高等教育出版社, 2004.

[22] 侯军兴. 履带式电动车辆磁悬浮系统的设计[D]. 郑州: 河南农业大学硕士学位论文, 2006.

[23] 田录林, 张靠社, 王德意, 等. 永磁导轨悬浮和导向磁力研究[J]. 中国电机工程学报, 2008, 28(21): 135-139.

[24] 田录林, 贾嵘, 杨国清, 等. 永磁铁磁贴合体的磁场及磁力研究[J]. 电工技术学报, 2008, 23(6): 7-12.

[25] 杨里. 不同矩形截面永磁环构成的 Halbach 永磁轴承轴向磁力研究[D]. 西安: 西安理工大学硕士学位论文, 2016.

[26] 田录林, 杨里, 田亚琦. 不同矩形截面的两个平行永磁体磁力解析模型[J]. 电机与控制学报, 2017, 21(1): 115-120.

[27] 艾训鹏. 用于风电机组的轴向叠堆永磁轴承磁力解析模型[D]. 西安: 西安理工大学硕士学位论文, 2012.

[28] TIAN L L, AI X P, TIAN Y Q. Analytical model of magnetic force for axial stack permanent-magnet bearings[J]. IEEE transactions on magnetics, 2012, 48(10):2592-2597.

[29] TIAN L L, AI X P, TIAN Y Q. Analytical model of magnetic force for stack PMB applied in wind power generator[C]. IEEE, 2011 International conference on consumer electronics, communications and networks(CECNet) Volume 6, 2011:4785-4788.

[30] 田录林, 田琦, 田亚琦. 纵、横向截面均为 Halbach 结构的永磁导轨: 201520112038. 8[P]. 2015-6-24.

[31] 田录林, 张庆, 田亚琦, 等. 矩形和直角三角形截面永磁体磁力解析模型[J]. 西安理工大学学报, 2015, 31(4): 414-421.

[32] 田录林, 田琦, 田亚琦. 矩形和直角三角形截面的两永磁体磁力确定方法: 201510083471.8[P]. 2017-5-31.

[33] 张庆. 梯形和直角三角形截面永磁体叠堆的永磁轴承磁力解析模型研究[D]. 西安: 西安理工大学硕士学位论文, 2015.

[34] 田录林, 徐银凤, 田琦, 等. 用于截面为直角三角形的两永磁体磁力确定方法: 201410190826.9[P]. 2017-6-6.

[35] 徐银凤. 由截面为直角三角形永磁体构成的叠堆永磁轴承磁力研究[D]. 西安: 西安理工大学硕士学位论文, 2014.

[36] 田录林, 徐银凤, 田琦, 等. 采用三角形截面永磁环叠堆的 halbach 永磁轴承: 201410190639.0[P]. 2016-4-6.

[37] 田录林, 李鹏. 锥形永磁轴承磁力解析模型[J]. 中国机械工程, 2014, 25(3): 327-332.

[38] 李鹏. 用于飞轮储能装置的锥形永磁轴承磁力解析模型[D]. 西安: 西安理工大学硕士学位论文, 2013.

[39] TIAN L L, TIAN Y Q, TIAN Q, et al. Magnetic force analytic model of step conical PMB[J]. International journal of applied electromagnetics and mechanics, 2015, 47(2): 293-304.

[40] 田录林, 袁汉斌, 田琦, 等. 三角形截面永磁环构成的 halbach 锥形永磁轴承: 201410190835.8[P]. 2016-4-20.